应用型本科　机电类专业系列教材

基于 ANSYS 的静力与动力学分析

STATIC AND DYNAMIC ANALYSIS BASED ON ANSYS

王洪昌　单文桃　蒋莲　编

西安电子科技大学出版社

内 容 简 介

本书以ANSYS的结构分析为主，主要内容包括静力学分析、结构动力学分析、转子动力学分析三个部分。本书遵循ANSYS软件学习的特点，采用由浅入深、对比分析、突出重点的方式对典型分析实例进行了较为深入、全面的介绍。

本书可作为高等院校机械工程、土木工程及相关专业本科生教材，也可供ANSYS初学者自学使用。

图书在版编目(CIP)数据

基于ANSYS的静力与动力学分析/王洪昌，单文桃，蒋莲编. 一西安：西安电子科技大学出版社，2020.7(2021.4重印)
ISBN 978-7-5606-5690-8

Ⅰ. ①基…　Ⅱ. ①王…　②单…　③蒋…　Ⅲ. ①静力学—有限元分析　②动力学分析—有限元分析　Ⅳ. ①O312　②O655.9

中国版本图书馆CIP数据核字(2020)第081322号

策划编辑　高　樱
责任编辑　姚智颖　雷鸿俊
出版发行　西安电子科技大学出版社(西安市太白南路2号)
电　　话　(029)88242885　88201467　　邮　　编　710071
网　　址　www.xduph.com　　电子邮箱　xdupfxb001@163.com
经　　销　新华书店
印刷单位　陕西天意印务有限责任公司
版　　次　2020年7月第1版　2021年4月第2次印刷
开　　本　787毫米×1092毫米　1/16　印张13
字　　数　265千字
印　　数　1001～2000册
定　　价　35.00元
ISBN 978-7-5606-5690-8/O

XDUP 5992001-2

前　　言

有限元技术及 ANSYS 软件在工程技术领域不断普及，现已成为科研、工程技术人员开发新产品以及进行产品结构优化时必不可少的重要工具。很多高校也相继开设了相关课程的教学工作。针对市面上现有教材实例复杂、知识点多、入门难、不适用于课堂教学等不足，本书采用由浅入深、对比说明、重原理、突出重点的方式进行编写，适用于应用型本科机械工程、土木工程及相关专业本科生的课堂教学，也可供 ANSYS 初学者自学使用。

本书基于 ANSYS 14.5 版本，主要内容可分为三个部分：静力学分析、结构动力学分析、转子动力学分析。第 1 章介绍了 ANSYS 软件的一些基础知识；第 2、3 章分别介绍了创建几何模型以及循环对称实体模型的方法；第 4～9 章介绍了静力学分析，将重要知识点融于杆系结构、2D 梁、平面应变、平面应力(平面对称)、圆轴扭转、轴对称结构等分析实例之中；第 10～13 章介绍了结构动力学的理论基础及分析过程，通过实例介绍了圆轴的模态分析、有预应力结构的模态分析、谐响应分析及瞬态动力学分析；第 14～16 章介绍了转子动力学的理论基础及分析过程，结合实例介绍了临界转速分析、不平衡响应分析及等加速瞬态动力学分析；附录提供了两个综合练习，帮助读者对所学知识进行理解与应用。

本书主要特色：

· 首次增加了转子动力学内容，以较多篇幅从理论上介绍它与结构动力学的区别，尤其是在不平衡响应分析中的旋转力以及等加速瞬态响应分析中的激励力，并进行了公式推导与解释。

· 内容安排由浅入深，分析实例的安排力求简单，并突出一到两个重要知识点，因此特别适合初学者。

· 对同一实例采用不同的单元、不同的模型、不同的结构，结合理论分析结果，对比分析它们在参数设置、约束方式、施加载荷、分析计算、读取结果等方面的不同，让学生能更快速地掌握 ANSYS 分析的技能。

· 为所有操作实例配备了命令流，让读者的学习过程更加高效。

本书由江苏理工学院机械工程学院及计算机学院的老师编写，王洪昌任主编，单文桃、蒋莲负责部分编写工作。另外，江苏理工学院的陈菊芳教授及西安电子科技大学出版社的高樱等编辑对本书的编写提供了大力的支持和帮助，在此一并表示感谢。

由于编者水平有限，加之时间仓促，书中难免存在一些疏漏和不足，敬请广大读者批评指正！

编　者

2020 年 2 月

目　　录

第 1 章　绪　　论

ANSYS 软件由美国 ANSYS 公司研制，是融结构、流体、电场、磁场、声场于一体的大型通用有限元分析软件，也是世界上拥有用户最多、最成功的有限元分析软件之一。该软件被广泛应用在核工业、石油化工、航空航天、机械制造、汽车交通、国防军工、电子、土木工程、造船等领域。目前，ANSYS 软件已经成为科研、工程技术人员进行产品结构优化以及新产品开发时必不可少的重要工具，并逐渐成为理工科大学生必须掌握的专业软件之一。

1.1　ANSYS 结构分析内容

结构分析是 ANSYS 软件最基本的分析功能之一，主要分析结构的变形、应力、应变和反力等，具体包括以下几个方面。

1. 静力分析

静力分析用于计算在固定不变载荷作用下结构的响应，不仅可以是线性的，也可以是非线性的。非线性静力分析主要包括大变形、塑性、蠕变、大应变等。

2. 动力学分析

(1) 结构动力学分析。结构动力学分析包括模态分析、谐响应分析和瞬态动力学分析。模态分析用于确定机械部件的振动特性，即结构的固有频率和主振型，它们是承受动态载荷机械结构在产品设计阶段的重要参数。模态分析是其他动力学分析问题的起点。谐响应分析用于计算机械结构在简谐力作用下的响应问题，谐响应分析通过计算出结构在各种频率下的响应(通常是振幅和相位角)，并以频率值为横坐标、振幅为纵坐标绘制幅频特性曲线或以相位角为纵坐标绘制相频特性曲线。瞬态动力学分析用于分析结构承受任意的随时间变化载荷的动力响应，故瞬态动力学分析有时也称为时间历程分析。

(2) 转子动力学分析。发动机、飞轮转子、电主轴和涡轮机等旋转设备中，旋转起来的转子由于受到离心力的作用，会发生弯曲振动，转子动力学就是以转轴的弯曲振动为研究对象的科学，主要包括临界转速及振型的分析、稳态不平衡响应分析、瞬态响应分析。

3. 其他结构分析功能

其他结构分析功能主要包括谱分析、材料非线性、特征值屈曲分析、子结构/子模型分析等。

本书将重点讲述静力分析、结构动力学分析(模态分析、谐响应分析、瞬态动力学分析)、转子动力学分析(临界转速及主振型分析、不平衡响应分析、瞬态响应分析)。

1.2 ANSYS 分析过程

一个典型的 ANSYS 软件分析过程主要包括三个步骤：前处理、加载和求解及后处理。

1. 前处理

前处理(主菜单中的 Preprocessor)包括：

(1) 指定作业名和分析标题。

作业名必须由英文或符号组成，软件不支持中文名；分析标题将在分析屏幕以及命令流中显示，主要用于识别，也可不定义。

(2) 定义单元类型和单元实常数。

ANSYS 软件结构分析常用的单元可分为点单元(结构质量单元 Mass)、线单元(杆单元 Link、梁单元 Beam、管单元 Pipe、弹簧单元 Combination)、面单元(2D 面单元 Plane、壳单元 Shell、网格平面单元 Mesh)、体单元(3D 体单元 Solid)等类别，分别用于分析点、线、面、体型有限元模型。

(3) 定义单元材料特性。

静力分析时，需要给出材料的弹性模量及泊松比。动力学分析时，除了弹性模量、泊松比，还需要给出密度值。

(4) 创建几何模型。

由于 ANSYS 软件本身具有建模功能，对于形状不是很复杂的几何模型结构，一般选择在 ANSYS 中建模；对于结构复杂的几何模型，还可以通过其他 CAD 软件(如 AutoCAD、UG、Pro/E、SolidWorks 等)导入。

(5) 对实体模型进行网格划分。

几何实体模型需要通过定义各种属性，再经网格划分生成有限元模型，才能用于 ANSYS 软件的分析计算。但对于结构简单的模型，可以直接创建节点，再通过节点直接创建单元模型，这种情况下只需定义材料属性，无需进行网格划分。

2. 加载和求解

加载和求解 (主菜单中的 Solution)包括：

(1) 定义分析类型和分析选项。

分析的类型有静力分析、模态分析、谐响应分析、瞬态动力分析等；分析选项是对分析类型参数做出选择，比如模态分析的频率范围、模态的阶数、瞬态分析时的时间范围等参数。

(2) 施加载荷及约束。

载荷和约束既可施加在几何模型(关键点、线、面、体)上，也可施加在有限元模型(节点、单元)上，或者两者混合使用。施加在几何模型上的载荷和约束独立于有限元网格之外，不必为修改网格而重新加载。若载荷与约束施加在有限元模型上，当要修改网格时，则必须先删除载荷与约束，修改网格结束之后，再重新加载。

3. 后处理

后处理(主菜单中的General Postproc 和 TimeHist Postpro)包括：

(1) 从计算结果中读取数据。

ANSYS求解完成后并不直接显示求解结果，需要用户进入后处理层读取。ANSYS有两个后处理，即通用后处理器(POST1)和时间历程后处理器(POST26)。通用后处理器通常用于查看整个模型在各个自变量点上的结果，而时间历程后处理器则用于查看整个模型上的某一点随自变量变化的结果。

后处理可在求解完成后直接进入，也可在重新进入ANSYS后通过读入文件进入。

(2) 对计算结果进行各种图形化显示。

ANSYS软件可将计算结果以彩色等值线、梯度、矢量等图形方式显示出来，也可以将计算结果以图表、曲线的形式显示或输出。

(3) 计算结果的列表显示。

ANSYS软件也可将计算结果以表格的形式输出，用户可以将数据导入其他软件进行分析、计算、输出。

(4) 进行各种后续分析。

将ANSYS计算得到的数据处理后，用于分析ANSYS软件不能直接提供的其他分析类型。

1.3 ANSYS输出文件的类型

ANSYS在运行过程中会产生很多临时文件和永久文件。临时文件在软件运行结束后会被删除，本书不作介绍。永久文件在ANSYS运行结束后会被保存下来。以下是在结构分析中经常用的几种重要的输出文件类型。

1. DB数据库文件

DB数据库文件存储了所有输入数据及分析结果。不论是在前处理还是在求解器中，ANSYS使用和维护的都是同样一个数据库，因此有必要经常保存数据库到文件(单击File→Save as Jobname.db)以备出错时恢复。我们可以随时从这个文件中将保存的数据库读入内存中，取代当前数据库(单击File→Resume→Jobname.db)。

有时，在分析过程中可能发现重大错误而想从某个阶段开始一个新的分析过程，这就要求操作者在分析求解过程中，每隔一段时间存储一次数据库文件。存储数据库文件可通过单击 File→Save as 实现，最好用不同的名字保存(比如，建好几何模型后取名 geometry 保存，划分好网格后取名 meshing 保存，加载与约束之后取名 constraint 保存)，以便通过单击 File→Resume from 来读取以前备份的某个阶段的数据库文件。

2. RST 结果文件

RST 是结构分析得到的二进制结果文件。如果用户想通过 RST 查看结果数据，需确保数据库中已有有限元模型数据，即节点和单元数据。若数据库中没有该数据，可以通过单击 Utility Menu→File→Resume Jobname. db 调用，再单击 Main Menu→General Postproc→Data & File Opts，弹出"Date and File Options"对话框，在"Data to be read"列表框中选择想要提取的信息，一般选择默认选项"All items"(所有项目)，再在"Results file to be read"文本框中输入将要读入的结果文件名，才能在 POST1 或 POST26 中查看想要的结果数据、图形或列表。

3. LOG 日志文件

LOG 文件是 ANSYS 运行过程中自动生成的(Jobname. log)，它记录了 ANSYS 运行以来所执行的一切命令，包括 GUI 操作和通过 Input Window 直接输入的合法命令。

LOG 文件是文本文件，可以用记事本打开和编辑。由于 LOG 文件记录了 ANSYS 所有执行的命令，虽然可以通过读取该文件再现一个同样的分析过程，但是很多过程操作对分析结果并不是必需的，比如放大或缩小窗口的操作，使得 LOG 文件过于庞大。因此，人们常对 LOG 文件进行简单的编辑，得到精简的分析过程命令流，或者通过改变一些参数即可实现参数化建模与分析，这样可以大大提高分析效率。

1.4 ANSYS 输入方式

ANSYS 的输入方式常规地可分为菜单方式、宏方式、命令方式、函数方式以及文件方式等。如从使用角度来分类，则可分为 GUI(Graphical User Interface)方式和命令流方式两种。

1. GUI 方式

GUI 方式包括了多种输入方式，如菜单方式、命令方式、函数方式或者这些方式的组合。对于初学者，该方式比较简单，易于上手和使用，但对于复杂模型或实际模型的修改比较麻烦。

2. 命令流方式

命令流方式融 GUI 方式、APDL 于一个文本文件中，可通过"/input"命令(或单击 Utility Menu→File→Read Input From …)读入并执行，也可以通过拷贝该文件的内容并粘贴到命令行中执行。命令流方式操作的主要优点有以下几个方面：

(1) 修改简单。不必考虑因操作错误造成模型的重大损失，也不必考虑 DB 文件的重要性而不断保存，可以随时修改参数进而改变几何模型和有限元模型等。

(2) 可使用控制命令。通过在命令流中使用类似 MATLAB 中的 for 循环、if-else-end 分支等控制命令，可大大提高工作效率。

(3) 可将其他用户界面的相关命令融于命令流中。

(4) 文件的输入和输出可由用户控制，数据的处理极其方便。

(5) 命令流文件比较小，便于保存，也为相互交流提供了便利。

本书推荐使用命令流方式进行操作。本书除了提供详细的 GUI 操作步骤外，还为每一个实例提供了命令流。

1.5　ANSYS 软件的单位制

ANSYS 软件内部没有规定单位制，所以在使用软件进行分析时，输入/输出的所有数据可以使用任意的单位制系统，但使用的单位制系统必须统一才能得到正确的结果。

以钢材为研究对象，如果使用国际单位制系统，则 ANSYS 软件采用的单位与参数应满足表 1.1。

表 1.1　国际单位制下钢材分析涉及的单位与参数

名称	单位名称及符号	名称	参数值
长度	米(m)	弹性模量	2.06×10^{11} Pa
质量	千克(kg)	泊松比	0.3
时间	秒(s)	密度	7.85×10^{3} kg/m^3
温度	开尔文(K)	重力加速度	9.8 m/s^2

正如前文所述，在解决实际工程问题时，由于模型通常十分复杂，有时需要使用 CAD 软件建立其几何模型后再导入 ANSYS 软件中。如果在建模时以毫米为单位，则必须修改材料特性参数，才能得到正确的分析结果。仍以常用的钢材为对象，当以毫米为单位时，分析用到的单位与参数取值如表 1.2 所示。

表 1.2　以毫米为单位时钢材分析涉及的单位与参数

名称	单位名称及符号	名称	参数值
长度	米(mm)	弹性模量	2.06×10^{5} Pa
质量	千克(kg)	泊松比	0.3
时间	秒(s)	密度	7.85×10^{-6} kg/mm^2
温度	开尔文(K)	重力加速度	9.8×10^{3} mm/s^2

1.6 本书内容安排

第 1 章　绪论：介绍 ANSYS 软件的一些基础知识，以及本书的内容安排。

第 2 章　几何模型的建立：分别采用自上而下方法、自下而上方法创建了轴承座和手柄的几何模型；讲解了坐标系的选择，工作平面的使用，Add、Glue、Overlap 运算的区别以及如何控制屏幕显示内容。

第 3 章　循环对称实体的建模：分别采用复制部分实体法、面旋转成体法完成了循环对称实体——圆盘的几何建模；对全局、局部坐标系进行了讲解。

第 4 章　杆系结构静力分析：解释了 Link180、Beam188 以及 Beam3 三种单元的差异，并分别使用它们对一桁架结构进行了建模分析，对比分析了它们之间在自由度约束方式、计算结果上的差异；对实体建模法或直接生成法建立有限元模型以及如何通过单元表、项目和序列号查询计算结果等知识点进行了讲解。

第 5 章　2D 梁的静力分析：分别采用 Beam3 与 Beam188 单元来建立悬臂梁的有限元模型，对悬臂梁悬臂端的挠度进行了计算，重点解释了两种建模方法在加载集中力方向上的差异；对力作用下的支架梁最大变形、最大应力值及所在位置进行了分析计算；对结果云图上常见符号的含义进行了解释与说明。

第 6 章　平面应变分析：分别采用 1/4 圆环、1/4 圆环＋对称边界条件、完整圆环建模对同一平面应变问题进行了分析与计算，对比了三种方法在几何模型、约束方法上的差异；对结果坐标系、节点坐标系、对称边界条件、实体选择方法以及如何在节点上施加与全局笛卡尔坐标系方向不同的约束与载荷进行了解释说明。

第 7 章　平面应力分析：分别采用 1/4 几何模型、完整几何模型建模对平面应力问题进行了分析；对映射网格的划分规则、施加载荷正负值的判断进行了讲解。

第 8 章　圆轴扭转分析：针对传动轴的两种截面设计方案——中空圆筒、实心轴，分别建立了其有限元模型，并对最大剪应力、最大变形进行了分析计算，得出中空圆筒方案优于实心轴结构；对节点坐标系及如何在节点上加载力矩进行了讲解。

第 9 章　轴对称问题的分析：以轴对称零件圆柱筒为分析对象，分别采用 Shell1208、Plane182 单元建立其有限元模型，并进行了静力分析计算；对高速旋转的飞轮圆盘在离心力作用下所受的应力与应变进行了分析；对轴对称问题、轴对称分析单元、轴对称模型扩展以及如何使用软件统计节点数量进行了讲解。

第 10 章　圆轴的模态分析：讲述了结构动力学的理论和研究内容，重点讲述了模态分析的理论基础；以圆轴为分析对象，分别采用固定支承与弹性支承建模，对其前 5 阶模态进行了分析计算；对参数化建模、固有频率计算结果出现的重复现象、约束轴向位移与旋转自由度的原因、划分网格或创建单元前参数的设置等内容进行了讲解。

第11章 有预应力结构的模态分析：分别对简支梁(受到张紧力和不受张紧力两种情形下)和旋转圆盘(在离心力作用下)的前5阶模态进行了分析计算；对预应力结构模态分析的注意事项进行了讲解。

第12章 谐响应分析：从理论上对谐响应分析进行了解释与说明，并以一个双自由度的质量-弹簧-阻尼系统为分析研究对象，分析计算了该系统在0～50 Hz以内的谐响应；对谐响应参数的设置、时间历程后处理与一般后处理的区别等知识点进行了解释说明。

第13章 瞬态动力学分析：以工字钢悬臂梁受到一个冲击载荷为研究对象，分析计算了从受到冲击载荷开始到1 s之后的瞬态响应；对载荷步的加载进行了解释说明。

第14章 临界转速分析：讲述了转子动力学的理论和研究内容，重点讲述了临界转速分析的理论基础；以转轴为分析对象，分别采用一般GUI操作方法与APDL操作，对转轴的模态进行了分析，绘制了Campbell图，得到了转轴的前5阶临界转速；对APDL编程以及如何提取数据进行了讲解。

第15章 不平衡响应分析：讲述了不平衡响应分析的理论基础；以轴承-转子系统为研究对象，分别采用Solid273单元建模、Mesh200＋Solid186单元建模、Beam188＋Mass21单元建模对该系统的不平衡响应进行了分析计算，并对三种方法的计算效率、计算精度、适用范围进行了对比分析。

第16章 等加速瞬态动力学分析：以转子-轴承系统为研究对象，分析计算了它以等加速度越过临界转速的瞬态响应；在等加速度瞬态响应情形下，对系统的受力进行了理论推导与说明，同时对如何通过公式施加载荷进行了详细的解释与说明。

本书附录提供了两个综合大作业——“各种结构参数对轴系模态特性的影响分析”和“各种结构参数对轴承-转盘系统不平衡响应的影响分析”，读者可综合利用本书所授理论与知识对其进行计算分析。

第 2 章　几何模型的建立

2.1　问 题 描 述

ANSYS 中的模型可分为几何模型和有限元模型两种，ANSYS 求解计算必须使用有限元模型。几何模型通过定义各种材料、单元属性并经过网格划分生成有限元模型，才能使用软件进行分析计算。ANSYS 软件中的几何模型可以通过两个途径创建：对于形状复杂的结构，可以采用其他 CAD 软件来建立其几何模型，再导入到 ANSYS 软件中；对于形状不是很复杂的结构，尽量选择在 ANSYS 软件中创建其几何模型。

在 ANSYS 软件中建立几何模型主要有两种方法，即自下而上建模、自上而下建模。自下而上的建模方法首先要定义关键点，然后再利用关键点定义线、面、体，其中线以关键点为端点，面以线为边界，体以面为边界。自上而下建模，即使用体素进行几何建模。体素包括 2D 体素(矩形、圆和多边形等)、3D 体素(块、圆柱、棱柱、球、圆台和环体等)。需要注意的是，一旦创建了一个体素，同时也创建了从属于该体素的低级图元。

2.2　自下而上建模

操作实例：图 2-1 为一个手柄的正视图，请使用自下而上的建模方法创建其几何模型。

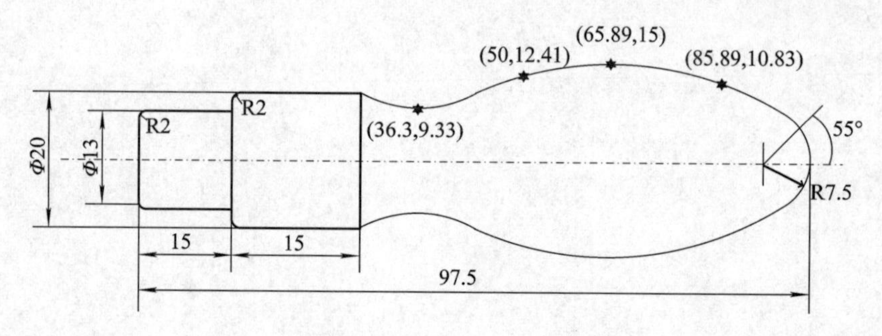

图 2-1　手柄结构正视图

2.2.1　操作步骤

(1) 进入 ANSYS 工作目录，命名文件。

单击 File→Change Jobname，打开“Change Jobname”对话框，如图 2-2 所示。在“Enter new jobname”对应的文本框中输入文件名“a_handle”，勾选“New log and error files”选项。

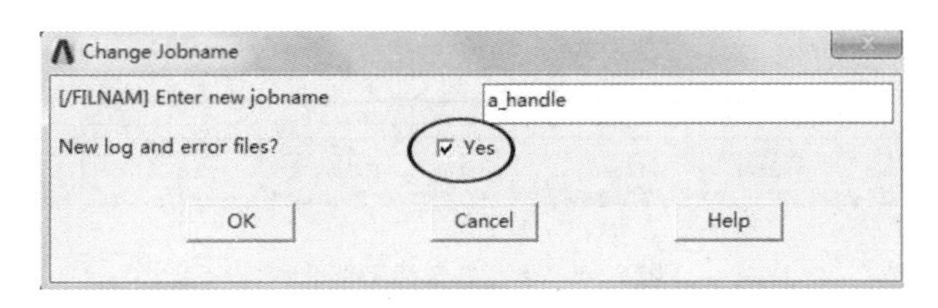

图 2-2　为工作文件取名

注意：勾选“New log and error files”选项的目的是可在指定目录下得到一个 LOG 文件，它记录了 ANSYS 在“a_handle”文件建模过程中所执行的一切命令，并以命令流的形式记录在 LOG 文件中，用户可以用记事本打开查看或编辑该文件。

(2) 创建 9 个关键点。

单击 Main Menu→Preprocessor→Modeling→Create→Keypoints→In Active CS，弹出对话框，在“NPT”文本框中输入 1，在“X，Y，Z”文本框中从左到右依次输入“0，0，0”，然后单击“Apply”按钮，这样便创建了一个编号为 1、坐标为(0，0，0)的关键点。重复操作，依次创建 8 个编号及坐标值分别为 2 (0，6.5，0)、3 (15，6.5，0)、4 (15，10，0)、5 (30，10，0)、6 (36.3，9.33，0)、7 (50，12.41，0)、8 (65.89，15，0)、9 (85.89，10.83，0)的关键点。

(3) 偏移工作平面到给定位置 (X=90)。

单击 Utility Menu→WorkPlane→Offset WP to→XYZ Locations，弹出拾取对话框，在文本框内输入 90，再单击“OK”按钮，将工作平面移到 X=90 的位置。

注意：如果 ANSYS 界面上看不到工作平面原点标识，可以通过单击 Utility Menu→WorkPlane→Display Working Plane 来显示。

(4) 将工作平面坐标系设置为激活的坐标系。

系统默认的激活坐标系为全局笛卡尔坐标系(CSYS 0)，通过单击 Utility Menu→WorkPlane→Change Active CS to→Working Plane 可将激活坐标系设置在工作平面所在位置。

注意：可以查看屏幕最下方的一排显示框(如图 2-3 所示)，在未执行该操作时“CSYS=0”，执行该操作后变为“CSYS=4”。ANSYS 软件用 CSYS 表示激活坐标系，0 代表全局笛卡尔坐标系，4 代表工作平面坐标系。

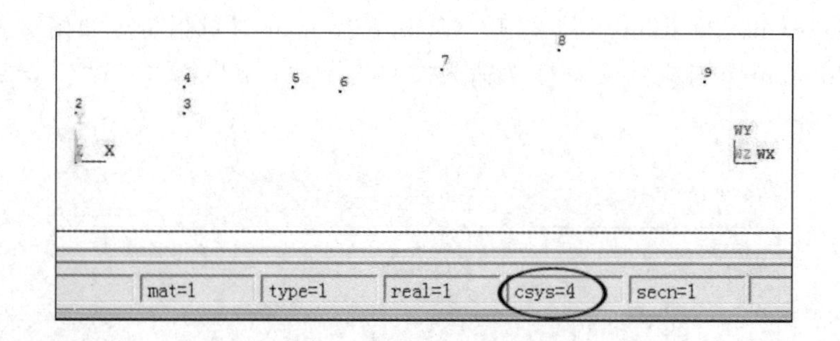

图 2-3　创建并激活工作平面

(5) 创建圆平面。

单击 Main Menu→Preprocessor Modeling→Create→Areas→Circle→By Dimensions，弹出对话框，在“RAD1”“RAD2”“THETA1”“THETA2”文本框内分别输入 7.5、0、0、55，然后单击“OK”按钮，创建圆平面。

(6) 打开关键点的编号并显示关键点。

单击 Utility Menu→PlotCtrls→Numbering，弹出对话框，在“KP”对应的选择框中单击选择“ON”，打开关键点的编号，然后单击“OK”按钮。

单击 Utility Menu→Plot→Keypoints，让屏幕显示关键点及其编号。如果不进行该步操作，屏幕将停留在步骤(5)操作结束后的显示界面上。

(7) 创建直线和多义线。

单击 Main Menu→Preprocessor→Modeling→Create→Lines→Lines→Straight Line，弹出拾取对话框，鼠标依次连接关键点 1 和 2、2 和 3、3 和 4、4 和 5，形成四条直线，单击“OK”按钮。

单击 Main Menu→Preprocessor→Modeling→Create→Lines→Splines→Spline thru KPs，弹出拾取对话框，如图 2-4 所示，鼠标按顺序依次拾取六个关键点(5、6、7、8、9、11)，单击“OK”按钮。

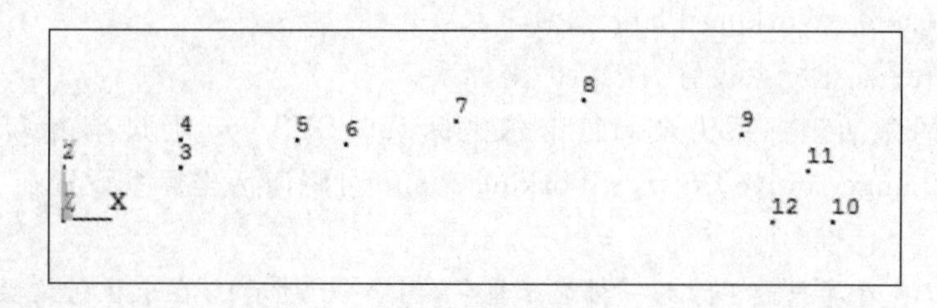

图 2-4　通过关键点创建多义线

(8) 打开线的编号并显示线段。

单击 Utility Menu→PlotCtrls→Numbering，弹出对话框，在“Line”对应的选择框中单

击选择“ON”，打开线的编号，单击 “OK”按钮。

单击 Utility Menu→Plot→Lines，显示线及其编号。

(9) 创建两个圆倒角。

单击 Main Menu→Preprocessor→Modeling→Create→Lines→Line Fillet，弹出拾取对话框，用鼠标拾取线 6 和 7，然后单击“OK”按钮；弹出新对话框，在“RAD”文本框内输入 2，然后单击 “Apply”按钮。重复以上操作，在线 4 和线 5 之间倒圆角 R2。

(10) 在关键点 1 和 12 之间创建直线。

单击 Main Menu→Preprocessor→Modeling→Create→Lines→Lines→Straight Line，弹出拾取对话框，用鼠标拾取关键点 1 和 12，然后单击“OK”按钮。

注意：如果看不到关键点，可以参看本例步骤(6)的操作。

(11) 将激活的坐标系设置为全局笛卡尔坐标系，并关闭显示工作平面。

单击 Utility Menu→WorkPlane→Change Active CS to→Global Cartesian，激活全局笛卡尔坐标系。

单击 Utility Menu→WorkPlane→Display Working Plane，关闭显示工作平面。

(12) 显示线段。

单击 Utility Menu→Plot→Lines，显示线段。

(13) 由线段创建一个新的面。

单击 Main Menu→Preprocessor→Modeling→Create→Areas→Arbitrary→By Lines，弹出拾取对话框，用鼠标依次拾取 9 条线段(4、10、5、6、11、7、8、2、9)，然后单击“OK”按钮。

(14) 将面加起来形成一个面。

单击 Main Menu→Preprocessor→Modeling→Operate→Booleans→Add→Areas ，弹出拾取对话框，单击“Pick All”按钮，将两个面合并成为一个平面。

(15) 创建关键点 50、51。

单击 Main Menu→Preprocessor→Modeling→Create→Keypoints→In Active CS，弹出对话框，在“NPT”文本框中输入 50，在“X，Y，Z”文本框中从左到右依次输入“－1，0，0”，然后单击“Apply”按钮。重复操作，创建编号为 51、坐标值为(100，0，0)的关键点。

(16) 将面沿关键点 50 和 51 所形成的轴旋转成体。

单击 Main Menu→Preprocessor→Modeling→Operate→Extrude→Areas→About Axis，弹出拾取对话框，单击“Pick All”按钮；再次弹出对话框，在文本框内输入“50，51”或者用鼠标在屏幕上直接点选这两个关键点，单击“OK”按钮；弹出对话框，如图 2－5 所示，在“No. of volume segments”文本框中输入 4，然后单击“OK”按钮确定(选择旋转体沿圆周方向由 4 个体单元组成)。

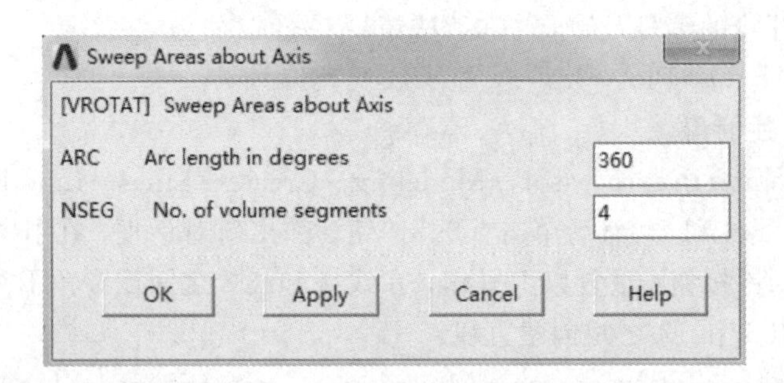

图 2－5 将截面沿轴向旋转成体

(17) 打开体编号并体。

单击 Utility Menu→PlotCtrls→Numbering，弹出对话框，在“VOLU”对应的选择框中单击选择“ON”，打开体编号，然后单击“OK”按钮。

单击 Utility Menu→Plot→Volumes，显示体及其编号，即可得到如图 2－6 所示的图形。

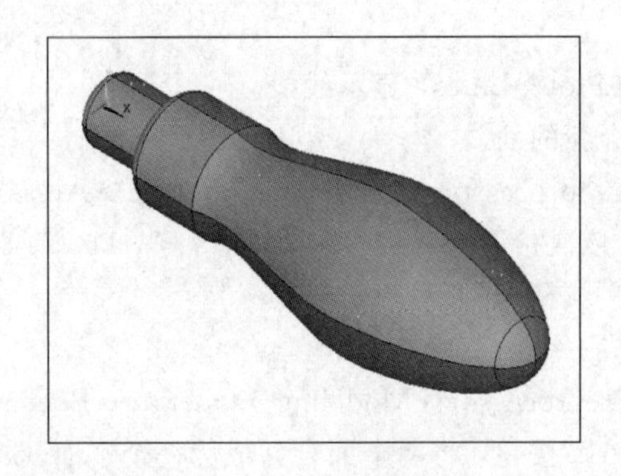

图 2－6 手柄几何模型图

(18) 存储数据库并离开 ANSYS。

单击“SAVE_DB”，再单击“QUIT”，然后选择 “Quit→No Save!”，单击“OK”按钮。

2.2.2 重要知识点

1. 坐标系的选择

ANSYS 中定义点的坐标是在当前激活坐标系中进行的，也包括点生成线的操作，与工作平面及全局坐标系无关。而体则是在工作平面内进行的，不依赖当前激活坐标系及全局坐标系。系统默认的激活坐标系为全局笛卡尔坐标系，如果想激活全局笛卡尔坐标系以外的其他坐标系，可以单击 Utility Menu→WorkPlane→Change Active CS to，然后选择目标坐标系。另外，ANSYS软件中用CSYS表示激活坐标系，用编号0代表全局笛卡尔坐标系，编号1代表全局柱坐标系，编号4代表工作平面。

读者可实际操作并验证一下：本例步骤(4)、(5)中，如果不激活工作平面坐标系，则创建的扇形圆的圆心将位于全局坐标系的原点。

2. 关于ANSYS软件的屏幕显示

如果想让软件显示某一项内容及其编号(比如关键点、节点、线、面、体)，可以单击Utility Menu→PlotCtrls→Numbering，然后选取所要显示的内容，单击"OK"按钮，再单击Utility Menu→Plot，即可显示它。

这样做的好处是只显示需要的内容，使得屏幕清晰明了。没有选择的内容只是隐藏起来了，并没有消失。当需要显示多项内容时，可以通过单击Utility Menu→Plot→Multi-Plots来实现。

2.2.3 操作命令流

2.2.1小节的GUI操作步骤可用下面的命令流替代：

```
/PREP7
K, 1, 0, 0,,
K, 2, 0, 6.5,,
K, 3, 15, 6.5,,
K, 4, 15, 10,,
K, 5, 30, 10,,
K, 6, 36.3, 9.33,,
K, 7, 50, 12.41,,
K, 8, 65.89, 15,,
K, 9, 85.89, 10.83,,
/REPLOT
wpoff, 90
CSYS, 4

PCIRC, 7.5, 0, 0, 55,
/PNUM, KP, 1
KPLOT
LSTR, 1, 2
LSTR, 2, 3
LSTR, 3, 4
LSTR, 4, 5
BSPLIN, 5, 6, 7, 8, 9, 11
LFILLT, 4, 5, 2
LFILLT, 6, 7, 2
LSTR, 1, 12
/PNUM, LINE, 1
LPLOT
CSYS, 0

AL, 4, 10, 5, 6, 11, 7, 8, 2, 9
/PNUM, AREA, 1
APLOT
AADD, 1, 2
SAVE

K, 50, -1, 0,,
K, 51, 100, 0,,
VROTAT, 3,,,,,, 50, 51
/PNUM, VOLU, 1
VPLOT
SAVE
```

2.3 自上而下建模

操作实例：图 2－7 为某一滑动轴承的轴承座，请采用自上而下的建模方法建立其几何模型。

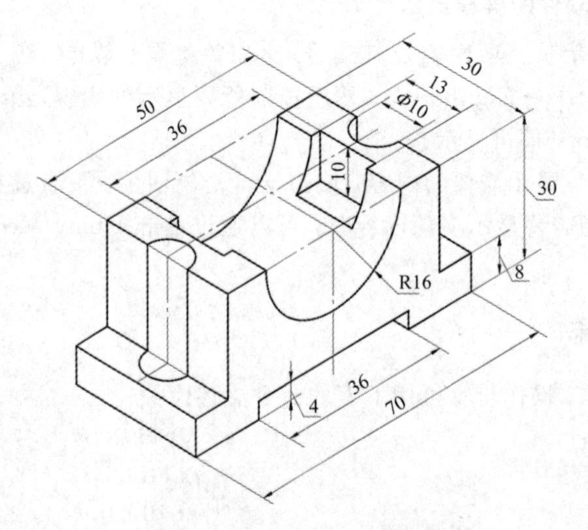

图 2－7 轴承座 3D 模型图

2.3.1 操作步骤

(1) 进入 ANSYS 工作目录，命名文件。

单击 File→Change Jobname，打开"Change Jobname"对话框，在"Enter new jobname"对应的文本框中输入文件名 "bearing-chock"，并勾选"New log and error files"选项。

(2) 创建两个六面体。

单击 Main Menu→Preprocessor→Modeling→Create→Volumes→Block→By Dimensions，弹出对话框，在"x1、x2、y1、y2、z1、z2"文本框内分别输入"0，35，0，30，0，8"，然后单击"Apply"按钮。重复操作，再次在上述文本框内依次输入"0，16，0，30，0，4"，单击"OK"按钮，创建两个六面体。

(3) 从轴承基座上"减"去小六面体形成台阶。

单击 Main Menu → Preprocessor → Modeling → Operate→Booleans→Subtract→Volumes，弹出拾取对话框。如图 2－8 所示，先拾取体积较大的六面体作为布尔

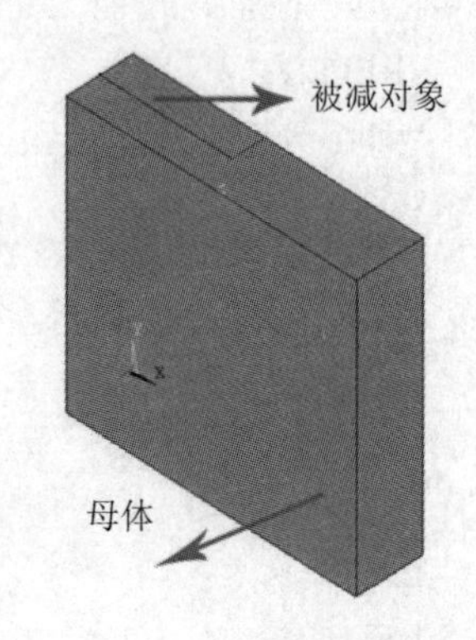

图 2－8 几何模型布尔"减"操作

“减”操作的母体，单击“Apply”按钮，再拾取体积较小的六面体作为被“减”去的对象，然后单击“OK”按钮。

(4) 偏移工作平面。

单击 Utility Menu→WorkPlane→Offset WP to→XYZ Location，弹出对话框，在文本框内输入“0，0，30”，然后单击“OK”按钮，使工作平面沿 Z 轴移动 30。

(5) 创建轴瓦支架。

单击 Main Menu → Preprocessor → Modeling → Create → Volumes → Block → By Dimensions，弹出对话框，在“x1、x2、y1、y2、z1、z2”文本框内分别输入“0，25，0，30，0，－22”，然后单击“OK”按钮。

(6) 旋转工作平面。

单击 Utility Menu→WorkPlane→Offset WP by Increments，弹出对话框，如图 2－9 所示，在“XY，YZ，ZX Angles”文本框中输入“0，－90，0”，然后单击“OK”按钮。

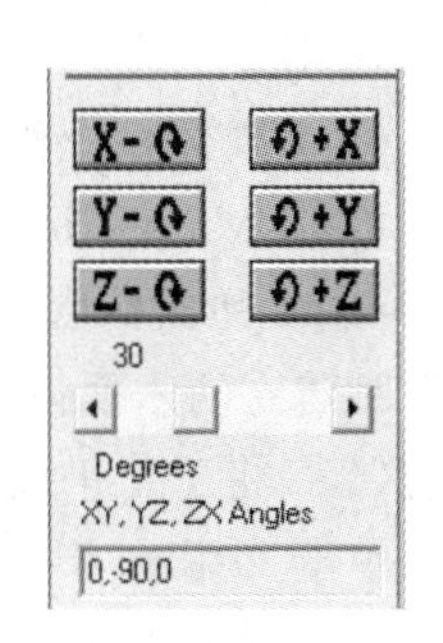

图 2－9　旋转工作平面

(7) 创建圆柱体。

单击 Main Menu → Preprocessor → Create → Volumes → Cylinder→Solid Cylinder，弹出对话框，在“Radius”“Depth”文本框中分别输入 16、30，单击“OK”按钮。

注意：对于文本框“WP X”与“WP Y”中没有赋值的情况，软件按 0 值处理。

(8) 减除圆柱体，形成孔。

单击 Main Menu → Preprocessor → Modeling → Operate → Booleans → Subtract → Volumes，弹出拾取对话框，拾取第(5)步建立的六面体作为布尔“减”操作的母体，单击“Apply”按钮，再拾取上一步创建的圆柱体作为“减”去的对象，单击“OK”按钮，完成操作。

(9) 将工作平面与全局笛卡尔坐标系对齐并再次移动。

单击 Utility Menu→WorkPlane→Align WP with→Global Cartesian，将工作平面与全局笛卡尔坐标系对齐。

单击 Utility Menu→WorkPlane→Offset WP to→XYZ Location，弹出对话框，在文本框内输入“25，15”，然后单击“OK”按钮。

(10) 创建圆柱体。

单击 Main Menu→Preprocessor→Modeling→Create→Volumes→Cylinder→Solid Cylinder，弹出对话框，在“Radius”“Depth”文本框内分别输入 5、30，然后单击“OK”按钮。

(11) 减体积操作。

单击 Main Menu → Preprocessor → Modeling → Operate → Booleans → Subtract → Volumes，弹出拾取对话框，拾取选择圆柱体以外的两个体积作为布尔“减”操作的母体，单

击“Apply”按钮，再拾取圆柱体作为“减”去的对象，单击“OK”按钮。

(12) 将工作平面与总体笛卡尔坐标系对齐并再次移动。

单击 Utility Menu→WorkPlane→Align WP with→Global Cartesian，将工作平面与全局笛卡尔坐标系对齐。

单击 Utility Menu→WorkPlane→Offset WP to→XYZ Location，弹出对话框，在文本框内输入“0，8.5，20”，然后单击“OK”按钮。

(13) 创建六面体。

单击 Main Menu→Preprocessor→Modeling→Create→Volumes→Block→By 2 Corners & Z，弹出对话框，在“Width”“Height”“Depth”文本框中分别输入 18、13、12，然后单击“OK”按钮。

(14) 减体积操作。

单击 Main Menu → Preprocessor → Modeling → Operate → Booleans → Subtract → Volumes，弹出拾取对话框，拾取轴承座作为布尔“减”操作的母体，单击“Apply”按钮，再拾取刚建立的六面体作为“减”去的对象，单击“OK”按钮。

(15) 将工作平面与总体笛卡尔坐标系对齐。

单击 Utility Menu→WorkPlane→Align WP with→Global Cartesian 即可。

(16) 沿坐标平面镜像生成整个模型。

单击 Main Menu→Preprocessor→Modeling→Reflect→Volumes，弹出拾取对话框，单击“Pick All”按钮，再次弹出一个新的对话框，如图 2-10 所示，在“Ncomp Plane of symmetry”单选框内点选“Y-Z plane X”项，单击“OK”按钮。

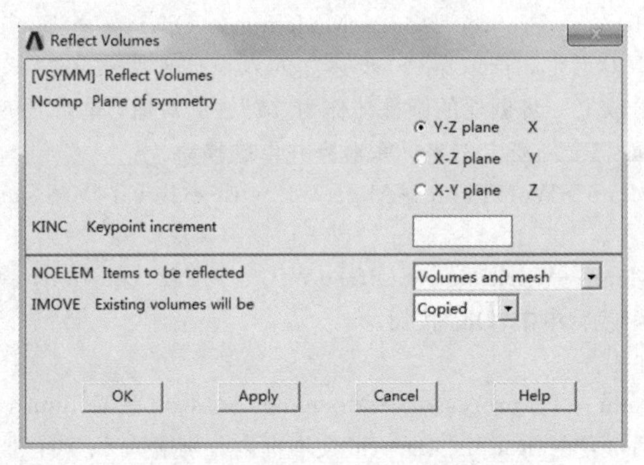

图 2-10 沿 YZ 平面镜像几何体

(17) 粘接所有体。

单击 Main Menu→Preprocessor→Modeling→Operate→Booleans→Glue→Volumes，

弹出拾取对话框，单击“Pick All”按钮，将所有体粘接在一起。

(18) 打开体编号并显示体。

单击 Utility Menu→PlotCtrls→Numbering，弹出对话框，在“VOLU”对应的选择框中单击选择“ON”，打开体编号，然后单击“OK”按钮。

单击 Utility Menu→Plot→Volumes，让软件显示体及其编号，即可得到图 2-11 所示的图形。

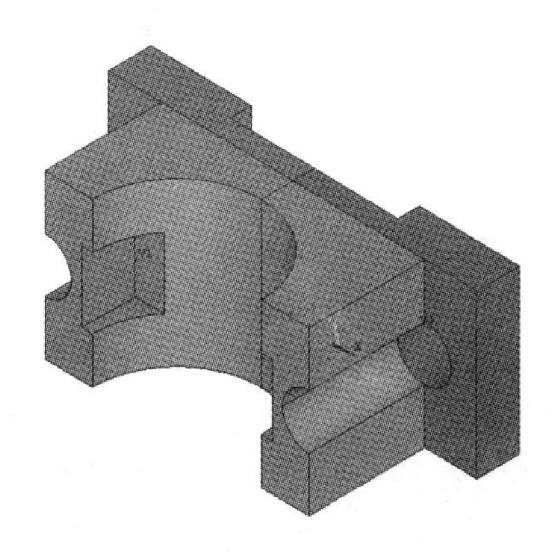

图 2-11 粘接后的轴承座几何模型

(19) 存储数据库并离开 ANSYS。

单击 SAVE_DB→QUIT，选择 “Quit→No Save!”，然后单击“OK”按钮即可。

2.3.2 重要知识点

1. Add、Glue、Overlap 命令的区别

Add：加运算，把多个图形相加。进行加运算后，各个原始图元的公共边界将被清除，最后只剩下一个实体。

Glue：交叠运算，进行该运算后，实体数目不变，只是消除了实体间的空隙。空隙的存在可能会导致有限元计算的失败。

Overlap：搭接，指将分离的同阶图元转变为一个连续体，其中图元的所有重叠区域将独立成为一个图元。搭接与加运算类似，但加运算是由几个图元生成一个图元，而搭接则是由几个图元生成更多的图元，相交的部分会被分离出来。

2. 工作平面(WorkPlane)

工作平面是一个二维绘图平面(XY 平面)，它主要用于创建实体时的定位和定向，一个时刻只能有一个工作平面。与工作平面相对应，有一个工作平面坐标系，坐标系号为 4。对于圆柱体、六面体而言，ANSYS 软件要求其截面图形(分别对应圆、矩形)必须位于 XY

平面，高度可以通过 Z 坐标来定义。

2.3.3　操作命令流

2.3.1 小节的 GUI 操作步骤可用下面的命令流替代：

```
/PREP7
BLOCK，0，35，0，30，0，8，
BLOCK，0，16，0，30，0，4，
VSBV，1，2
wpoff，0，0，30
BLOCK，0，25，0，30，0，－22，
wprot，0，－90
CYL4，，，16，，，，30
VSBV，1，2
wpcsys，－1，0
wpoff，25，15，，
CYL4，，，5，，，，30
FLST，2，2，6，ORDE，2
FITEM，2，3
FITEM，2，－4
VSBV，P51X，1
wpcsys，－1，0
wpoff，0，8.5，20，
BLC4，，，18，13，12
VSBV，2，1
VSYMM，X，3，5，2，，0，0
/VIEW，1，1，1，1
/ANG，1
VGLUE，all
/PNUM，VOLU，1
VPLOT
SAVE
FINISH
```

2.4　课 后 练 习

习题 2-1　请灵活使用自上而下法或自下而上法，创建题 2-1 图所示的 2 个几何模型。

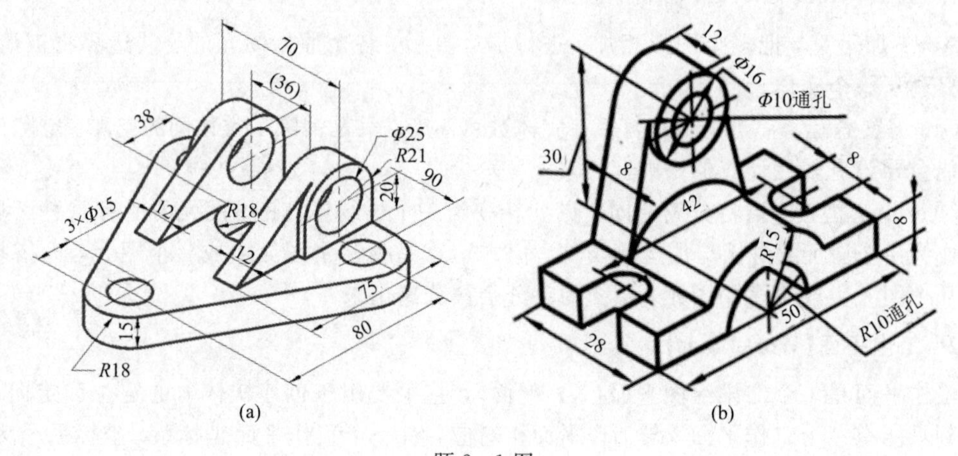

题 2-1 图

第 3 章　循环对称实体的建模

3.1　问 题 描 述

前文讲过，ANSYS 软件中几何模型的创建方法主要有两种，即自下而上法和自上而下法。但在工程实践过程中，机构的几何模型千差万别，为了提高建模效率，常常是两种建模方法交叉使用。比如关于轴线循环对称实体的建模，为了在划分网格过程中得到规则的网格，通常采用两个途径建模：

1. 建立截面平面图形—划分网格—旋转 360°成体模型；

2. 建立截面平面图形—旋转成部分实体—划分网格—沿轴线复制成体模型。

操作实例：图 3－1 为一飞轮盘，材料为 45 号钢，本章将使用两种建模途径建立其几何模型。

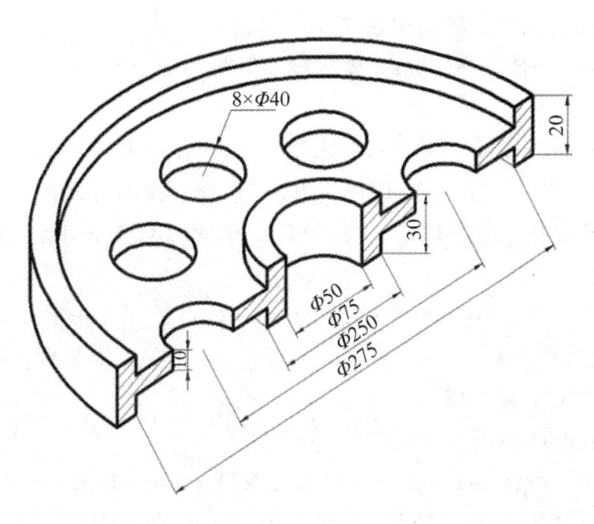

图 3－1　飞轮盘 3D 模型图

3.2 旋转平面成体建模

3.2.1 操作步骤

(1) 进入 ANSYS 工作目录，命名文件。

单击 File→Change Jobname，打开“Change Jobname”对话框，在“Enter new jobname”对应的文本框中输入文件名 “rotor_1”，并勾选“New log and error files”选项。

(2) 创建 3 个矩形平面。

单击 Main Menu → Preprocessor → Modeling → Create → Areas → Rectangle → By Dimensions，弹出对话框，在“x1、x2、y1、y2”文本框内分别输入“25，32.5，0，30”，然后单击“Apply”按钮；重复操作，在文本框内依次输入“32.5，125，10，20”，单击“Apply”按钮；再次在文本框内依次输入“125，132.5，5，25”，单击“OK”按钮，创建 3 个矩形平面。

(3) 将 3 个矩形加在一起。

单击 Main Menu→Preprocessor→Modeling→Operate→Booleans→Add→Areas，弹出拾取对话框，单击“Pick All”按钮，将 3 个矩形平面加在一起。

(4) 打开线编号并显示线段。

单击 Utility Menu→PlotCtrls→Numbering，弹出对话框，在“Line”对应的选择框中单击选择“ON”，打开线的编号，然后单击 “OK”按钮。

单击 Utility Menu→Plot→Lines，显示线及其编号。

(5) 倒圆角 R3。

单击 Main Menu→Preprocessor→Modeling→Create→Lines→Line Fillet，弹出拾取对话框，用鼠标分别点选线 14 与 7，然后单击“OK”按钮；弹出对话框，在“RAD”文本框中输入 3，再单击“Apply”按钮；重复操作，在 7 和 16、5 和 13、5 和 15 三处倒圆角 R3。

(6) 由线生成面。

单击 Main Menu→Preprocessor→Modeling→Create→Areas→Arbitrary→By Lines，弹出拾取对话框，依次拾取线“2、6、8”，单击“Apply”按钮；重复操作，依次拾取线段“19，20，21”“22，23，24”“17，18，12”，再创建 3 个平面。

(7) 将所有的面加在一起。

单击 Main Menu→Preprocessor→Modeling→Operate→Booleans→Add→Areas，弹出拾取对话框，然后单击“Pick All”按钮，将所有平面连接在一起。

(8) 定义两个关键点。

单击 Main Menu→Preprocessor→Modeling→Create→Keypoints→In Active CS，弹出对话框，在“NPT”文本框中输入 50，在“X，Y，Z”文本框中从左到右依次输入“0，0，0”，

单击“Apply”按钮；重复操作，创建编号为51、坐标值为(0，30，0)的关键点。

(9) 面沿轴旋转成实体。

单击 Main Menu→Preprocessor→Operate→Extrude→Areas→About Axis，弹出拾取对话框，选择飞轮盘截面，单击“OK”按钮；再次弹出一个拾取对话框，用鼠标点选关键点50、51后，再单击“OK”按钮。

(10) 偏移并旋转工作平面。

单击 Utility Menu→WorkPlane→Offset WP to→XYZ Location，弹出对话框，在文本框内输入80，然后单击“OK”按钮。

单击 Utility Menu→WorkPlane→Offset WP by Increments，弹出对话框，在“XY，YZ，ZX Angles”文本框中输入“0，-90”，然后单击“OK”按钮。

(11) 创建圆柱体。

单击 Main Menu→Preprocessor→Modeling→Create→Volumes→Cylinder→Solid Cylinder，弹出对话框，在“Radius”“Depth”文本框中分别输入20、30，然后单击“OK”按钮。

(12) 将工作平面与全局笛卡尔坐标系对齐并再次旋转。

单击 Utility Menu→WorkPlane→Align WP with→Global Cartesian，将工作平面与全局笛卡尔坐标系对齐。

单击 Utility Menu→WorkPlane→Offset WP by Increments，弹出对话框，在“XY，YZ，ZX Angles”文本框中输入“0，-90”，然后单击“OK”按钮。

(13) 定义局部坐标系。

单击 Utility Menu→WorkPlane→Local Coordinate Systems→Create Local CS→At WP Origin；弹出对话框，如图3-2所示，在“KCN”文本框输入11，在“KCS”下拉框中选择“Cylindrical 1”，然后单击“OK”按钮。

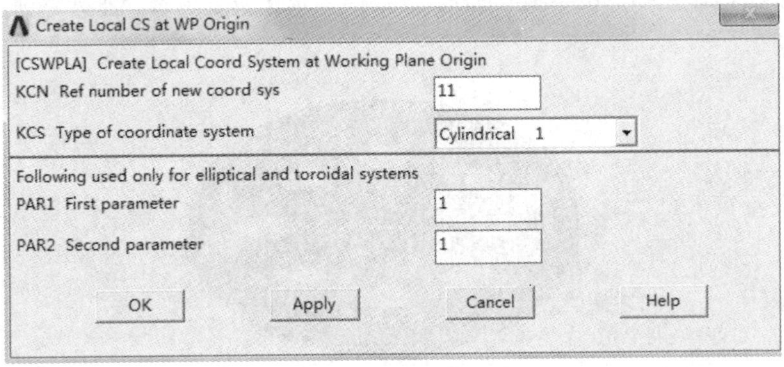

图3-2 定义局部坐标系

(14) 复制 8 个圆柱体。

单击 Main Menu→Preprocessor→Modeling→Copy→Volumes，弹出拾取对话框，用鼠标点选步骤(11)创建的圆柱体，然后单击“OK”按钮；再次弹出对话框，如图 3-3 所示，在“ITIME”文本框中输入 8，在“DY”文本框中输入 45，然后单击“OK”按钮。沿 11 柱坐标系 Y 坐标相隔 45°复制 8 个圆柱体。

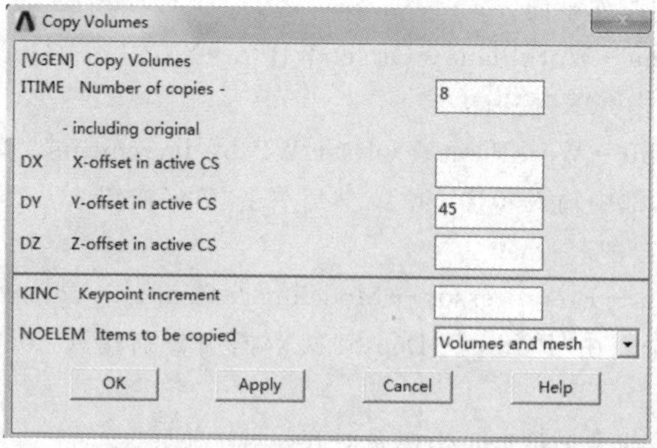

Copy Volumes
[VGEN] Copy Volumes
ITIME Number of copies - 8
- including original
DX X-offset in active CS
DY Y-offset in active CS 45
DZ Z-offset in active CS
KINC Keypoint increment
NOELEM Items to be copied Volumes and mesh
OK Apply Cancel Help

图 3-3　复制 8 个圆柱体

(15) 减体积操作。

单击 Main Menu → Preprocessor → Modeling → Operate → Booleans → Subtract → Volumes；弹出拾取对话框，拾取 4 个 1/4 圆盘作为布尔“减”操作的母体，单击“OK”按钮；再拾取 8 个圆柱体作为“减”操作的对象，然后单击“OK”按钮。

(16) 打开体编号并显示体。

单击 Utility Menu→PlotCtrls→Numbering，弹出对话框，在“VOLU”对应的选择框中单击选择“ON”，打开体编号，单击“OK”按钮。

单击 Utility Menu→Plot→Volumes，让软件显示体及其编号，即可得到图 3-4 所示的图形。

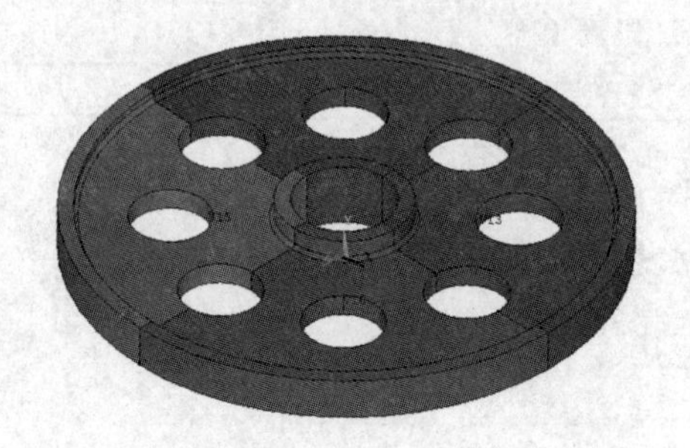

图 3-4　采用旋转平面成体建模的几何模型

(17) 存储数据库并离开 ANSYS。

单击 SAVE_DB→QUIT，选择 “Quit→No Save!”，然后单击“OK”按钮即可。

3.2.2　操作命令流

3.2.1 小节的 GUI 操作步骤可用下面的命令流替代：

```
/PREP7
RECTNG, 25, 32.5, 0, 30,
RECTNG, 32.5, 125, 10, 20,
RECTNG, 125, 132.5, 5, 25,
SAVE
LPLOT
AADD, all
/PNUM, LINE, 1
LPLOT
LFILLT, 14, 7, 3, ,
LFILLT, 7, 16, 3, ,
LFILLT, 13, 5, 3, ,
LFILLT, 5, 15, 3, ,
AL, 6, 8, 2
AL, 19, 20, 21
AL, 22, 23, 24
FLST, 3, 8, 6, ORDE, 2
FITEM, 3, 5
FITEM, 3, -12
AL, 17, 18, 12
AADD, All
SAVE
K, 50, 0, 0, 0,
K, 51, 0, 30, 0,
VROTAT, 6, , , , , , 50, 51 , 360, ,
wpoff, 80,,
wprot, 0, -90
CYL4, , , 20, , , , 30
WPCSYS, -1, 0
wprot, 0, -90
CSWPLA, 11, 1, 1, 1,
VGEN, 8, 5, , , , 45, , , 0
FLST, 2, 4, 6, ORDE, 2
FITEM, 2, 1
FITEM, 2, -4
VSBV, P51X, P51X
SAVE
```

3.3　复制部分实体建模

3.3.1　操作步骤

(1) 进入 ANSYS 工作目录，命名文件。

单击 File→Change Jobname. 打开“Change Jobname”对话框，在“Enter new jobname”对应的文本框中输入文件名 “rotor_2”，并勾选“New log and error files”选项。

(2) 创建 3 个矩形平面。

单击 Main Menu → Preprocessor → Modeling → Create → Areas → Rectangle → By Dimensions，弹出对话框，在“x1、x2、y1、y2”文本框内分别输入“25，32.5，0，30”，然后单击“Apply”按钮；重复操作，在文本框内依次输入“32.5，125，10，20”，单击“Apply”按

钮；再次在文本框内依次输入“125，132.5，5，25”，单击“OK”按钮，创建 3 个矩形平面。

（3）将 3 个矩形加在一起。

单击 Main Menu→Preprocessor→Modeling→Operate→Booleans→Add→Areas，弹出拾取对话框，单击“Pick All”按钮，将 3 个矩形平面加在一起。

（4）打开线编号并显示线段。

单击 Utility Menu→PlotCtrls→Numbering，弹出对话框，在“Line”对应的选择框中单击选择“ON”，打开线的编号，然后单击 “OK”按钮。

单击 Utility Menu→Plot→Lines，显示线及其编号。

（5）倒圆角 R3。

单击 Main Menu→Preprocessor→Modeling→Create→Lines→Line Fillet，弹出拾取对话框，用鼠标分别点选线 14 与 7，然后单击“OK”按钮；弹出对话框，在“RAD”文本框中输入 3，再单击“Apply”按钮；重复操作，在 7 和 16、5 和 13、5 和 15 三处倒圆角 R3。

（6）由线生成面。

单击 Main Menu→Preprocessor→Modeling→Create→Areas→Arbitrary→By Lines，弹出拾取对话框，依次拾取线“2，6，8”，单击“Apply”按钮；重复操作，依次拾取线段“19，20，21”“22，23，24”“17，18，12”，再创建 3 个平面。

（7）将所有的面加在一起。

单击 Main Menu→Preprocessor→Modeling→Operate→Booleans→Add→Areas，弹出拾取对话框，单击“Pick All”按钮，将所有平面连接在一起。

（8）定义两个关键点。

单击 Main Menu→Preprocessor→Modeling→Create→Keypoints→In Active CS，弹出对话框，在“NPT”文本框中输入 50，在“X，Y，Z”文本框中从左到右依次输入“0，0，0”，然后单击“Apply”按钮；重复操作，创建编号为 51、坐标值为(0，30，0)的关键点。

（9）面沿旋转轴旋转形成实体。

单击 Main Menu→Preprocessor→Operate→Extrude→Areas→About Axis，弹出拾取对话框，选择飞轮的截面，然后单击“OK”按钮；再次弹出一个拾取对话框，鼠标点选关键点 50、51 后，然后单击“OK”按钮；弹出对话框，如图 3－5 所示，在“ARC”对话框中输入 45，再单击“OK”按钮。

（10）偏移并旋转工作平面。

单击 Utility Menu→WorkPlane→Offset WP to→XYZ Location，弹出对话框，在文本框内输入 80，然后单击“OK”按钮。

单击 Utility Menu→WorkPlane→Offset WP by Increments，弹出对话框，在“XY，YZ，ZX Angles”文本框中输入“0，－90”，然后单击“OK”按钮。

（11）创建圆柱体。

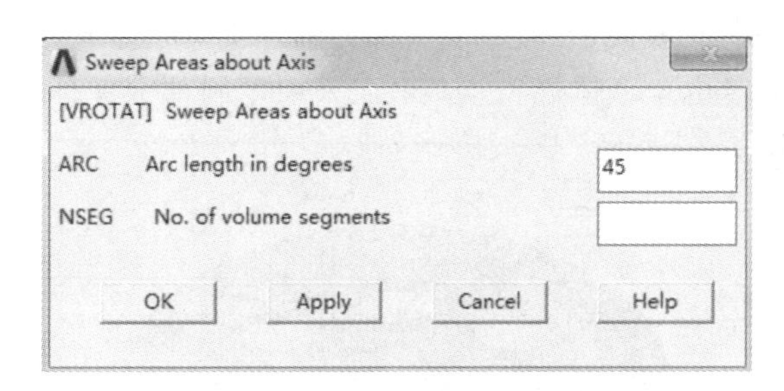

图 3－5　截面沿轴线旋转成部分实体模型

单击 Main Menu→Preprocessor→Modeling→Create→Cylinder→Solid Cylinder，弹出对话框，在“Radius”“Depth”文本框中分别输入 20、30，然后单击“OK”按钮。

（12）移动旋转工作平面。

单击 Utility Menu→WorkPlane→Offset WP to→XYZ Location，弹出对话框，在文本框中输入“0，0，0”，然后单击“OK”按钮。

单击 Utility Menu→WorkPlane→Offset WP by Increments，弹出对话框，在“XY，YZ，ZX Angles”文本框内输入“45，0，0”，然后单击“OK”按钮。

（13）定义局部坐标系并平移工作平面。

单击 Utility Menu→WorkPlane→Local Coordinate Systems→Create Local CS→At WP Origin；弹出对话框，在“KCN”文本框输入 11，在“KCS”下拉框中选择“Cylindrical 1”，单击“OK”按钮。

单击 Utility Menu→WorkPlane→Offset WP by Increments；弹出对话框，在“X，Y，Z”文本框内输入 80，单击“OK”按钮。

（14）创建圆柱体。

单击 Main Menu→Preprocessor→Modeling→Create→Volumes→Cylinder→Solid Cylinder；弹出对话框，在“Radius”“Depth”文本框中分别输入 20、30，然后单击“OK”按钮。

（15）减体积操作。

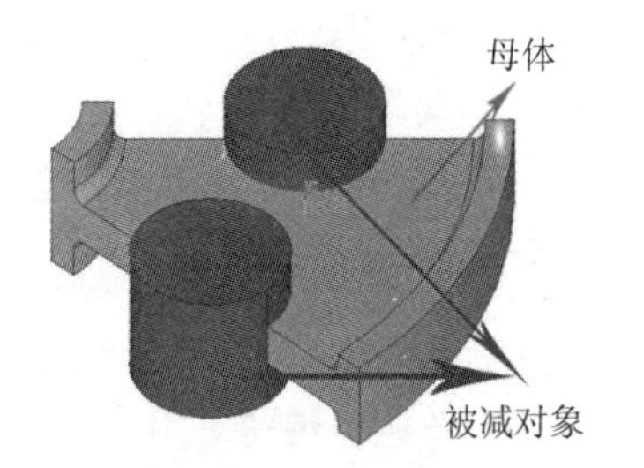

图 3－6　布尔减体积操作

单击 Main Menu → Preprocessor → Modeling → Operate→Booleans→Subtract→Volumes；弹出拾取对话框。如图 3－6 所示，拾取圆盘部分作为布尔“减”操作的母体，单击“Apply”按钮，再拾取两个圆柱体作为“减”的对象，然后单击“OK”按钮。

（16）将体沿周向复制 8 份形成整环。

单击 Main Menu→Preprocessor→Modeling→Copy→Volumes；弹出拾取对话框，单击“Pick All”按钮，弹出对话框，在“ITIME”“DY”文本框中分别输入 8、45，单击“OK”按钮。

即可沿柱坐标系 y 轴(周向)相隔 45°复制 8 个部分圆环实体并形成一个完整的圆盘。采用旋转平面成体建模法，圆盘由 4 个体模型组成，而采用复制部分实体建模法创建的圆盘有 8 个体积模型组成，如图 3－7 所示。

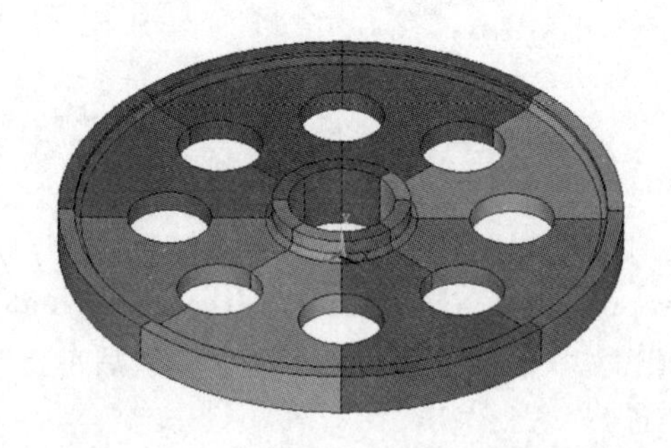

图 3－7　复制部分实体建模的几何模型

(17) 打开体编号并显示体。

单击 Utility Menu→PlotCtrls→Numbering，弹出对话框，在“VOLU”对应的选择框中单击选择“ON”，打开体编号，然后单击“OK”按钮。

单击 Utility Menu→Plot→Volumes，让软件显示体及其编号。

(18) 存储数据库并离开 ANSYS。

单击 SAVE_DB→QUIT，选择 “Quit→No Save!”，然后单击“OK”按钮即可。

3.3.2　重要知识点

1. 全局坐标系

ANSYS 提供了 4 种全局坐标系，它们分别是全局笛卡尔坐标系(编号 0，坐标分量 x、y、z)、全局柱坐标系(编号 1，坐标分量 R、θ、z)、全局 Y 型柱坐标系(编号 5，坐标分量 R、θ、y)、全局球坐标系(编号 2，坐标分量 R、θ、φ)。

2. 局部坐标系

当用户定义一个局部坐标系后，它就会被自动激活。创建局部坐标系后，程序会给它分配一个坐标系编号，用户也可以修改这个值，但不能与其他坐标系编号冲突。用户可以在分析过程中随时建立或删除局部坐标系。

3.3.3　操作命令流

3.3.1 小节的 GUI 操作步骤可用下面的命令流替代：

```
/PREP7
RECTNG, 25, 32.5, 0, 30,
RECTNG, 32.5, 125, 10, 20,
RECTNG, 125, 132.5, 5, 25,
```

```
AADD, all
/PNUM, LINE, 1
LPLOT
LFILLT, 14, 7, 3, ,
LFILLT, 7, 16, 3, ,
LFILLT, 13, 5, 3, ,
LFILLT, 5, 15, 3, ,
AL, 6, 8, 2
AL, 19, 20, 21
AL, 22, 23, 24
AL, 17, 18, 12
AADD, All
K, 50, 0, 0, 0,
K, 51, 0, 30, 0,
VROTAT, all, , , , , , 50, 51 , 45, ,
wpoff, 80, ,
wprot, 0, -90
CYL4, , , 20, , , , 30
wpave, 0, 0, 0
wprot, 45
CSWPLA, 11, 1, 1, 1,
wpoff, 80
CYL4, , , 20, , , , 30
FLST, 3, 2, 6, ORDE, 2
FITEM, 3, 2
FITEM, 3, -3
VSBV,          1, P51X
VGEN, 8, all, , , , 45, , , 0
SAVE
```

3.4 课后练习

习题 3-1 请灵活使用自上而下法或自下而上法，创建题 3-1 图所示的几何模型。

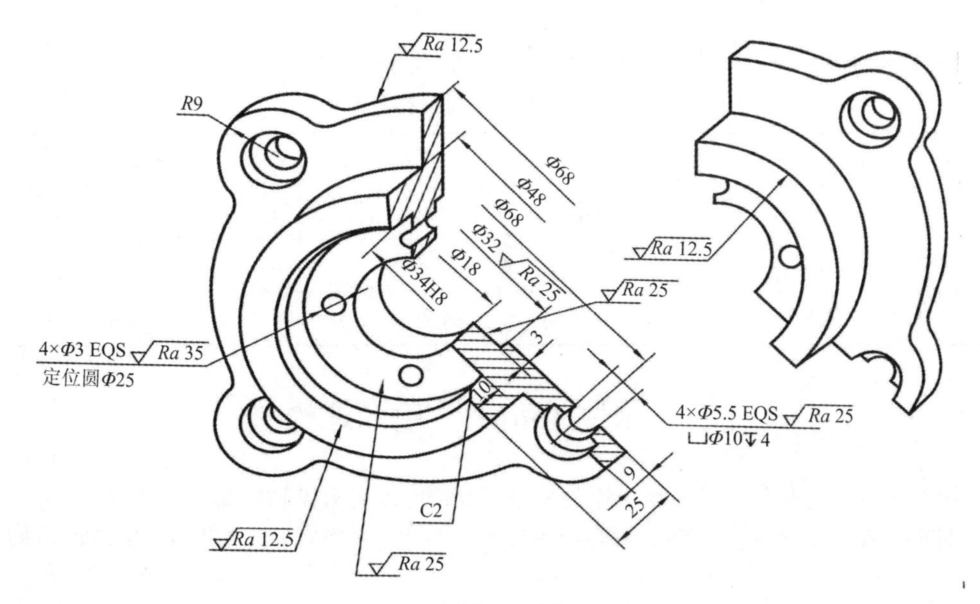

题 3-1 图

第 4 章　杆系结构静力分析

4.1　问 题 描 述

计算实例：图 4－1 所示桁架结构中，三根杆均由 45 号钢材制成，其圆形横截面积为 3×10^{-4} m²，弹性模量 $E=2\times10^{11}$ N/m²。若 $P=15$ N，试求各杆内的轴向力 F_a 及其轴向应力 σ_a，以及 C 点的水平及垂直位移。

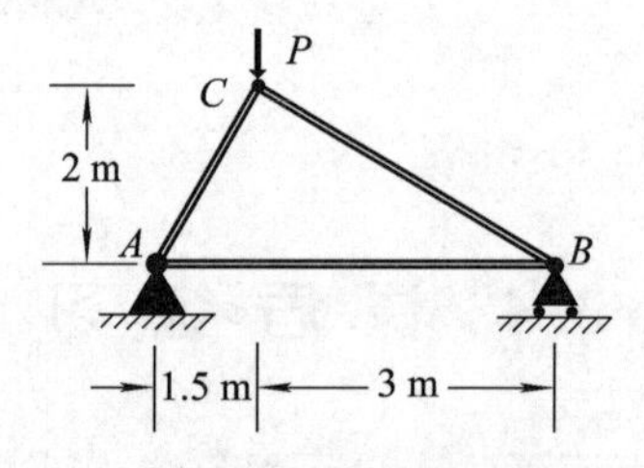

图 4－1　三杆桁架结构图

表 4.1 是使用材料力学中的静力分析知识计算得到的结果。

表 4.1　桁架静力分析计算结果

项目 1	轴向力 F_a/N	轴向应力 σ_a/Pa	项目 2	水平位移/mm	垂直位移/mm
杆 AC	－12.5	－41 667	C 点	0.518	－1.04
杆 BC	－9.01	－30 046	B 点	0.561	0
杆 AB	7.5	25 000	A 点	0	0

4.2　采用 Link180 单元建模

Link180 单元是有着广泛工程应用的杆单元，它可以用来模拟桁架、连杆、弹簧等。主要用于轴向承受拉力或压力分析，不能用于轴横向弯曲(挠度)的受力分析。该单元由两个节点组成，每个节点具有 3 个自由度，即沿坐标系 X、Y、Z 方向的平动，如图 4－2 所示。

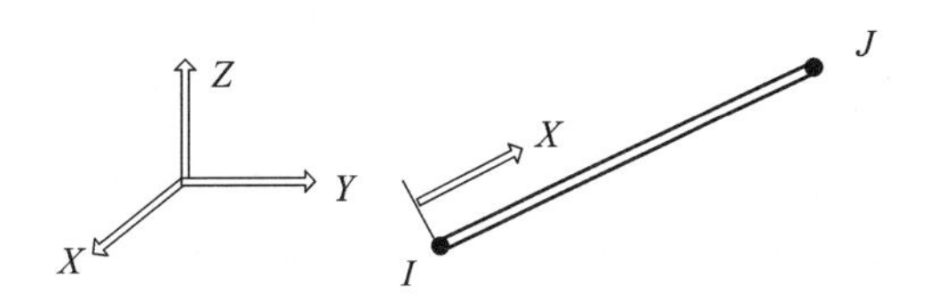

图 4-2　Link180 单元结构

4.2.1　操作步骤

（1）进入 ANSYS 工作目录，命名文件。

单击 File→Change Jobname，打开“Change Jobname”对话框，在“Enter new jobname”对应的文本框中输入文件名“truss_1”，并勾选“New log and error files”选项。

（2）定义单元类型。

单击 Main Menu→Preprocessor→Element Type→Add/Edit/Delete，弹出 Element Types 对话框，单击对话框中的“Add”按钮，在弹出的新对话框左边的滚动框中单击选择“Link”，在右边的单选框中单击选择“3D finit stn 180”，然后单击“OK”按钮。

（3）定义材料属性及实常数。

单击 Main Menu→Preprocessor→Material Props→Material Models；在弹出的材料模型定义对话框中依次双击 Structural→Linear→Elastic→Isotropic；在“EX ”文本框中输入 2E11，在“PRXY” 文本框中输入 0.3，然后关闭对话框。

单击 Main Menu→Preprocessor→Real Constants→Add/Edit/Delete，在弹出的对话框中单击“Add”按钮；弹出对话框，选择“Type 1 LINK180”，单击“OK”按钮；弹出对话框，在“Cross- sectional area”文本框中输入“3E-4”，然后关闭对话框。

（4）创建节点。

单击 Main Menu→Preprocessor→Modeling→Create→Nodes→In Active CS，弹出对话框，在“NODE”文本框中输入 1，在“X，Y，Z”文本框中从左到右依次输入“0，0，0”，然后单击“Apply”按钮，这样便创建了一个编号为 1、坐标为(0，0，0)的节点；重复操作，依次再创建编号为 2、坐标为(1.5，2，0)和编号为 3、坐标为(4.5，0，0)的两个节点，然后关闭对话框。

（5）创建单元。

单击 Main Menu→Preprocessor→Modeling→Create→Elements→Auto Numbered→Thru Nodes，弹出拾取对话框，用鼠标点选节点 1、节点 2，单击“Apply”按钮；重复操作，用鼠标点选节点 2、节点 3，单击“Apply”按钮；用鼠标点选节点 1、节点 3，再单击“OK”按钮。

(6) 施加约束。

单击 Main Menu→Solution→Define Loads→Apply→Structural→Displacement→On Nodes，弹出拾取对话框，用鼠标点选节点 1，单击“OK”按钮，会再弹出一个对话框；在“Lab2”列表框中选项“All DOF”，再单击“Apply”按钮，返回上一级对话框；用鼠标点选节点 3，再单击“OK”按钮；弹出对话框，在“Lab2”列表框中选项“UY、UZ”(点击关闭“All DOF”选项)，再单击“Apply”按钮。

(7) 施加载荷并求解。

单击 Main Menu→Solution→Define Loads→Apply→Structural→Force/ Moment→On Nodes，弹出拾取对话框，用鼠标点选节点 2，单击“OK”按钮；弹出“Apply F/M on Nodes”对话框，在“Lab”单选框中选择“FY”，在“VALUE”文本框中填入“－15”，然后单击“OK”按钮。

单击 Main Menu→Solution→Solve→Current LS，在弹出的对话框中单击“OK”按钮，当出现“Solution is done”信息对话框时说明求解结束，关闭信息对话框。

(8) 查看 C 点的水平方向及垂直方向的位移。

单击 Main Menu→General Postproc→List Results→Nodal Solution，在弹出的对话框内依次点击 Nodal Solution→X-Component of displacement，再单击“OK”按钮，就可查看列表形式显示的水平位移(节点 1，0.0000；节点 2，0.51965e－6；节点 3，0.5625e－6)；重复操作，依次点击 Nodal Solution→Y-Component of displacement，再单击“OK”按钮，就可查看列表形式显示的垂直位移(节点 1，0.0000；节点 2，－0.10408e－5；节点 3，0.0000)。对比表 4.1 所示的理论计算结果，可知两种计算结果吻合。

(9) 通过单元表定义各杆所受力及应力。

单击 Main Menu→General Postproc→Element Table→Define Table，在弹出的“Element Table Data”对话框中单击“Add”按钮。如图 4－3 所示，在弹出对话框的“Lab”文本框内输入 FA，在“Item，Comp”两个列表中分别选择“By sequence num”“SMISC，”，在文本框中填入“SMISC，1”，单击“OK”按钮；再次单击“Add”按钮，弹出对话框，再在“Lab”文本框内输入 SA，在“Item，Comp”两个列表中分别选择“By sequence num”“LS，”，在文本框中填入“LS，1”，单击“OK”按钮返回上一级对话框，再单击“Close”按钮关闭对话框。

(10) 通过单元表查看各杆所受力及应力。

单击 Main Menu→General Postproc→Element Table→List Elem Table，弹出的对话框如图 4－4 所示，在列表中用鼠标点击选择“FA”“SA”后，单击“OK”按钮，即可得到桁架各杆所受的轴向力及轴向应力，如表 4.2 所示。

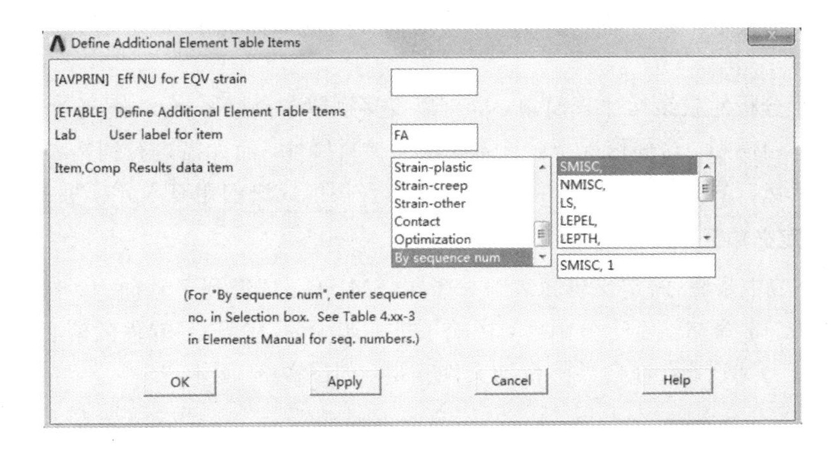

图 4-3　定义单元表

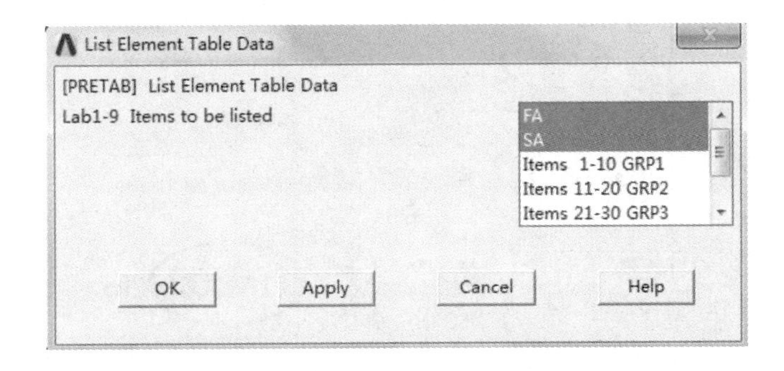

图 4-4　在单元表内选择数据

表 4.2　桁架各杆所受轴向力及轴向应力

单元编号	轴向力 F_a/N	轴向应力 S_a/Pa
1	−12.500	−41667
2	−9.0139	−30046
3	7.5000	25000

4.2.2　重要知识点

1. 有限元模型的创建

几何实体模型(关键点、线、面、体)不能直接用于 ANSYS 软件的分析计算，但可以通过定义各种属性并经过网格划分后成为有限元模型(节点、单元)，再用于分析与计算，这种方法称为实体建模法。例如，第 2 章介绍的采用自上而下或者自下而上方法创建的实体模型，还需要定义单元类型、材料属性并通过划分网格成为有限元模型后，才能用于分析计算。

有时鉴于分析对象结构比较简单，也可以直接创建节点(Nodes)，再通过节点创建有限单元(Elements)模型。这种情况下，只需要定义材料属性，而无需进行网格划分，这种方法称为直接生成法。第 4.2.1 小节介绍的就是使用直接生成法创建有限元模型的典型实例。

2. 如何定义单元表

4.2.1 小节中步骤(9)定义单元表时，选择“SMISC，1”得到了轴向力，选择“LS，1”得到了轴向应力，常令初学者十分困惑，影响了进一步学习 ANSYS 软件的信心。其实，这些信息可以通过 ANSYS 软件自己的帮助文件获得，如图 4-5 所示。

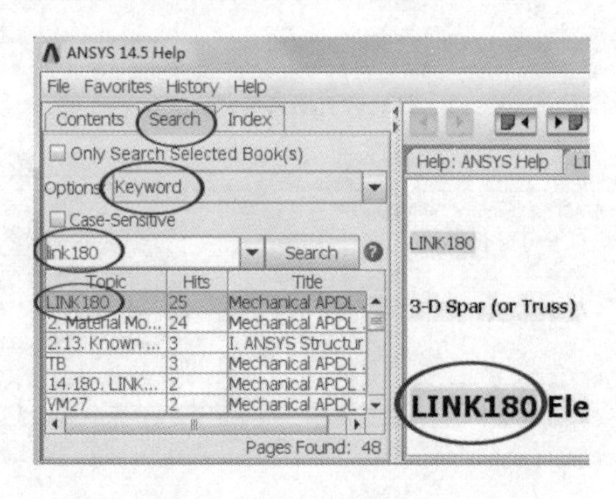

图 4-5　查看帮助文件

单击 Utility Menu→Help→Help Topics，弹出软件的帮助文件。在图 4-5 所示的窗口中，单击左上角选项卡中的“Search”选项，再在“Options”下拉菜单中选择 Keyword，在“Search”文本框中输入“Link180”后，单击“Search”按钮。在搜索结果列表中单击 LINK180，就会在窗口的右边显示 LINK180 单元的所有信息，滚动鼠标查找表格“Table 180.1：LINK180 Element Output Definitions” 以及表格“Table 180.2：LINK180 Item and Sequence Numbers”，表中会详细介绍 Item and Sequence Numbers (项目和序列号)所代表的含义。

4.2.3　操作命令流

4.2.1 小节的 GUI 操作步骤可用下面的命令流替代：

```
/PREP7                    R，1，3e-4
ET，1，LINK180            MP，EX，1，2E11
```

```
MP, PRXY, 1, 0.3
N, 1,,,,,,,
N, 2, 1.5, 2,,,,,
N, 3, 4.5, 0,,,,,
E, 1, 2
E, 2, 3
E, 1, 3
D, 1, , , , , , ALL, , , , ,
D, 3, , , , , , UY, UZ, , , ,
F, 2, FY, -15
! SOLVE
FINISH
/SOL
SOLVE
FINISH
/POST1
PRNSOL, U, X
PRNSOL, U, Y
ETABLE, FA, SMISC, 1
ETABLE, SA, LS, 1
PRETAB, FA, SA
SAVE
```

4.3　采用 Beam188 单元建模

Beam188 单元基于铁木辛科梁理论，适用于分析细长到中等粗短且具有扭切变形的梁。该单元可以用于弯曲、横向及扭转变形分析。单元有 3 个节点(I、J、K)，其中 K 是方向节点，是可选的。每个节点都有 6 个自由度 UX、UY、UZ、ROTX、ROTY、ROTZ，如图 4-6 所示。

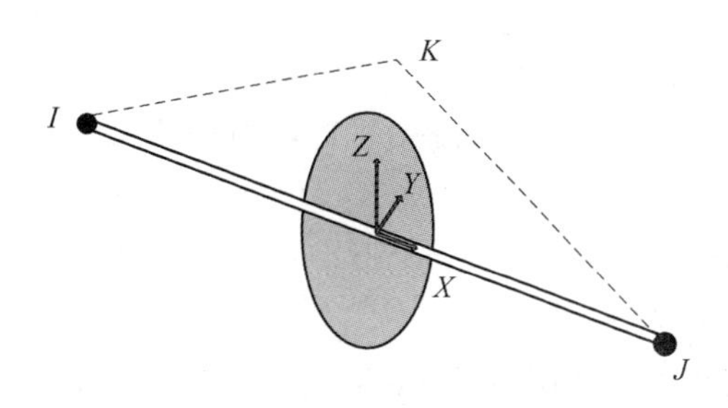

图 4-6　Beam188 单元结构

4.3.1　操作步骤

(1) 进入 ANSYS 工作目录，命名文件。

单击 File→Change Jobname，打开“Change Jobname”对话框，在“Enter new jobname”对应的文本框中输入文件名“truss_2”，并勾选“New log and error files”选项。

(2) 定义单元类型。

单击 Main Menu→Preprocessor→Element Type→Add/Edit/Delete，弹出 Element Types 对话框，单击对话框中的“Add”按钮。在弹出的新对话框左边的滚动框中单击选择“Beam”，在右边的单选框中单击选择“2 node 188”，然后单击“OK”按钮。

(3) 定义材料属性。

单击 Main Menu→Preprocessor→Material Props→Material Models，在弹出的材料模型定义对话框中依次双击 Structural→Linear→Elastic→Isotropic，在“EX ”文本框中输入 2E11，在“PRXY” 文本框中输入 0.3，然后关闭对话框。

(4) 定义梁截面形状。

单击 Main Menu→Preprocessor→Sections→Beam→Common Sections，在弹出的对话框内选择“Sub-Type”为实心圆，如图 4-7 所示，在 R、N、T 文本框内分别输入 9.77e-3、6、3，再单击“OK”按钮。

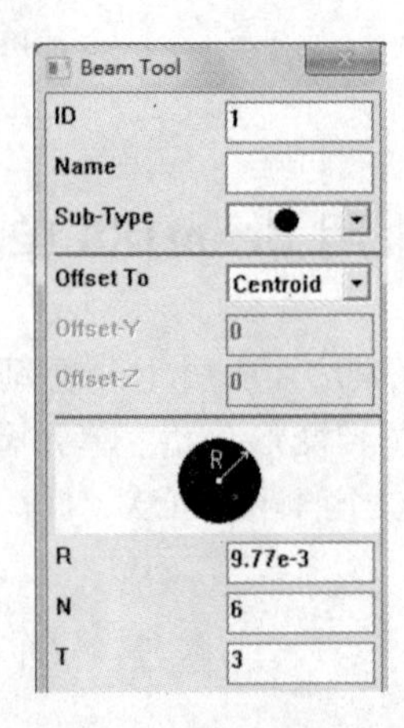

图 4-7　Beam188 梁截面形状设置

(5) 创建节点。

单击 Main Menu→Preprocessor→Modeling→Create→Nodes→In Active CS，弹出对话框，在“NODE”文本框中输入 1，在“X，Y，Z”文本框中从左到右依次填入“0，0，0”，单击“Apply”按钮，这样便创建了一个编号为 1、坐标为(0，0，0)的节点；重复操作，依次再创建编号为 2、坐标为(1.5，2，0)和编号为 3、坐标为(4.5，0，0)的两个节点，然后关闭对话框。

(6) 创建单元。

单击 Main Menu→Preprocessor→Modeling→Create→Elements→Auto Numbered→Thru Nodes，弹出拾取对话框，用鼠标点选节点 1、节点 2，单击“Apply”按钮；重复操作，用鼠标点选节点 2、节点 3，单击“Apply”按钮；用鼠标点选节点 1、节点 3，单击“OK”按钮。

(7) 施加约束。

单击 Main Menu→Solution→Define Loads→Apply→Structural→Displacement→On Nodes，弹出拾取对话框，用鼠标点选节点 1，单击“OK”按钮；再弹出一个对话框，在“Lab2”列表框中选项“All DOF”，单击“Apply”按钮，返回上一级对话框；用鼠标点选节点

3，单击“OK”按钮；弹出对话框，在“Lab2”列表框中选项“UY、UZ、ROTX、ROTY、ROTZ”(点击关闭“All DOF”选项)，再单击“Apply”按钮。

注意：如果采用与 Link180 相同的约束，即在节点 1 处约束 UX、UY、UZ 自由度，而在节点 3 约束 UY、UZ 自由度，则计算结果会略有不同，其原因是 Beam188 单元考虑了扭切变形。很显然 Beam188 单元建模分析的结果更接近实际工况。

(8) 施加载荷并求解。

单击 Main Menu→Solution→Define Loads→Apply→Structural→Force/ Moment→On Nodes，弹出拾取对话框，用鼠标点选节点 2，单击“OK”按钮；弹出“Apply F/M on Nodes”对话框，在“Lab”单选框中选择“FY”，在“VALUE”文本框中填入“－15”，然后单击“OK”按钮。

单击 Main Menu→Solution→Solve→Current LS，在弹出的对话框中点击“OK”按钮，当出现“Solution is done”信息对话框时，说明求解结束，关闭信息对话框。

4.3.2 操作命令流

4.3.1 小节的 GUI 操作步骤可用下面的命令流替代：

```
/PREP7
ET, 1, beam188
SECTYPE, 1, BEAM, CSOLID, , 0
SECOFFSET, CENT
SECDATA, 9.77e-3, 6, 3
MP, EX, 1, 2E11
MP, PRXY, 1, 0.3
N, 1,,,,,,,
N, 2, 1.5, 2,,,,,
N, 3, 4.5, 0,,,,,
E, 1, 2
E, 2, 3
E, 1, 3
D, 1, , , , , , ALL, , , , ,
D, 3, , , , , , UY, UZ, ROTX, ROTY,
ROTZ,
F, 2, FY, -15
! SOLVE
FINISH
/SOL
SOLVE
FINISH
/POST1
PRNSOL, U, X
PRNSOL, U, Y
ETABLE, FA, SMISC, 1
ETABLE, SA, LS, 1
PRETAB, FA, SA
SAVE
```

4.4 采用 Beam3 单元建模

如图 4-8 所示，Beam3 单元是一种可承受拉、压、弯作用的单轴单元。单元的每个节点有 3 个自由度，即沿 X、Y 方向的线位移及绕 Z 轴的角位移。由于可以通过约束 Beam188

单元自由度来实现与 Beam3 单元相同的计算结果，所以在 ANSYS 14.0 及以上版本中，不再在 GUI 界面中提供 Beam3 选项，但是仍然可以用命令流的形式调用。

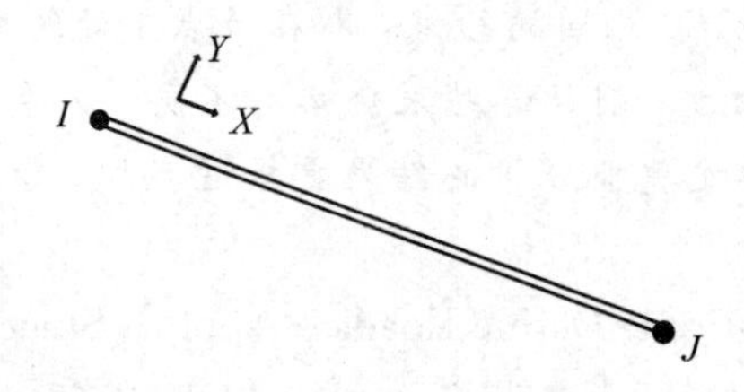

图 4-8　Beam3 单元结构

如果采用 Beam3 单元建立有限元模型，并在节点 1 处约束 UX、UY 自由度，而在节点 3 处约束其 UY 自由度，则可以得到与采用 LINK180 单元建模相同的计算结果。

4.4.1　操作步骤

(1) 进入 ANSYS 工作目录，命名文件。

单击 File→Change Jobname，打开“Change Jobname”对话框，在“Enter new jobname”对应的文本框中输入文件名“truss_3”，并勾选“New log and error files”选项。

(2) 定义单元类型。

单击 Main Menu→Preprocessor→Element Type→Add/Edit/Delete，弹出 Element Types 对话框，单击对话框中的“Add”按钮；在弹出的新对话框左边的滚动框中单击选择“Beam”，在右边的单选框中单击选择“2D Elastic Beam”，即选择“Beam3”单元，然后单击“OK”按钮。

注意：在 ANSYS 14.0 及以上版本中，不再在 GUI 界面中提供 Beam3 选项，在命令窗口中输入“ET，1，BEAM3”，即可调用 Beam3 单元。

(3) 定义材料属性及实常数。

单击 Main Menu→Preprocessor→Material Props→Material Models，在弹出的材料模型定义对话框中依次双击 Structural→Linear→Elastic→Isotropic，在“EX”文本框中输入 2E11，在“PRXY” 文本框中输入 0.3，然后关闭对话框。

单击 Main Menu→Preprocessor→Real Constants→Add/Edit/Delete，在弹出的对话框中单击“Add”按钮；弹出对话框，选择“Type 1 BEAM3”，再单击“OK”按钮；弹出对话框，在“Cross- sectional area”文本框中输入 3E-4，然后关闭对话框。

注意：ANSYS14.0 及以上版本可在命令窗口中输入“R，1，3 e-4”。

(4) 创建节点。

单击 Main Menu→Preprocessor→Modeling→Create→Nodes→In Active CS，弹出对话框，在“NODE”文本框中输入 1，在“X，Y，Z”文本框中从左到右依次输入“0，0，0”，单击

“Apply”按钮，这样便创建了一个编号为 1、坐标为(0，0，0)的节点；重复操作，依次再创建编号为 2、坐标为(1.5，2，0)和编号为 3、坐标为(4.5，0，0)的两个节点，关闭对话框。

(5) 创建单元。

单击 Main Menu→Preprocessor→Modeling→Create→Elements→Auto Numbered→Thru Nodes，弹出拾取对话框，用鼠标点选节点 1、节点 2，单击“Apply”按钮；重复操作，鼠标点选节点 2、节点 3，单击“Apply”按钮；用鼠标点选节点 1、节点 3，单击“OK”按钮。

(6) 施加约束。

单击 Main Menu→Solution→Define Loads→Apply→Structural→Displacement→On Nodes，弹出拾取对话框，用鼠标点选节点 1，单击“OK”按钮；再弹出一个对话框，在“Lab2”列表框中选择“UY、UZ”，单击“Apply”按钮，返回上一级对话框；用鼠标点选节点 3，单击“OK”按钮；弹出对话框，在“Lab2”列表框中选择“UY”，再单击“Apply”按钮。

(7) 施加载荷并求解。

单击 Main Menu→Solution→Define Loads→Apply→Structural→Force/ Moment→On Nodes，弹出拾取对话框，用鼠标点选节点 2，单击“OK”按钮；弹出“Apply F/M on Nodes”对话框，在“Lab”单选框中选择“FY”，在“VALUE”文本框中输入“－15”，单击“OK”按钮。

单击 Main Menu→Solution→Solve→Current LS，在弹出的对话框中点击“OK”按钮，当出现“Solution is done”信息对话框时，说明求解结束，关闭信息对话框。

4.4.2　操作命令流

4.4.1 小节的 GUI 操作步骤可用下面的命令流替代：

```
/PREP7
ET, 1, BEAM3
R, 1, 3e-4
MP, EX, 1, 2E11
MP, PRXY, 1, 0.3
MP, EX, 1, 2E11
MP, PRXY, 1, 0.3
N, 1,,,,,,,
N, 2, 1.5, 2,,,,,
N, 3, 4.5, 0,,,,,
E, 1, 2
E, 2, 3
E, 1, 3
D, 1, UX
D, 1, UY
D, 3, UY
F, 2, FY, -15
! SOLVE
FINISH
/SOL
SOLVE
FINISH
/POST1
PRNSOL, U, X
PRNSOL, U, Y
ETABLE, FA, SMISC, 1
ETABLE, SA, LS, 1
PRETAB, FA, SA
SAVE
```

4.5 课后练习

习题 4－1　题 4－1 图所示支架中三根圆杆材料均为 Q235-A，杆 1、杆 2、杆 3 的圆形截面面积分别为 200 mm^2、300 mm^2、400 mm^2。若杆 2 的长度为 1.5 m，P＝30 KN，试求各杆内所受应力。

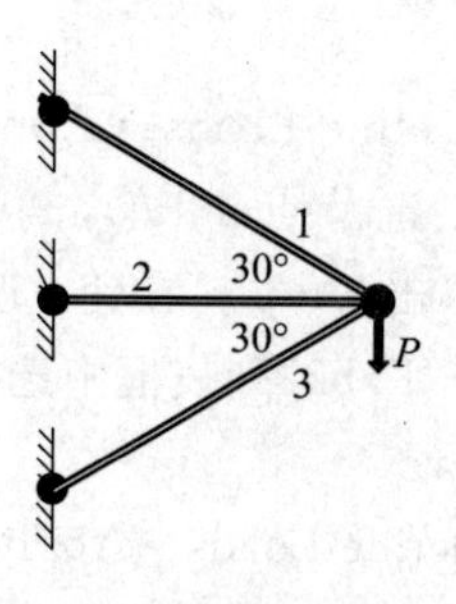

题 4－1 图

习题 4－2　题 4－2 图所示为一平面桁架，杆 1、杆 2、杆 4 的长度均为 L＝0.5 m，各杆截面均为圆形，半径 r＝0.008 m，P＝2000 N，计算各杆的轴向力 F_a、轴向应力 σ_a（杆材料的弹性模量为 2×10^{11} N/m^2，泊松比为 0.3）。

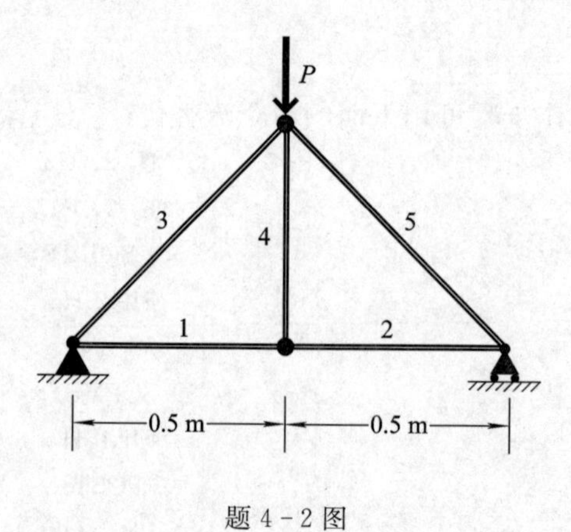

题 4－2 图

第 5 章 2D 梁的静力分析

5.1 问题描述

计算实例：图 5-1 为一 10 号热轧工字钢悬臂梁，左端被完全固定，右端受到一个 $P=800$ N 的集中力作用，如果梁的长度为 $L=1$ m，工字钢的弹性模量 $E=2\times10^{11}$ N/m^2，泊松比 $\mu=0.3$，试计算悬臂梁右端的挠度值(经计算，10 号工字钢的截面积为 14.345 cm^2，惯性矩 $I=245$ cm^4)。

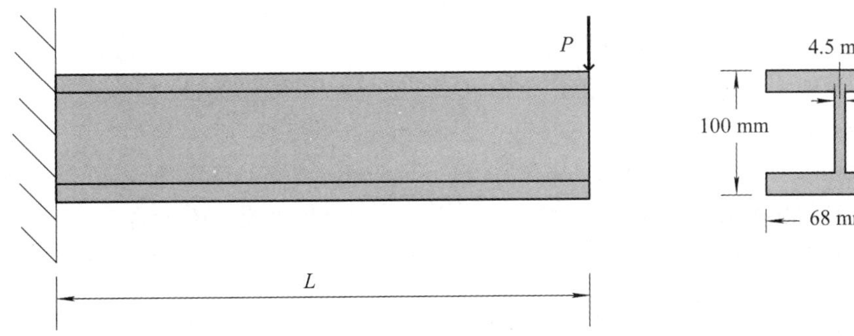

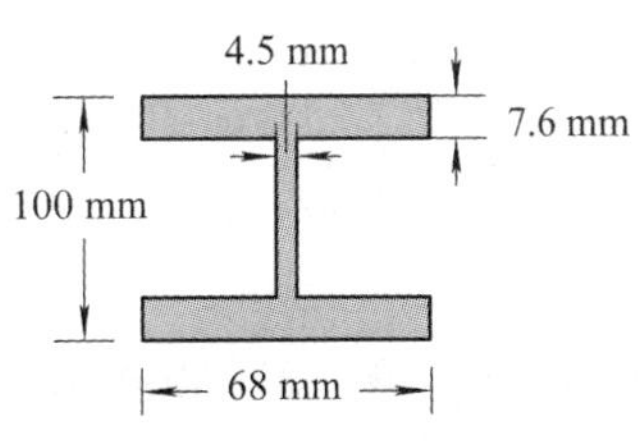

图 5-1 悬臂梁受力图

根据材料力学的知识，该梁自由端挠度的理论值为

$$f=\frac{PL^3}{3EI}=\frac{800\times1^3}{3\times2\times10^{11}\times245\times10^{-8}}=5.44\times10^{-4}\ \text{m} \tag{5-1}$$

5.2 采用 Beam3 创建悬臂梁模型

5.2.1 操作步骤

(1) 进入 ANSYS 工作目录，命名文件。

单击 File→Change Jobname，打开“Change Jobname”对话框，在“Enter new jobname”对应的文本框中输入文件名“cantilever_1”，并勾选“New log and error files”选项。

(2) 定义单元类型。

单击 Main Menu→Preprocessor→Element Type→Add/Edit/Delete，弹出 Element Types 对话框，单击对话框中的“Add”按钮；在弹出的新对话框左边的滚动框中单击选择“Beam”，在右边的单选框中单击选择“2D Elastic Beam”，即选择“Beam3”单元，然后单击“OK”按钮。

ANSYS 14.0 及以上版本中可在命令窗口中输入“ET，1，BEAM3”。

(3) 定义材料属性及实常数。

单击 Main Menu→Preprocessor→Material Props→Material Models，在弹出的材料模型定义对话框中依次双击 Structural→Linear→Elastic→Isotropic，在“EX ”文本框中输入 2E11，在“PRXY” 文本框中输入 0.3，然后关闭对话框。

单击 Main Menu→Preprocessor→Real Constants，在弹出的对话框中单击“Add”按钮；弹出单选对话框，确保选中“Type 1 beam3”后，单击“OK”按钮；再次弹出对话框，在横截面面积“AREA”文本框中输入 14.345e-4，在惯性矩“IZZ”文本框中输入 245e-8，在截面高度“H”文本框中输入 100e-3，单击“OK”按钮。

ANSYS14.0 及以上版本可在命令窗口中输入“R，1，14.345e-4，245e-8，0.1”。

(4) 创建关键点。

单击 Main Menu→Preprocessor→Modeling→Create→Keypoints→In Active CS，弹出一个对话框，在“NPT”文本框中输入 1，在“X，Y，Z”文本框中从左到右依次输入“0，0，0”，单击“Apply”按钮；重复操作，再创建一个编号为 2、坐标值为(1，0，0)的关键点。

(5) 创建直线。

单击 Main Menu→Preprocessor→Modeling→Create→Lines→Lines→Straight Line，弹出拾取对话框，用鼠标拾取关键点 1 和 2，然后单击“OK”按钮。

(6) 划分单元。

单击 Main Menu→Preprocessor→Meshing→MeshTool，弹出的对话框如图 5-2 所示，单击“Size Control” 区域“Lines”后面的“Set”按钮，弹出拾取对话框，拾取刚创建的直线，单击“OK”按钮；再次弹出对话框，如图 5-3 所示，在“NDIV”文本框中输入 50，返回上一级对话框；单击“MeshTool”对话框中的“Mesh”按钮，拾取刚创建的直线，再单击“OK”按钮。

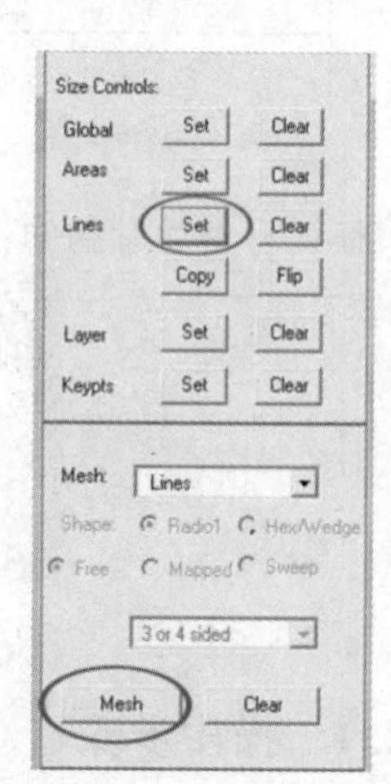

图 5-2　网格工具设置

(7) 施加约束。

单击 Main Menu→Solution→Define Loads→Apply→Structural→Displacement→On Keypoints，弹出拾取对话框，用

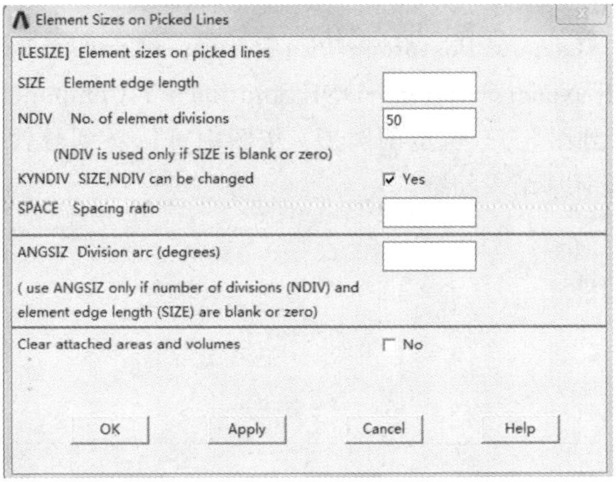

Element Sizes on Picked Lines
[LESIZE] Element sizes on picked lines
SIZE Element edge length
NDIV No. of element divisions
50
(NDIV is used only if SIZE is blank or zero)
KYNDIV SIZE,NDIV can be changed
Yes
SPACE Spacing ratio
ANGSIZ Division arc (degrees)
(use ANGSIZ only if number of divisions (NDIV) and
element edge length (SIZE) are blank or zero)
Clear attached areas and volumes
No
OK
Apply
Cancel
Help

图 5－3　单元尺寸设置

鼠标点选关键点 1，单击“OK”按钮；弹出对话框，在“Lab2”列表框中选择“All DOF”，然后单击“OK”按钮。

（8）施加载荷并求解。

单击 Main Menu→Solution→Define Loads→Apply→Structural→Force/ Moment→On Keypoints，弹出拾取对话框，用鼠标点选关键点 2，再单击“OK”按钮；弹出对话框，如图 5－4 所示，在“Lab”下拉单选框中选择“FY”，在“VALUE”文本框中输入“－800”，单击“OK”按钮。

Apply F/M on KPs
[FK] Apply Force/Moment on Keypoints
Lab Direction of force/mom
FY
Apply as
Constant value
If Constant value then:
VALUE Force/moment value
-800
OK
Apply
Cancel
Help

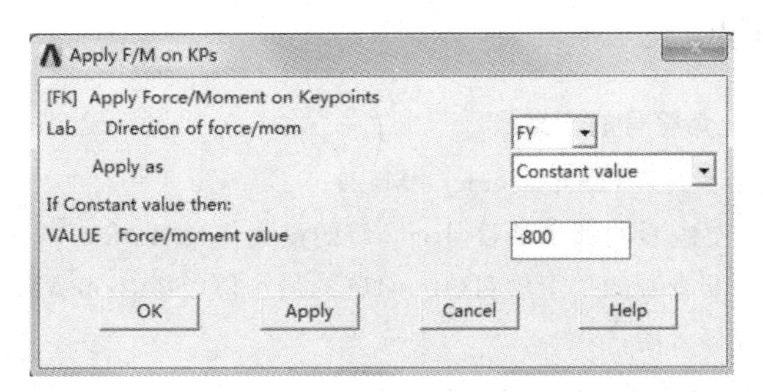

图 5－4　施加加载力

单击 Main Menu→Solution→Solve→Current LS，在弹出的对话框中点击“OK”按钮，当出现“Solution is done”信息对话框时，说明求解结束，关闭信息对话框。

（9）查看最大变形。

单击 Main Menu→General Postproc→Plot Results→Deformed Shape，然后即可查看悬臂梁最大变形。

(10) 查看位移云图。

单击 Main Menu→General Postproc→Plot Results→Contour Plot→Nodal Solu，在弹出的对话框内依次打开 Nodal Solution→DOF Solution→Y-Component of displacement，再单击“OK”按钮即可得到图 5-5 所示的图形。从图中可以看到悬臂梁右端最大挠度值为 0.544e-3 m，这与理论计算结果相符。

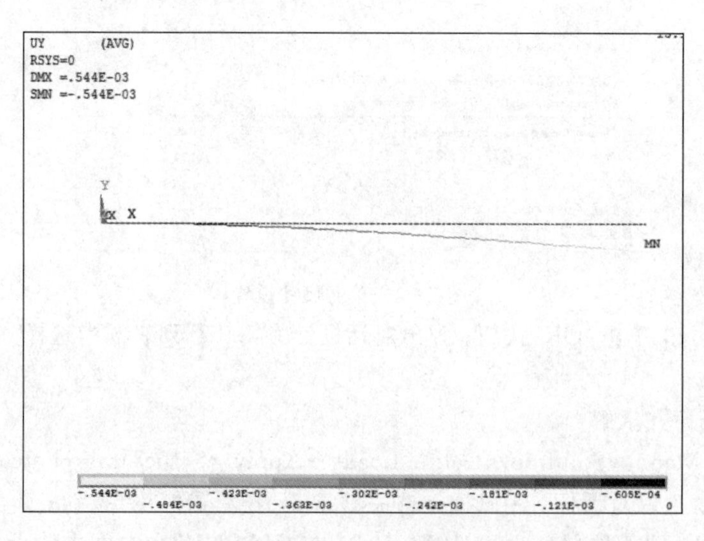

图 5-5　悬臂梁受力后变形云图(Beam3 建模)

5.2.2　重要知识点

1. 结果云图左上角符号的含义

DMX：固定指最大位移(Displacement Max)；

SMX：指定的、要查看的那个项目(Item)解的最大值(Solution Max)；

SMN：指定的、要查看的那个项目(Item)解的最小值(Solution Min)；

USUM：等效位移云图；

SEQV：等效应力云图；

UX、UY、UZ：分别代表 X、Y、Z 方向的位移云图；

SX、SY、SZ：分别代表 X、Y、Z 方向的应力云图；

SXY、SYZ、SYZ：分别代表 XY、YZ、YZ 平面的剪应力云图。

以图 5-5 所示云图为例，左上角符号的含义如下：UY 代表 Y 坐标方向的位移云图；RSYS＝0 代表结果云图中的数据建立在全局笛卡尔坐标系之下；DMX 代表图中最大位移(绝对值)为 0.544e-3；SMN 代表 Y 方向挠度最小值为－0.544e-3。

2. Beam3 截面参数

Beam3 单元只能通过为横截面面积、惯性矩、截面高度这三个参数赋值的方式来定义截面形状。以图 5-1 所示悬臂梁为例，如使用 Beam3 单元来模拟悬臂梁，就需要用户依据 10 号工字梁截面形状计算或测量出横截面面积、惯性矩、截面高度的具体数值，并将其以实常数的形式输入到 ANSYS 软件中。但如果采用 Beam188 单元来模拟悬臂梁，截面形状只需要通过单击 Main Menu→Preprocessor→Sections→Beam→Common Sections，把截面形状参数输入电脑即可，无需计算。

5.2.3　操作命令流

5.2.1 小节的 GUI 操作步骤可用下面的命令流替代：

```
/PREP7
ET，1，BEAM3
R，1，14.345e－4，245e－8，0.1 ! area，izz，H
MP，EX，1，2E11
MP，NUXY，1，0.3
K，1，0，0，0
K，2，1，0，0
LSTR，1，2
LESIZE，1,，，50
LMESH，1
FINISH
/SOLU
DK，1，，，，0，ALL，，，，，
FK，2，FY，－800
SOLVE
FINISH
/POST1
PLDISP
FINISH
```

5.3　采用 Beam188 创建悬臂梁模型

5.3.1　操作步骤

(1) 进入 ANSYS 工作目录，命名文件。

单击 File→Change Jobname，打开“Change Jobname”对话框，在“Enter new jobname”对应的文本框中输入文件名“cantilever_2”，并勾选“New log and error files”选项。

(2) 定义单元类型。

单击 Main Menu→Preprocessor→Element Type→Add/Edit/Delete，弹出 Element Types 对话框，单击对话框中的“Add”按钮；在弹出的新对话框左边的滚动框中单击“Beam”，在右边的滚动框中单击“2 node 188”，然后单击“OK”按钮。

(3) 定义梁的横截面及材料属性。

单击 Main Menu→Preprocessor→Sections→Beam→Common Sections，弹出对话框如图 5－6 所示，在“Sub-Type”下拉框中选择工字钢，在“W1”“W2”“W3”“t1”“t2”“t3”文本框内依次输入 0.068、0.068、0.1、0.0075、0.0075、0.0045，然后单击“OK”按钮。

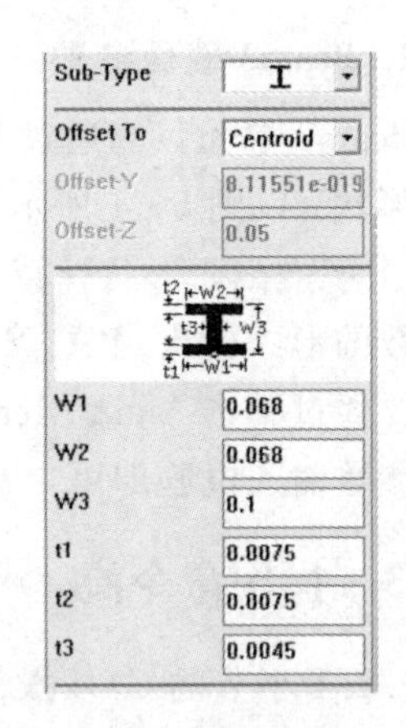

图 5－6 工字钢截面形状参数

单击 Main Menu→Preprocessor→Material Props→Material Models，在弹出的材料模型定义对话框中依次双击 Structural→Linear→Elastic→Isotropic，在“EX ”文本框中输入 2E11，在“PRXY” 文本框中输入 0.3，然后关闭对话框。

(4) 创建关键点。

单击 Main Menu→Preprocessor→Modeling→Create→Keypoints→In Active CS，弹出一个对话框，在“NPT”文本框中输入 1，在“X，Y，Z”文本框中从左到右依次输入“0，0，0”，单击“Apply”按钮；重复操作，再创建一个编号为 2、坐标值为(1，0，0)的关键点。

(5) 创建直线。

单击 Main Menu→Preprocessor→Modeling→Create→Lines→Lines→Straight Line，弹出拾取对话框，用鼠标拾取关键点 1 和 2，然后单击“OK”按钮。

(6) 划分单元。

单击 Main Menu→Preprocessor→Meshing→MeshTool；在弹出的对话框中单击“Size Control” 区域“Lines”后面的“Set”按钮；弹出拾取对话框，拾取刚创建的直线，单击“OK”按钮；再次弹出对话框，在“NDIV”文本框中输入 50，返回上一级对话框；单击“MeshTool”对话框中的“Mesh”按钮，拾取刚创建的直线，单击“OK”按钮。

(7) 施加约束。

单击 Main Menu→Solution→Define Loads→Apply→Structural→Displacement→On Keypoints；弹出拾取对话框，用鼠标点选关键点 1，单击“OK”按钮；弹出对话框，在“Lab2”列表框中选择“All DOF”，再单击“OK”按钮。

(8) 施加载荷并求解。

单击 Main Menu→Solution→Define Loads→Apply→Structural→Force/ Moment→On Keypoints；弹出拾取对话框，用鼠标点选关键点 2，单击“OK”按钮；弹出对话框，如图 5－7 所示，在“Lab”下拉单选框中选择“FZ”，在“VALUE”文本框中输入 800，然后单击“OK”按钮。

单击 Main Menu→Solution→Solve→Current LS，在弹出的对话框中点击“OK”按钮，当出现“Solution is done”信息对话框时，说明求解结束，关闭信息对话框。

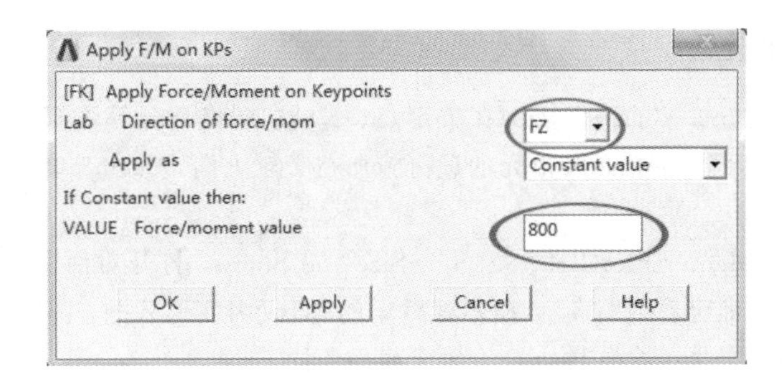

图 5-7 施加载荷力

(9) 查看变形。

单击 Main Menu→General Postproc→Plot Results→Deformed Shape，弹出对话框，在“KUND”单选区点击选择“Def+undeformed”，然后单击“OK”按钮。

(10) 查看位移云图。

单击 Main Menu→General Postproc→Plot Results→Contour Plot→Nodal Solu，在弹出的对话框内依次打开 Nodal Solution→DOF Solution→Z-Component of displacement，再单击“OK”按钮即可得到图 5-8 所示的图形(3D 显示参看 5.3.2 小节重要知识点)。从图中可以看到悬臂梁右端的最大挠度值为 0.577e-3 m，这与理论值及 Beam3 单元建模计算结果相比偏大一些，其主要原因是 Beam188 单元分析考虑了模型横向及扭转变形，从而造成了计算结果的差异。

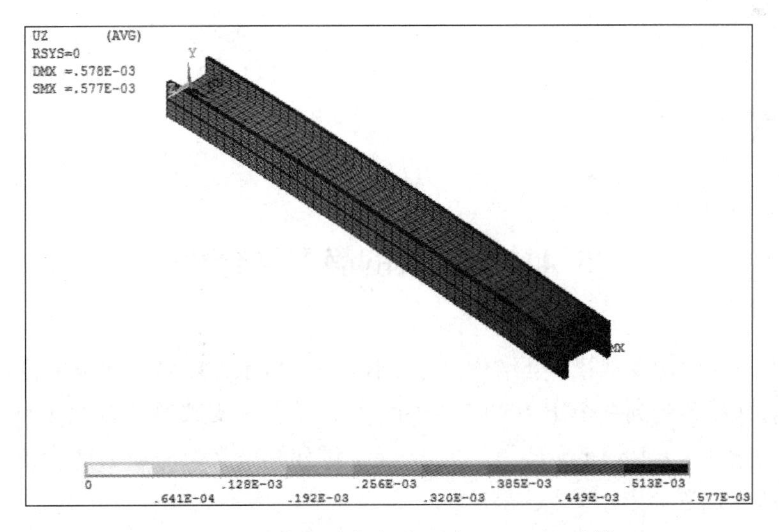

图 5-8 悬臂梁受力变形云图(Beam188 建模)

5.3.2 重要知识点

虽然 5.2 节与 5.3 节的两个实例在关键点、直线、网格划分等步骤均相同，但所施加载荷 P 的方向却不同，Beam188 单元的载荷施加在 Z 轴方向，Beam3 单元的载荷则施加在 Y 轴方向。

单击 Utility Menu→PlotCtrls→Style→Size and Shape，打开对话框，勾选“Display of element”为“On”，即可看到图 5-8 所示悬臂梁的 3D 受力变形云图，图中 Z 轴方向即为工字梁截面受力方向，这一点与 Beam3 有限元模型不同。

5.3.3 操作命令流

5.3.1 小节的 GUI 操作步骤可用下面的命令流替代：

```
/PREP7
ET, 1, BEAM188
SECTYPE, 1, BEAM, I,, 3
SECOFFSET, CENT
SECDATA, 0.068, 0.068, 0.1, 0.0075, 0.0075, 0.0045,
MP, EX, 1, 2E11
MP, NUXY, 1, 0.3
K, 1, 0, 0, 0
K, 2, 1, 0, 0
LSTR, 1, 2
LESIZE, 1,,, 50
LMESH, 1
FINISH

/SOLU
DK, 1, all
FK, 2, Fz, 800
SOLVE
FINISH

/POST1
PLDISP
FINISH
```

5.4 支架梁的静力学分析

计算实例：一钢制支架梁，其结构尺寸如图 5-9 所示。支架下端被完全固定，支架上端横梁左、右两端各受到一个 $P=5000$ N 的集中力作用。支架梁的截面为环形，内、外半径尺寸分别为 $R_1=5\times10^{-2}$ m、$R_2=8\times10^{-2}$ m。试计算该支架的最大变形值、各轴段最大应力值及其所在位置。

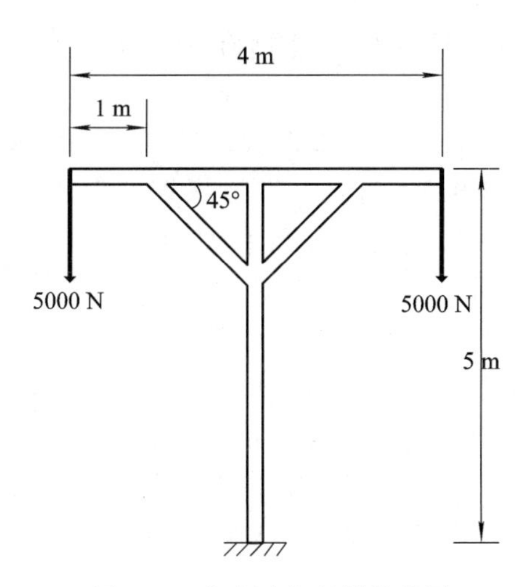

图 5－9　钢制支架的结构简图

5.4.1　操作步骤

(1) 进入 ANSYS 工作目录，命名文件。

单击 File→Change Jobname，打开“Change Jobname”对话框，在“Enter new jobname”对应的文本框中输入文件名“Bracket_1”，并勾选“New log and error files”选项。

(2) 定义单元类型。

单击 Main Menu→Preprocessor→Element Type→Add/Edit/Delete，弹出 Element Types 对话框，单击对话框中的“Add”按钮；在弹出的新对话框左边的滚动框中单击“Beam”，在右边的滚动框中单击“2 node 188”，然后单击“OK”按钮。

(3) 定义梁的横截面及材料属性。

单击 Main Menu→Preprocessor→Sections→Beam→Common Sections，弹出对话框如图 5－6 所示，在“Sub-Type”下拉框中选择环形截面，在“Ri”“Ro” “N”文本框内分别输入 0.05、0.08、5，然后单击“OK”按钮。

单击 Main Menu→Preprocessor→Material Props→Material Models，在弹出的材料模型定义对话框中依次双击 Structural→Linear→Elastic→Isotropic，在“EX ”文本框中输入 2E11，在“PRXY” 文本框中输入 0.3，然后关闭对话框。

(4) 创建关键点。

单击 Main Menu→Preprocessor→Modeling→Create→Keypoints→In Active CS，弹出一个对话框，在“NPT”文本框中输入 1，在“X，Y，Z”文本框中从左到右依次输入“0，0，0”，单击“Apply”按钮；重复操作，再创建 6 个关键点：编号为 2，坐标值为(0，4，0)；编号为 3，坐标值为(0，5，0)；编号为 4，坐标值为(－1，5，0)；编号为 5，坐标值为(－2，5，0)；

编号为 6，坐标值为(1，5，0)；编号为 6，坐标值为(2，5，0)。

(5) 创建直线。

单击 Main Menu→Preprocessor→Modeling→Create→Lines→Lines→Straight Line，弹出拾取对话框，用鼠标分别拾取关键点 1 和 2、关键点 2 和 3、关键点 3 和 4、关键点 4 和 5、关键点 3 和 6、关键点 6 和 7、关键点 2 和 4、关键点 2 和 6，然后单击“OK”按钮。共创建 8 条线段。

(6) 划分单元。

单击 Main Menu→Preprocessor→Meshing→MeshTool，在弹出的对话框中单击“Size Control” 区域“Lines”后面的“Set”按钮，弹出拾取对话框，单击“Pick All”按钮；再次弹出对话框，在“NDIV”文本框中输入 1，单击“OK”按钮，返回上一级对话框；单击“MeshTool”对话框中的“Mesh”按钮，单击“Pick All”按钮。

(7) 施加约束。

单击 Main Menu→Solution→Define Loads→Apply→Structural→Displacement→On Keypoints，弹出拾取对话框，用鼠标点选关键点 1，单击“OK”按钮；弹出对话框，在“Lab2”列表框中选择“All DOF”，单击“OK”按钮。

(8) 施加载荷并求解。

单击 Main Menu→Solution→Define Loads→Apply→Structural→Force/ Moment→On Keypoints，弹出拾取对话框，鼠标点选关键点 5 和 7，单击“OK”按钮；弹出对话框，在“Lab”下拉单选框中选择“FY”，在“VALUE”文本框中输入“−5000”，单击“OK”按钮。

单击 Main Menu→Solution→Solve→Current LS，在弹出的对话框中点击“OK”按钮。当出现“Solution is done”信息对话框时，说明求解结束，关闭信息对话框。

(9) 查看最大变形。

单击 Main Menu→General Postproc→List Results→Nodal Solution，在弹出的对话框内依次打开 Nodal Solution→DOF Solution→Displacement vector sum，再单击“OK”按钮即可得表 5.1。从表中可知支架上端横梁左、右两端处变形最大，其值为 0.390×10^{-3}m。

表 5.1　各节点变形量

节点	X 方向位移/$\times10^{-5}$ m	Y 方向位移/$\times10^{-4}$ m	总变形/$\times10^{-4}$ m
1	0	0	0
2	0.154×10^{-11}	−0.163	0.163
3	0.22×10^{-11}	−0.132	0.132
4	−0.542	−0.345	0.350
5	−0.542	−3.90	3.90
6	0.542	−0.345	0.350
7	0.542	−3.90	0.390

（10）通过单元表定义各杆所受力及应力。

单击 Main Menu→General Postproc→Element Table→Define Table，在弹出的“element table data”对话框中单击“Add”按钮；在弹出的对话框的“Lab”文本框内输入 FA，在“Item，Comp”两个列表中分别选择“By sequence num”“SMISC，”，在文本框中填入“SMISC，1”，单击“OK”按钮；再次单击“Add”按钮，弹出对话框，再在“Lab”文本框内输入 SA，在“Item，Comp”两个列表中分别选择“By sequence num”“LS，”，在文本框中填入“LS，1”，单击“OK”按钮返回上一级对话框，单击“Close”按钮关闭对话框。

（11）通过单元表查看各杆所受力及应力。

单击 Main Menu→General Postproc→Element Table→List Elem Table，在弹出的对话框的列表中用鼠标点击选择“FA”“SA”后，单击“OK”按钮即可得到支架各轴段所受的轴向力及轴向应力，如表 5.2 所示。从表中可知单元 4 和单元 8 处轴段所受的应力绝对值最大，其值为 4.60×10^6 Pa。

表 5.2　支架各杆所受轴向力及轴向应力

单元编号	轴向力 F_a/N	轴向应力 S_a/$\times10^6$ Pa
1	−1000	−0.817
2	7707.5	0.630
3	13 271	0.153
4	0	−4.60
5	13 271	2.01
6	0	4.60
7	−15 645	−1.94
8	−15 645	−0.620

5.4.2　操作命令流

5.4.1 小节的 GUI 操作步骤可用下面的命令流替代：

```
/PREP7
ET, 1, BEAM188
MP, EX, 1, 2E11
MP, NUXY, 1, 0.3
SECTYPE,    1, BEAM, CTUBE, , 0
SECOFFSET, CENT
SECDATA, 0.05, 0.08, 5, 0, 0, 0, 0,
0, 0, 0, 0, 0
K, 1,,,,
K, 2,, 4,,
K, ,, 5,,
K, , -1, 5,,
K, , -2, 5,,
K, , 1, 5,,
K, , 2, 5,,
LSTR,       1,       2
```

```
LSTR,    2,    3
LSTR,    3,    4
LSTR,    4,    5
LSTR,    3,    6
LSTR,    6,    7
LSTR,    2,    4
LSTR,    2,    6
LESIZE, all, , , 1, , , , , 1
LMESH, all

/SOL
DK, 1, , , , 0, ALL, , , , , ,
FK, 5, FY, -5000
FK, 7, FY, -5000

SOLVE
FINISH
/POST1
PRNSOL, U, COMP
ETABLE, FA, SMISC, 1
ETABLE, SA, LS, 1
PRETAB, FA, SA
SAVE
```

5.5 课后练习

习题 5-1 题 5-1 图为一热轧工字钢悬臂梁，左端被完全固定，右端受到两个大小分别为 $P_1=8000$ N、$P_2=5000$ N 的集中力作用，如果梁的长度 $L=1$ m，工字钢的弹性模量 $E=2\times10^{11}$ N/m²，泊松比 $\mu=0.3$，试计算悬臂梁右端的挠度值。

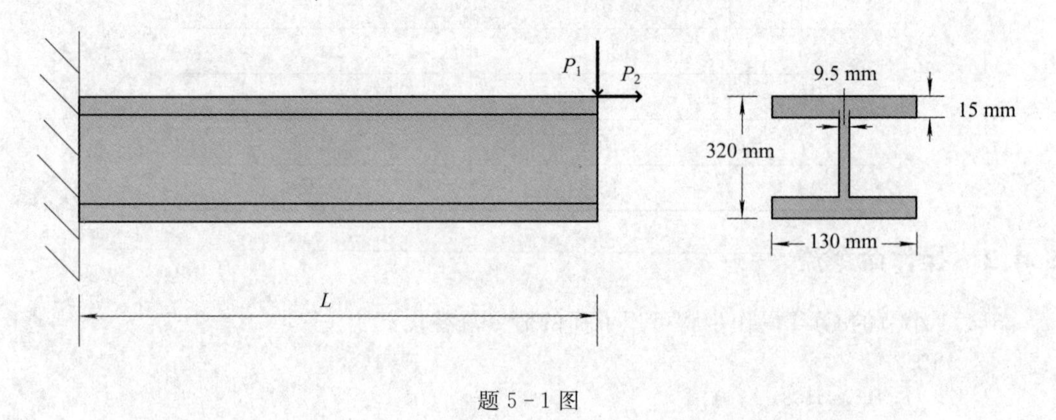

题 5-1 图

第 6 章　平面应变分析

6.1 问题描述

平面问题是指弹性力学中的平面应力和平面应变问题。设有无限长的柱状体，作用在其上的所有面力和体力方向均与横截面平行，且大小不沿轴向变化。此时，可以近似认为只有平行于横截面的三个应变分量 ε_x、ε_y、γ_{xy} 不为零，这类问题被称为平面应变问题。

平面应变问题的特点：只在平面内有应变，与该面垂直方向的应变可忽略不计，如压力管道、水坝侧向水压问题等；这类弹性体通常为具有很长纵向轴的柱形体，横截面大小和形状不沿轴向变化；作用外力方向与纵向轴垂直，大小不沿轴向改变，柱体的两端受固定约束。针对这类平面问题，为了提高计算精度与效率，常忽略轴向受力与变形，仅在横截面上进行静力学分析。

计算实例：图 6 - 1 为一个厚壁圆筒，内圆半径 $r_1=50$ mm，外圆半径 $r_2=100$ mm，作用在内孔上的压强 $P=10$ MPa，无轴向压力，轴向长度可视为无穷大。本例是一个典型的平面应变问题，请读者使用 ANSYS 软件计算厚壁圆筒的径向、周向应力沿半径方向的分布情况。

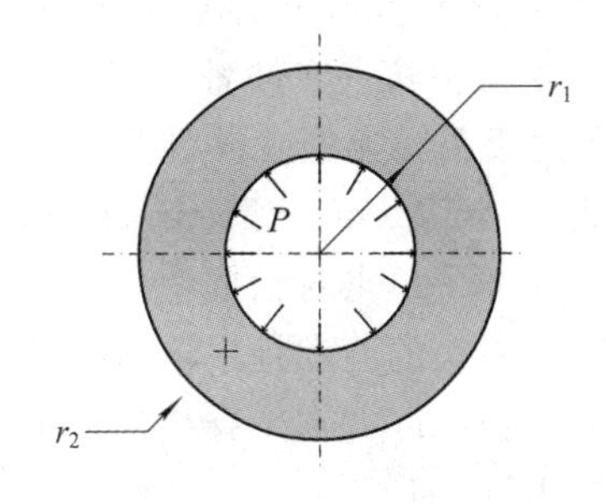

图 6 - 1　厚壁圆筒受力图

根据材料力学的知识，径向及周向应力 σ_r、σ_t 沿 r 方向分布的解析解为

$$\sigma_r=\frac{r_1^2 p}{r_2^2-r_1^2}\left(1-\frac{r_2^2}{r^2}\right)$$

$$\sigma_t=\frac{r_1^2 p}{r_2^2-r_1^2}\left(1+\frac{r_2^2}{r^2}\right) \tag{6-1}$$

以应力为纵坐标，半径值为横坐标，径向及周向应力 σ_r、σ_t 沿 r 方向分布规律，如图 6 - 2 所示。

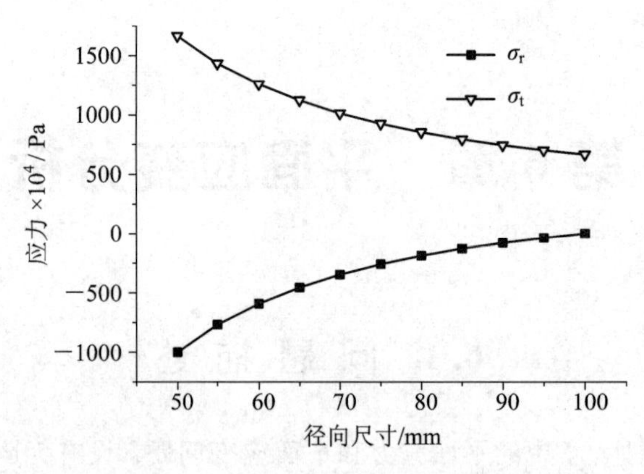

图 6-2 圆筒径向与周向应力

6.2 采用 1/4 圆环建模

6.2.1 操作步骤

(1) 进入 ANSYS 工作目录，命名文件。

单击 File→Change Jobname，打开“Change Jobname”对话框，在“Enter new jobname”对应的文本框中输入文件名“cylinder_1”，并勾选“New log and error files”选项。

(2) 定义单元类型并设置参数。

单击 Main Menu→Preprocessor→Element Type→Add/Edit/Delete，弹出“Element Types”对话框，单击对话框中的“Add”按钮；在弹出的新对话框左边的滚动框中单击选择“Solid”，在右边的滚动框中单击选择“8 node 183”，然后单击“OK”按钮；返回上一级对话框，单击“Options”按钮；弹出对话框如图 6-3 所示，在“K3”列表框中选择“Plane strain”，再单击“OK”按钮。

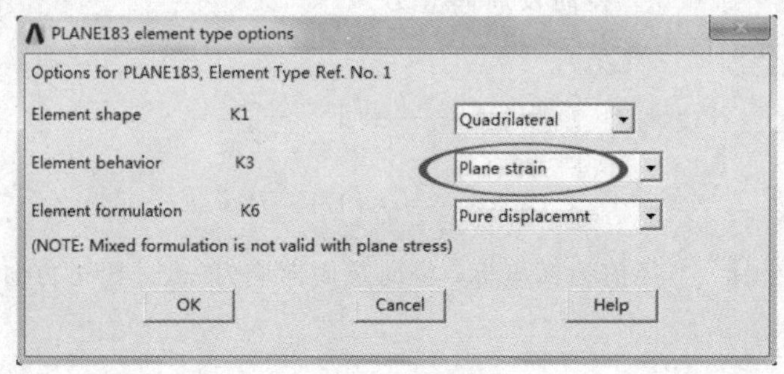

图 6-3 PLANE183 单元的参数设置

（3）定义材料属性及实常数。

单击 Main Menu→Preprocessor→Material Props→Material Models，在弹出的材料模型定义对话框中依次双击 Structural→Linear→Elastic→Isotropic，在“EX ”文本框中输入 2E11，在“PRXY” 文本框中输入 0.3，关闭对话框。

（4）创建实体模型。

单击 Main Menu→Preprocessor→Modeling→Create→Areas→Circle→By Dimensions，在弹出对话框的“RAD1”“RAD2”“THETA2”文本框中分别输入 0.1、0.05、90，然后单击“OK”按钮。

（5）划分网格。

单击 Main Menu→Preprocessor→Meshing→MeshTool，在弹出的对话框中单击“Size Control”区域中的“Lines”后面的“Set”按钮，拾取图形中任意一个直线，然后单击“OK”按钮；在弹出对话框的“NDIV”文本框中输入 6，再单击“Apply”按钮；重复操作，指定图形中任意一段圆弧的“NDIV”值为 8，再单击“OK”按钮。返回上一级对话框，如图 6-4 所示，在“Shape”区域中，选择单元形状为“Quad”，划分单元的方式是“Mapped”，然后单击“Mesh”按钮；弹出拾取对话框，用鼠标拾取圆环面，再单击“OK”按钮即可得到图 6-5 所示的映射网格。

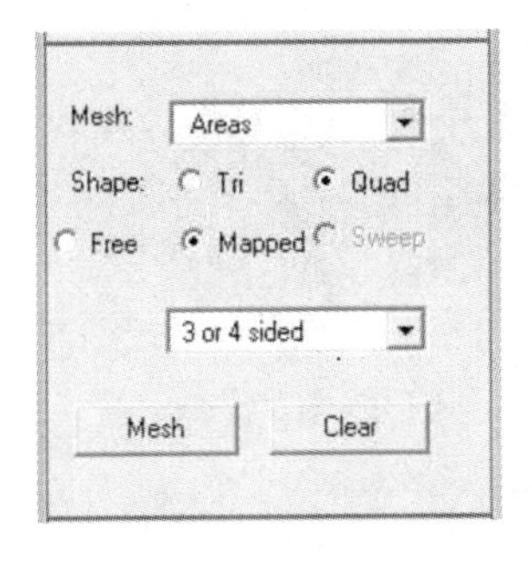

图 6-4　映射网格设置

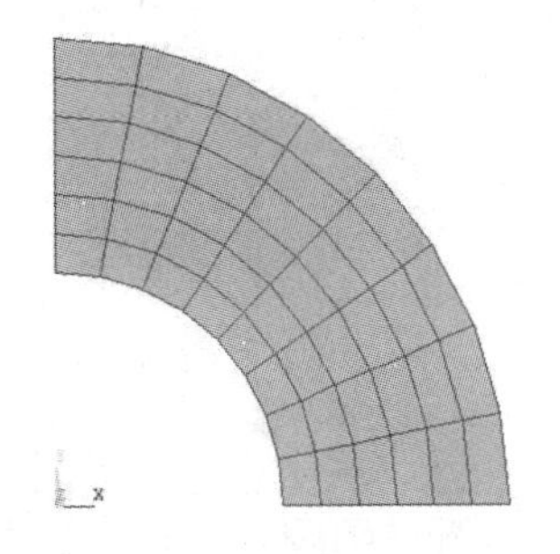

图 6-5　1/4 圆环的映射网格

（6）施加约束。

单击 Main Menu→Solution→Define Loads→Apply→Structural→Displacement→On Lines，弹出拾取对话框，用鼠标点选水平线段，然后单击“OK”按钮；在弹出对话框的“Lab2”列表框中选择 UY，再单击“Apply”按钮；重复操作，用鼠标点选垂直线段，单击“OK”按钮，弹出一个对话框，在“Lab2”列表框中选择 UX，再单击“OK”按钮。

（7）施加载荷并求解。

单击 Main Menu→Solution→Define Loads→Apply→Structural→Pressure→On Lines，弹出拾取对话框，用鼠标点选圆筒内壁所在圆弧（半径较小的圆弧），然后单击“OK”按钮；

在弹出对话框的“VALUE Load PRES value”文本框中输入 10e6，再单击“OK”按钮。

单击 Main Menu→Solution→Solve→Current LS，在弹出的对话框中点击“OK”按钮，求解计算。当出现“Solution is Done!”信息对话框时，说明求解结束，关闭信息对话框。

(8) 定义查看路径。

单击 Main Menu→General Postproc→Path Operations→Defined Path→By Location；在弹出的对话框的“Name”文本框中输入路径的名字 p1(用户自己定义)，在“nPts”中输入定义路径所用的节点数 2，单击“OK”按钮；在弹出对话框的“NPT”文本框中输入 1，在“X、Y、Z”文本框中输入(0.05，0，0)，单击“OK”按钮；在弹出对话框的“NPT”文本框中输入 2，在“X、Y、Z”文本框中输入“0.1，0，0”，单击“OK”按钮。

(9) 将数据映射到路径上。

单击 Main Menu→General Postproc→Path Operations→Map onto Path，弹出对话框如图 6-6 所示，在“Lab”文本框中输入要提取的径向应力的名字 SR，在“Item，Comp”两个列表中分别选择“Stress” “X-direction SX”，然后单击“Apply”按钮。重复上述操作，如图 6-7 所示，在“Lab”文本框输入要提取的切向应力的名字 ST，在“Item，Comp”两个列表中分别选择“Stress”“Y-direction SY”，然后单击“OK”按钮。

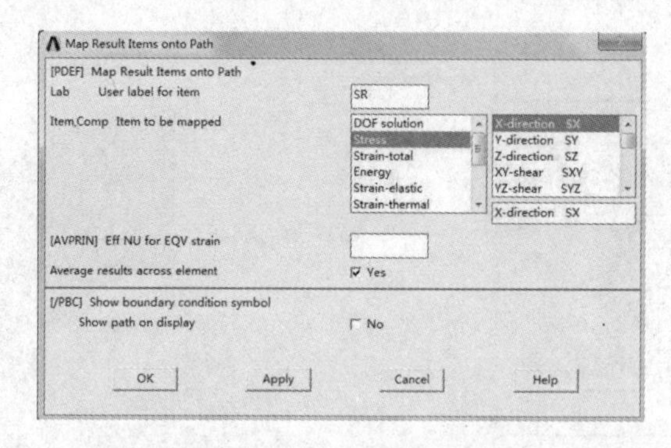

图 6-6　径向应力数据的提取

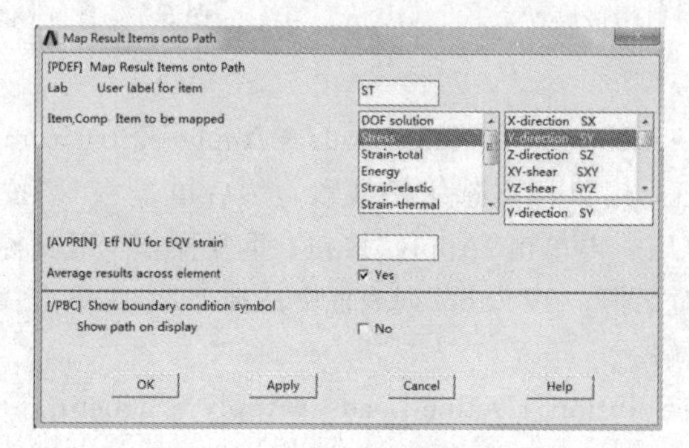

图 6-7　周向应力数据的提取

（10）沿指定路径作图。

单击 Main Menu→General Postproc→Path Operations→Plot Path Item→On Graph，弹出对话框，在“Lab1-6”列表中同时单击选择“SR”和“ST”，然后单击“OK”按钮，即可查看径向、周向应力沿径向的分布情况，见图 6-8 所示。

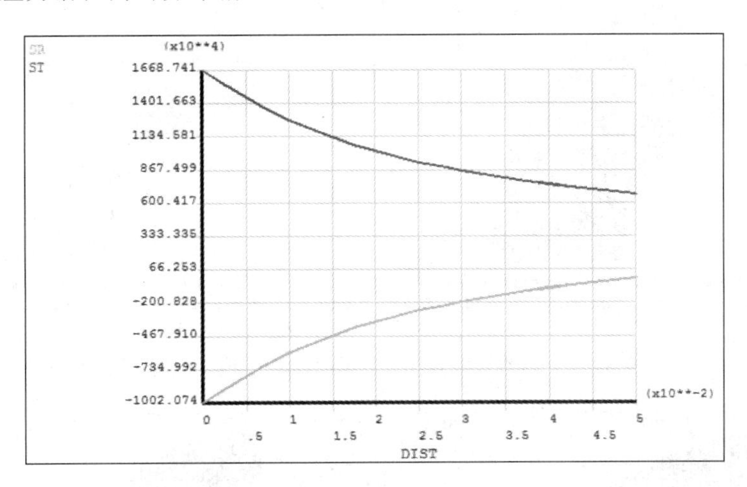

图 6-8　圆筒径向与周向应力

对比图 6-2 与图 6-8 的数据，可知 ANSYS 分析结果与理论计算结果相符。

6.2.2　重要知识点

结果坐标系：求解结束后，计算结果数据一定是建立在某一坐标系之上的，默认情形是全局笛卡尔坐标系。用户可以将结果数据换一个坐标系（如全局柱坐标系或局部坐标系）来显示或输出，其方法是单击 Main Menu→General Postproc→Options for Outp，然后在弹出的对话框中进行选择设置。

本实例的计算结果是建立在全局笛卡尔坐标系之上的，为了得到径向、周向应力，将路径选择在 X 轴之上，此时，X 与径向坐标、Y 与周向坐标方向正好重合。

在默认情况下，计算结果是建立在全局笛卡尔坐标系之上的，通过单击 Main Menu→General Postproc→Plot Results→Contour Plot→Nodal Solu，在弹出对话框中继续点击 Nodal Solution→DOF Solution→X-Component of displacement，会观察到如图 6-9 所示的圆盘在 X 轴方向的位移云图。如果在进行以上操作之前，通过单击 Main Menu→General Postproc→Options for Outp，在弹出对话框的“RSYS”文本框中选择“Global cylindric”，再单击“OK”按钮，就能观察到如图 6-10 所示，计算结果建立在全局柱坐标系之上的 X 轴方向（即径向）的位移云图。由于圆筒的截面形状、受力、约束条件都是关于轴线对称的，所以其径向位移云图也是关于轴线对称的。同理，建立在全局笛卡尔坐标系 X 轴方向的应力云图见图 6-11，建立在全局柱坐标系 X 轴方向的应力云图见图 6-12。请读者自行查看两种坐标系下 Y 轴方向的位移与应力云图。

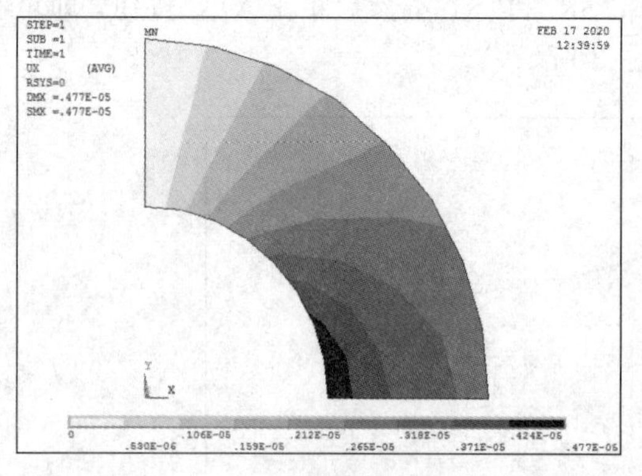

图 6-9 RSYS=0 情形下 X 方向的位移云图

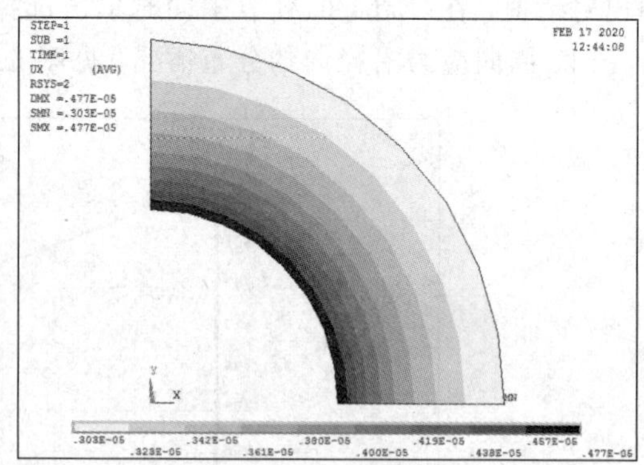

图 6-10 RSYS=1 情形下 X 方向的位移云图

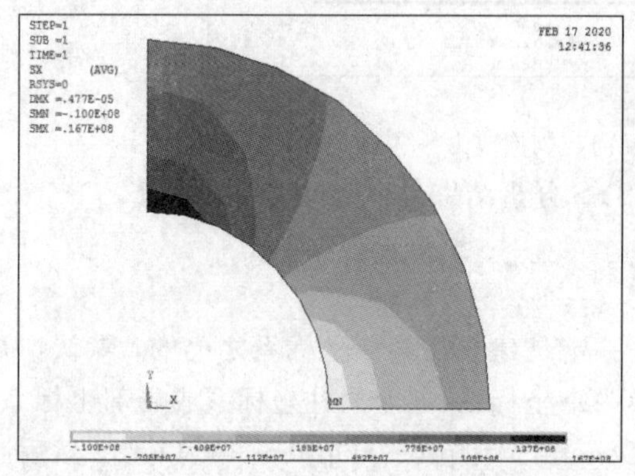

图 6-11 RSYS=0 情形下 X 方向的应力云图

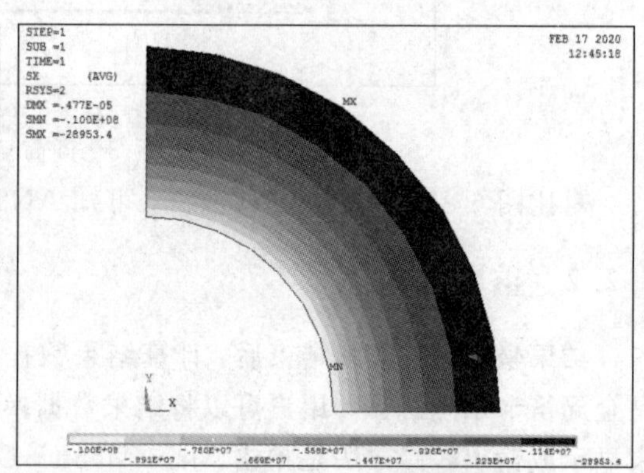

图 6-12 RSYS=1 情形下 X 方向的应力云图

6.2.3 操作命令流

6.2.1 小节的 GUI 操作步骤可用下面的命令流替代：

```
/PREP7
ET, 1, PLANE183,,, 2
MP, EX, 1, 2E11
MP, PRXY, 1, 0.3
PCIRC, 0.1, 0.05, 0, 90
LESIZE, 4,,, 6
LESIZE, 3,,, 8
MSHAPE, 0
MSHKEY, 1
AMESH, 1
FINISH

/SOLU
DL, 4,, UY
```

```
DL, 2,, UX                      PATH, P1, 2
SFL, 3, PRES, 10E6              PPATH, 1, 30
SOLVE                           PPATH, 2, 1
SAVE                            PDEF, SR, S, X
                                PDEF, ST, S, Y
/POST1                          PLPATH, SR, ST
```

6.3 采用1/4圆环及对称边界条件建模

6.3.1 操作步骤

(1) 进入ANSYS工作目录，命名文件。

单击 File→Change Jobname，打开“Change Jobname”对话框，在“Enter new jobname”对应的文本框中输入文件名“cylinder_1”，并勾选“New log and error files”选项。

(2) 定义单元类型并设置参数。

单击 Main Menu→Preprocessor→Element Type→Add/Edit/Delete，弹出 Element Types 对话框，然后单击对话框中的“Add”按钮；在弹出的新对话框左边的滚动框中选择“Solid”，在右边的滚动框中选择“8 node 183”，再单击“OK”按钮；返回上一级对话框，单击“Options”按钮；弹出对话框，在“K3”列表框中选择“Plane Strain”，再单击“OK”按钮。

(3) 定义材料属性及实常数。

单击 Main Menu→Preprocessor→Material Props→Material Models，在弹出的材料模型定义对话框中依次双击 Structural→Linear→Elastic→Isotropic，在“EX ”文本框中输入2E11，在“PRXY” 文本框中输入0.3，然后关闭对话框。

(4) 创建实体模型。

单击 Main Menu→Preprocessor→Modeling→Create→Areas→Circle→By Dimensions，在弹出对话框的“RAD1”“RAD2”“THETA2”文本框中分别输入0.1、0.05、90，然后单击“OK”按钮。

(5) 划分网格。

单击 Main Menu→Preprocessor→Meshing→MeshTool，在弹出的对话框中单击“Size Control”区域中的“Lines”后面的“Set”按钮，拾取图形中任意一个直线，然后单击“OK”按钮；弹出一个对话框，在“NDIV”文本框中输入6，再单击“Apply”按钮。重复操作，指定图形中任意一段圆弧的“NDIV”值为8，再单击“OK”按钮。返回上一级对话框，在“Shape”区域中选择单元形状为“Quad”，划分单元的方式是“Mapped”，然后单击“Mesh”按钮，弹出拾取对话框，用鼠标拾取圆环面，再单击“OK”按钮。

（6）施加平面对称边界条件。

单击 Utility Menu→Select→Entities，弹出对话框如图 6－13 所示，从上到下依次选择“Lines”“By Location”“X coordinates”，然后单击“Apply”按钮。再依次选择“Y coordinates”“Also Select”，如图 6－14 所示，然后单击“OK”按钮。通过坐标位置选取了水平与垂直方向的两条直线。

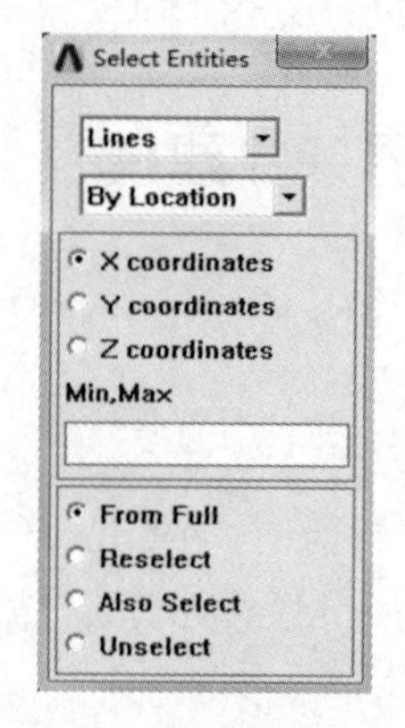

图 6－13 选择 X＝0 的线段

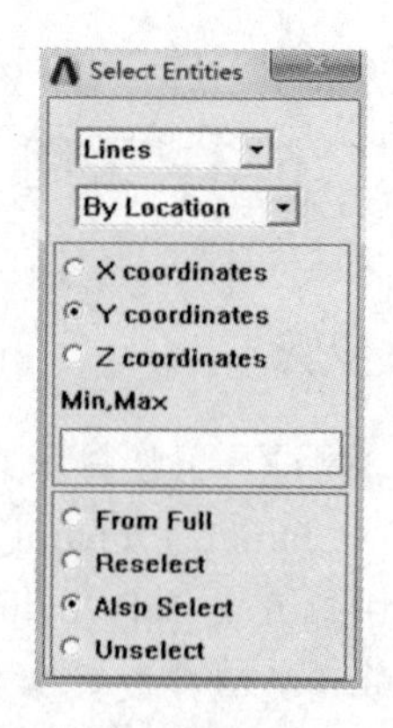

图 6－14 继续选择 Y＝0 的线段

单击 Main Menu→Solution→Define Loads→Apply→Structural→Displacement→Symmetry B. C.→On Lines，弹出拾取对话框，单击“Pick All”按钮将水平与垂直线段设为对称边界条件，两条线段上也将出现“s”符号，如图 6－15 所示。

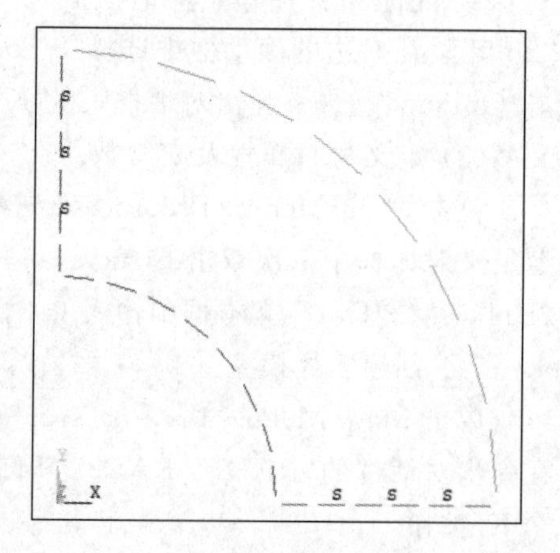

图 6－15 设置对称边界条件

单击 Utility Menu→Select→Everyting，选取所有实体。

（7）施加载荷并求解。

单击 Utility Menu → WorkPlane → Change Active CS to→Global Cylindrical，将全局柱坐标系设定为活跃坐标系。

单击 Utility Menu→Select→Entities，在弹出的对话框中从上到下依次选择“Lines”“By Location”“X coordinates”“0.05”“From Full”，然后单击“OK”按钮。通过坐标位置选取了半径为 0.05 的圆弧。

单击 Main Menu→Solution→Define Loads→Apply→Structural→Pressure→ON Lines，弹出拾取对话框，单击“Pick All”按钮；弹出对话框，在“VALUE”文本框中输入 10e6，再单击“OK”按钮。

单击 Utility Menu→Select→Everything，选择所有实体。

单击 Main Menu→Solution→Solve→Current LS，在弹出的对话框中单击“OK”按钮，求解计算。

计算结果与 6.2 节相同，此处不再赘述。

6.3.2　重要知识点

1. 选取实体的方法

ANSYS 软件可以通过两种方法选择实体(关键点、线、面、节点、单元)。一种是通过鼠标直接拾取，这种方法虽然简单明了，但在模型特别复杂的时候，鼠标很难选中所要的项目。另外，在采用参数化建模的情况下，有时候模型变化很大，鼠标选取会使运行命令流出错。另一种选取实体的方法可以通过单击 Utility Menu→Select→Entities 设置条件进行选取，这种方法在模型复杂或参数化建模的情况下特别方便、有效。

使用第二种方法选取实体的时候，为了防止分析出错，在每次操作完成后，都要执行单击 Utility Menu→Select→Everything，确保以后的操作命令都是针对所有实体对象的。

2. 关于平面对称图形的对称边界条件

如果要分析的对象是关于平面对称的，那么只分析其 1/4 模型就可以了，这样可以简化计算，尤其是对于比较复杂的模型可以节约计算空间与时间。可以这么理解对称边界条件：其完整模型就是 1/4 模型沿边界镜像两次后形成的模型。

采用 1/4 对称边界条件求解结束之后，用户可以通过下面的方法，查看完成的模型：单击 Utility Menu→PlotCtrls→Style→Symmetry Expansion→Periodic/Cyclic Symmetry，在弹出的对话框中选择“1/4Dihedral Sym”，然后单击“OK”按钮，即可得到如图 6 - 16 所示

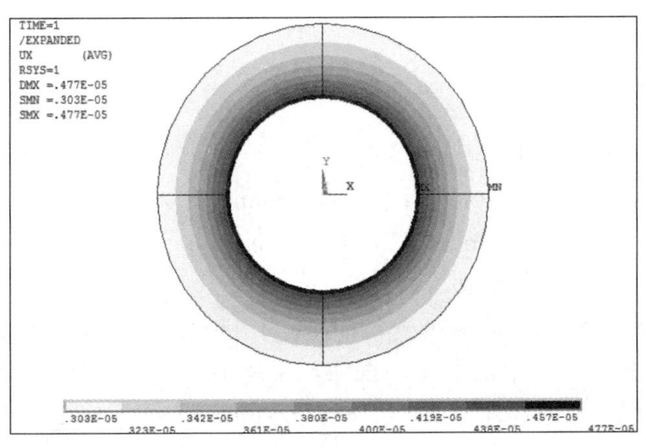

图 6 - 16　1/4 模型沿对称边界扩展后 X 方向位移云图

的扩展后的完整图形。

6.3.3 操作命令流

6.3.1 小节的 GUI 操作步骤可用下面的命令流替代：

```
/PREP7
ET, 1, PLANE183,,, 2
MP, EX, 1, 2E11
MP, PRXY, 1, 0.3
PCIRC, 0.1, 0.05, 0, 90
LESIZE, 4,,, 6
LESIZE, 3,,, 8
MSHAPE, 0
MSHKEY, 1
AMESH, 1
FINISH

/SOLU
LSEL, S, LOC, X,
LSEL, A, LOC, Y,
DL, all, , SYMM
ALLSEL, ALL

CSYS, 1
LSEL, S, LOC, X, 0.05
LPLOT
SFL, all, PRES, 10e6,
ALLSEL, ALL
EPLOT
solve
/POST1
PATH, P1, 2
PPATH, 1, 30
PPATH, 2, 1
PDEF, SR, S, X
PDEF, ST, S, Y
PLPATH, SR, ST
```

6.4 采用完整圆筒截面建模

6.4.1 操作步骤

(1) 进入 ANSYS 工作目录，命名文件。

单击 File→Change Jobname，打开“Change Jobname”对话框，在“Enter new jobname”对应的文本框中输入文件名“cylinder_1”，并勾选“New log and error files”选项。

(2) 定义单元类型并设置参数。

单击 Main Menu→Preprocessor→Element Type→Add/Edit/Delete，弹出 Element Types 对话框，单击对话框中的“Add”按钮；在弹出的新对话框左边的滚动框中选择“Solid”，在右边的滚动框中选择“8 node 183”，然后单击“OK”按钮；返回上一级对话框，单击“Options”按钮；在弹出对话框的“K3”列表框中选择“Plane Strain”，然后单击“OK”按钮。

(3) 定义材料属性及实常数。

单击 Main Menu→Preprocessor→Material Props→Material Models，在弹出的材料模型定义对话框中依次双击 Structural→Linear→Elastic→Isotropic，在“EX ”文本框中输入 2E11，在“PRXY” 文本框中输入 0.3，然后关闭对话框。

(4) 创建实体模型。

单击 Main Menu→Preprocessor→Modeling→Create→Areas→Circle→By Dimensions，在弹出对话框的“RAD1”“RAD2”文本框中分别输入 0.1、0.05，然后单击“OK”按钮。

(5) 打开关键点的编号并显示关键点。

单击 Utility Menu→PlotCtrls→Numbering，在弹出对话框的“KP”对应的选择框中选择“ON”，打开关键点的编号，然后单击“OK”按钮。

单击 Utility Menu→Plot→Multi-Plots，让软件显示关键点、线及面。

(6) 创建直线。

单击 Main Menu→Preprocessor→Modeling→Create→Lines→Lines→Straight Line，弹出拾取对话框，用鼠标连接关键点“1，3”“2，4”创建两条直线，然后单击“OK”按钮。

(7) 用两条直线把圆环分成 4 等份。

单击 Main Menu→Preprocessor→Modeling→Operate→Booleans→Divide→With Options→Area by Line，弹出对话框，用鼠标拾取圆环平面，然后单击“OK”按钮；再次弹出拾取对话框，用鼠标拾取刚刚创建的两条直线，再单击“OK”按钮。

(8) 划分网格。

单击 Main Menu→Preprocessor→Meshing→MeshTool，在弹出的对话框中单击“Size Control”区域中“Lines”后面的“Set”按钮，拾取图形中位于 X、Y 轴上的 4 条直线，然后单击“OK”按钮；在弹出对话框的“NDIV”文本框中输入 6，再单击“Apply”按钮。重复操作，指定圆环内孔 4 条圆弧的“NDIV”值为 8，单击“OK”按钮。返回上一级对话框，在“Shape”区域中选择单元形状为“Quad”，划分单元的方式是“Mapped”，然后单击“Mesh”按钮；弹出拾取对话框，用鼠标拾取 4 个圆环面，再单击“OK”按钮。

(9) 设置节点坐标系。

单击 Utility Menu→WorkPlane→Change Active CS to→Global Cylindrical，激活全局柱坐标系。

单击 Main Menu→Preprocessor→Modeling→Create→Nodes→Rotate Node CS→To Active CS，弹出拾取对话框，单击“Pick All”按钮，旋转所有的节点坐标系到当前激活坐标系方向上。

(10) 施加约束。

单击 Main Menu→Solution→Define Loads→Apply→Structural→Displacement→On Nodes，弹出拾取对话框，单击“Pick All”按钮；在弹出对话框的“Lab2”列表框中选择 UY，

然后单击“OK”按钮。

(11) 施加载荷。

单击 Utility Menu→Select→Entities，在弹出对话框中从上到下依次选择“Lines”“By Location”“X coordinates”“0.05”“From Full”，然后单击“OK”按钮。通过坐标位置选取了半径为 0.05 的 4 条圆弧。

单击 Main Menu→Solution→Define Loads→Apply→Structural→Pressure→ON Lines，在弹出对话框中单击“Pick All”按钮；在弹出对话框的“VALUE”文本框中输入 10e6。

单击 Utility Menu→Select→Everything，选择所有实体。

(12) 求解。

单击 Main Menu→Solution→Solve→Current LS，在弹出的对话框中点击“OK”按钮，求解计算。

因为计算结果与 6.2 节相同，此处不再赘述。读者可自行练习、查看。

6.4.2 重要知识点

周向位移的约束：每个节点都有自己的坐标系，用于定义每个节点的自由度和节点载荷方向。在默认情况下，它总是平行于全局笛卡尔坐标系，而与创建节点时的活跃坐标系无关。当在节点上施加与全局笛卡尔坐标系方向不同的约束和载荷时，需要将节点坐标系旋转到所需方向上。

本例中由于圆环的形状与受力都是关于轴线对称的，所以可以预见圆环截面上的点只会沿径向移动，而不会沿圆周方向移动。因此，约束条件应该是约束圆环截面上所有节点圆周方向的位移自由度。因此，在本例第(9)步骤中，先激活全局柱坐标系，再把节点坐标系旋转到全局柱坐标系方向上，最后去约束节点的 UY 自由度，即圆周方向上的位移自由度。

6.4.3 操作命令流

6.4.1 小节的 GUI 操作步骤可用下面的命令流替代：

```
/PREP7
ET, 1, PLANE183,,, 2
MP, EX, 1, 2E11
MP, PRXY, 1, 0.3
CYL4, 0, 0, 0.05, , 0.1
LSTR, 1, 3
LSTR, 2, 4
ASBL, 1, ALL
LESIZE, ALL,,, 10
MSHAPE, 0
MSHKEY, 1
AMESH, ALL

CSYS, 1
```

```
NRTOAT, ALL
FINISH
SAVE

/SOLU
NSEL, ALL
D, ALL, UY
LSEL, S, LOC, X, 0.05
SFL, ALL, PRES, 10E6
SOLVE

/POST1
PATH, P1, 2, 30, 20,
PPATH, 1, 0, 0.05,,, 1,
PPATH, 2, 0, 0.1,,, 1,
AVPRIN, 0, ,
PDEF, SR, S, X, AVG
AVPRIN, 0, ,
PDEF, ST, S, Y, AVG
PLPATH, SR, ST
```

6.5 课后练习

习题 6-1　一天然气输送管道的横截面及受力如题 6-1 图所示，其内表面承受气体压力 P=1 MPa 的作用，求管壁的应力场分布。管道几何参数：外径 r_2=0.6 m；内径 r_1=0.4 m。管道材料参数：弹性模量 E=200 GPa；泊松比为 0.26。

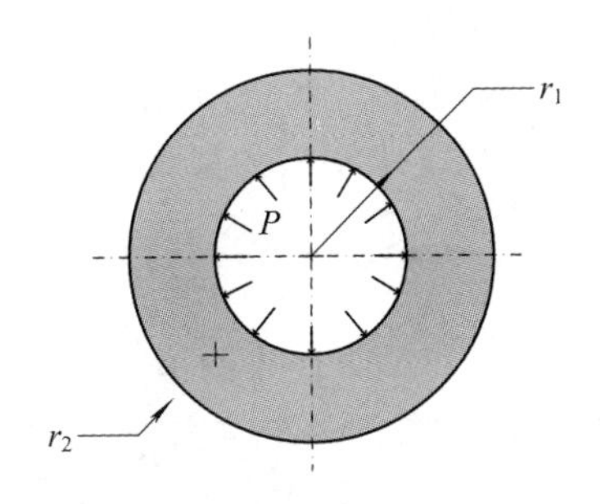

题 6-1 图

第 7 章　平面应力分析

7.1　问 题 描 述

上一章讲述了平面应变问题，这一章讲述平面应力问题。当一结构为均匀薄板，作用在板上所有面力和体力的方向平行于板面，且不沿厚度方向发生变化时，可以近似地认为只有平行于薄板平面的三个应力分量 σ_x、σ_y、τ_{xy} 不为零，弹性力学上把这种问题称为平面应力问题。

平面应力问题的特点：只在平面内有应力，与该面垂直方向的应力可忽略。可以说平面应力问题讨论的弹性体为平面薄板，厚度远远小于结构另外两个方向的尺寸。薄板的中面(即等分薄板厚度的假想面)为平面，其所受外力包括体力均平行于中间平面，且不沿厚度方向变化。

计算实例：有一平板，尺寸及载荷如图 7-1 所示，已知板厚 $t=2$ mm，材料的弹性模量 $E=2\times10^5$ N/mm²，泊松比为 0.3，求平板的最大应力及其位移。

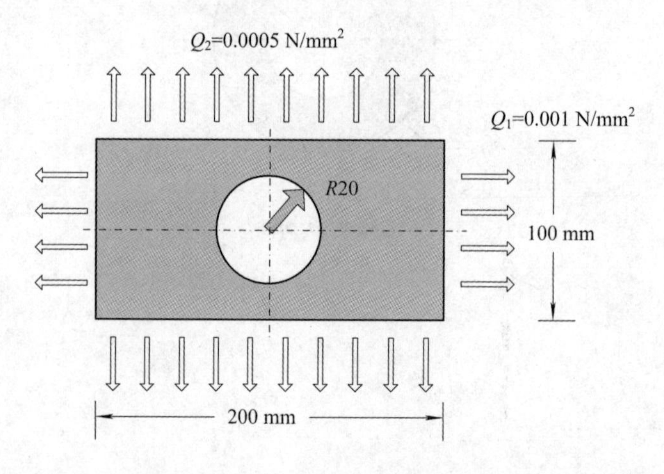

图 7-1　平面对称薄板受力图

7.2　采用1/4模型建模

7.2.1　操作步骤

(1) 进入ANSYS工作目录，命名文件。

单击File→Change Jobname，打开“Change Jobname”对话框，在“Enter new jobname”对应的文本框中输入文件名“planar_sheet_1”，并勾选“New log and error files”选项。

(2) 定义单元类型并设置平面应力分析。

单击Main Menu→Preprocessor→Element Type→Add/Edit/Delete，弹出Element Types对话框，单击对话框中的“Add”按钮；在弹出的新对话框左边的下拉列表框中选择“Solid”，在右边的单选框中选择“Quad 4 node 182”，然后单击“OK”按钮；返回上一级对话框，单击“Options”按钮；弹出对话框，在“K3”列表框中选择“Plane strs w/thk”，即选择有厚度的平面应力问题，单击“OK”按钮。

(3) 定义材料属性及实常数。

单击Main Menu→Preprocessor→Material Props→Material Models，在弹出的材料模型定义对话框中依次双击Structural→Linear→Elastic→Isotropic，在“EX ”文本框中输入2E5，在“PRXY” 文本框中输入0.3，关闭对话框。

单击Main Menu→Preprocessor→Real Constants→Add/Edit/Delete，在弹出的对话框中单击“Add”按钮；弹出对话框，选择“Type 1 Plane82”，然后单击“OK”按钮；再次弹出对话框，在“THK”文本框中输入2，即材料的厚度，再单击“OK”按钮，关闭所有对话框。

(4) 创建实体模型。

单击Main Menu→Preprocessor→Modeling→Create→Areas→Rectangle→By 2 Corners，弹出对话框，依次在“Width”“Height”文本框内输入100、50，再单击“OK”按钮。

单击Main Menu→Preprocessor→Modeling→Create→Areas→Circle→Solid Circle，弹出对话框，在“Radius”文本框内输入20，然后单击“OK”按钮。

单击Main Menu→Preprocessor→Modeling→Operate→Booleans→Subtract→Areas，弹出拾取对话框，拾取矩形作为布尔“减”操作的母体，然后单击“Apply”按钮；再拾取圆作为“减”操作的对象，单击“OK”按钮。

(5) 打开关键点及线的编号并显示线。

单击Utility Menu→PlotCtrls→Numbering，弹出对话框，在“KP”对应的选择框中选择“ON”，在“Line”对应的选择框中选择“ON”，打开关键点及线的编号，然后单击 “OK” 按钮。

单击Utility Menu→Plot→Lines，即可看到如图7-2所示的图形。

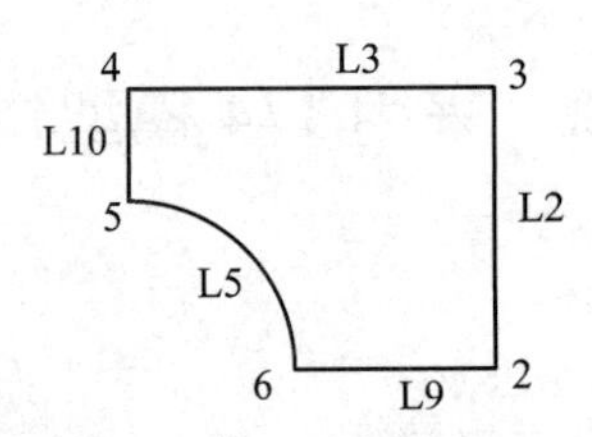

图 7-2　1/4 实体模型图

（6）划分网格。

单击 Main Menu→Preprocessor→Meshing→Concatenate→Lines，弹出拾取对话框，拾取图 7-2 所示图形的线段 2 和 3，单击“OK”按钮。把线段 2、线段 3 连成一条线段。meshing 命令执行的时候，认为图中线段 2 和 3 是一条线段。

单击 Main Menu→Preprocessor→Meshing→MeshTool，在弹出的对话框中单击“Size Control”区域中“Global”后面的“Set”按钮，在“Size”文本框内输入 2，然后单击“OK”按钮。返回上一级对话框，在“Shape”区域中选择单元形状为“Quad”，划分单元的方式是“Mapped”，然后单击“Mesh”按钮；弹出拾取对话框，用鼠标拾取图 7-2 所示平面，单击“OK”按钮。

（7）施加对称边界条件约束。

单击 Main Menu→Solution→Define Loads→Apply→Structural→Displacement→Symmetry B. C. →ON Lines，弹出拾取对话框，用鼠标拾取图 7-3 所示的两条线段，然后单击“OK”按钮。

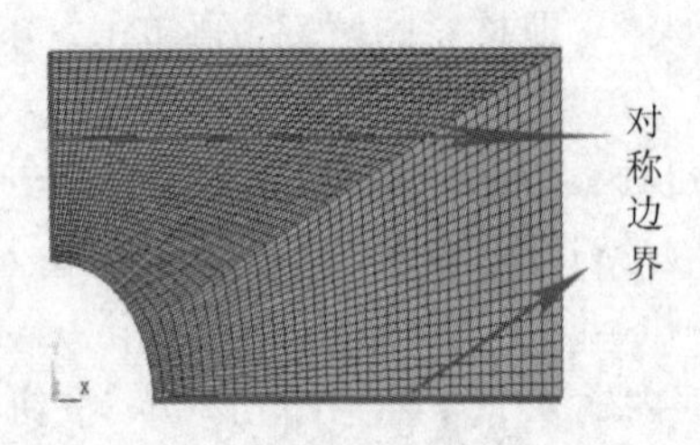

图 7-3　对称边界条件的设置

（8）施加载荷并求解。

单击 Main Menu→Solution→Define Loads→Apply→Structural→Pressure→ON Lines，弹出拾取窗口，拾取图 7-2 所示的线段 2；弹出对话框，在“VALUE”文本框中输入 －0.001，然后单击“Apply”按钮；重复操作，拾取图 7-2 所示的线段 3；弹出对话框，在“VALUE”文本框中输入－0.0005，再单击“OK”按钮。

单击 Main Menu→ Solution→Solve→Current LS，在弹出的对话框中点击“OK”按钮，

求解计算。当出现“Solution is done!”信息对话框时，说明求解结束，关闭信息对话框。

(9) 查看结果。

单击 Main Menu→General Postproc→Plot Results→Contour Plot→Nodal Solu，在弹出的对话框中依次打开 Nodal Solution→DOF Solution，对应三个选项，即“X-Component of displacement”“Y-Component of displacement”“Displacement vector sum”，它们分别代表 X、Y 方向的位移分量及位移矢量和。平板位移矢量和云图见图 7-4。

单击 Main Menu→General Postproc→Plot Results→Contour Plot→Nodal Solu，在弹出的对话框中依次打开 Nodal Solution→Stress，对应多个选项，此处重点讲一下“X(或 Y 或 Z)-Component of stress”“XY(或 XZ 或 YZ)-shear stress”“von Mises stress”，它们分别代表 X(或者 Y、Z)方向的应力、X-Y(X-Z 或 Y-Z)平面的剪切应力以及冯米斯应力。平板冯米斯应力云图见图 7-5。

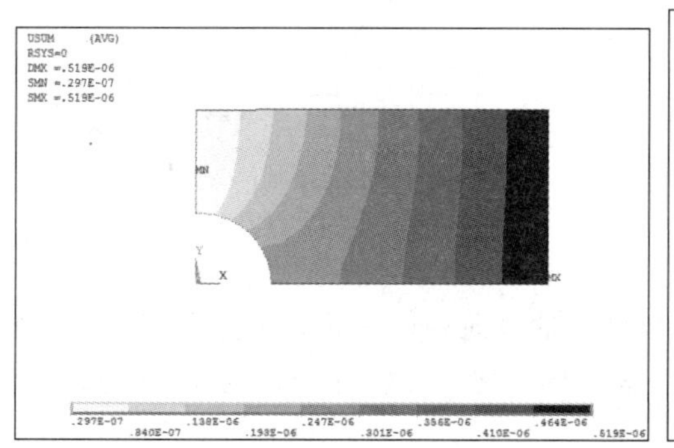

图 7-4　平板位移矢量(USUM)云图

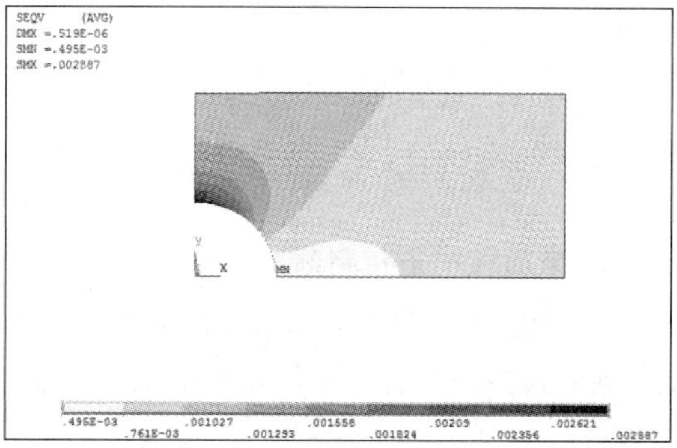

图 7-5　平板冯米斯应力(SEQV)云图

7.2.2　重要知识点

1. 面映射网格的划分

虽然使用 ANSYS 软件的网格工具进行自由网格划分的操作非常简单，尤其是对一些不太规则的模型，但是这种划分方式有时会带来较大的误差。映射网格比较规则，计算出来的结果非常接近实际问题，同时还具有较高的计算速度，能避免畸形单元的产生等。因此，对于初学者，尽量多练习映射网格划分。

ANSYS 软件规定，只有当一个面是由 3 条或 4 条边组成时，才能使用面映射网格进行划分，如果组成面的边数大于 4，比如本例所示情况，可以通过两种方法实现映射网格的划分：

（1）合并线段，通过单击 Main Menu→Preprocessor→Meshing→Concatenate→Lines，把相邻的线段连接起来，使组成面的线段为 4 条。

（2）单击 Main Menu→Preprocessor→Meshing→MeshTool，弹出对话框如图 7－6 所示，在“Mesh”按钮上面的下拉框中选择“Pick Corners”，再依次选择 4 个顶点，即图 7－7 中的 2、6、5、4 四个关键点，也可以达到相同的效果。

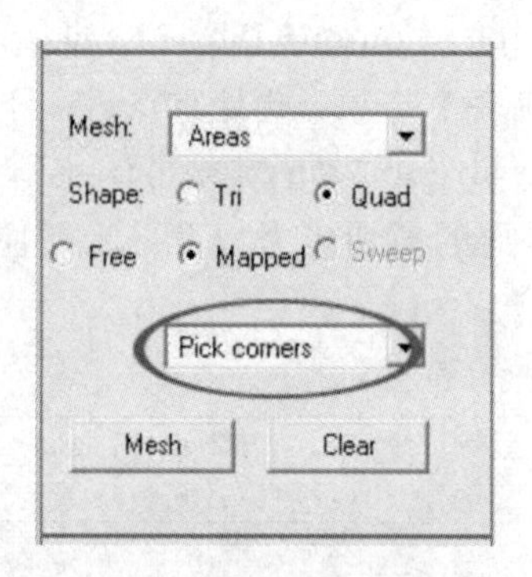

图 7－6　映射网格设置

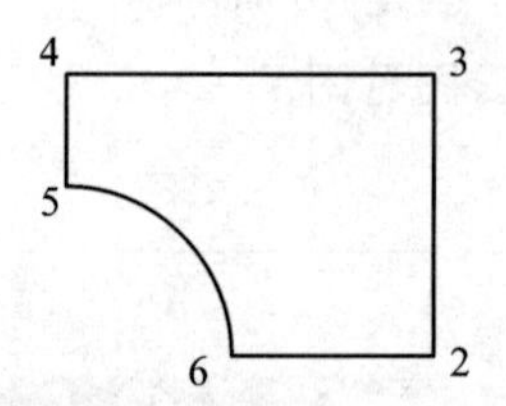

图 7－7　几何模型的关键点

2. 施加载荷正负判断

ANSYS 软件规定：如果施加的是力，则与坐标轴方向相同为正，相反为负；如果施加的压力，其方向沿着与实体接触的面或线的法线方向，则指向实体内部为正，指向远离实体为负。

7.2.3　操作命令流

7.2.1 小节的 GUI 操作步骤可用下面的命令流替代：

```
/PREP7
ET, 1, PLANE182
KEYOPT, 1, 3, 3
R, 1, 2,
MP, EX, 1, 2e5
MP, PRXY, 1, 0.3
BLC4, 0, 0, 100, 50
CYL4, 0, 0, 20
ASBA, 1, 2
SAVE
Esize, 2
Lccat, 2, 3
Type, 1
Mshape, 0, 2D
Mshkey, 1
Amesh, all
Lsel, s, lcca
Ldele, all
Allsel, all
/solu
Antype, static
```

```
DL, 10,, symm
DL, 9,, symm
Sfl, 3, pres, -0.0005
Sfl, 2, pres, -0.001
Solve
```

7.3 采用完整平面模型建模

7.3.1 操作步骤

（1）进入 ANSYS 工作目录，命名文件。

单击 File→Change Jobname，打开“Change Jobname”对话框，在“Enter new jobname”对应的文本框中输入文件名“planar_sheet_2”，并勾选“New log and error files”选项。

（2）定义单元类型并设置参数。

单击 Main Menu→Preprocessor→Element Type→Add/Edit/Delete；弹出 Element Types 对话框，单击对话框中的“Add”按钮；在弹出的新对话框左边的下拉列表框中选择“Solid”，在右边的单选框中选择“Quad 4 node 182”，然后单击“OK”按钮；返回上一级对话框，单击“Options”按钮；弹出对话框，在“K3”列表框中选择“Plane strs w/thk”，即选择有厚度的平面应力问题，再单击“OK”按钮。

（3）定义材料属性及实常数。

单击 Main Menu→Preprocessor→Material Props→Material Models，在弹出的材料模型定义对话框中依次双击 Structural→Linear→Elastic→Isotropic，在“EX ”文本框中输入 2E5，在“PRXY” 文本框中输入 0.3，关闭对话框。

单击 Main Menu→Preprocessor→Real Constants→Add/Edit/Delete，在弹出的对话框中单击“Add”按钮；弹出对话框，选择“Type 1 Plane82”，单击“OK”按钮；再次弹出对话框，在“THK”文本框中输入 2，即材料的厚度，单击“OK”按钮，关闭所有对话框。

（4）创建实体模型。

单击 Main Menu→Preprocessor→Modeling→Create→Areas→Rectangle→By 2 Corners，弹出对话框，依次在“WP X”“WP Y”“Width”“Height”文本框内输入－100、－50、200、100，然后单击“OK”按钮。

单击 Main Menu→Preprocessor→Modeling→Create→Areas→Circle→Solid Circle，弹出对话框，在“Radius”文本框内输入 20，单击“OK”按钮。

单击 Main Menu→Preprocessor→Modeling→Operate→Booleans→Subtract→Areas，弹出拾取对话框，拾取矩形作为布尔“减”操作的母体，单击“Apply”按钮；再拾取圆作为“减”操作的对象，单击“OK”按钮。

(5) 将模型四等分并划分网格。

单击 Main Menu→Preprocessor→Modeling→Create→Keypoints→In Active CS，弹出对话框，在“X、Y、Z”文本框内输入“0，50，0”，然后单击“Apply”按钮；再次在“X、Y、Z”文本框内输入“0，−50，0”，单击“Apply”按钮；在“X、Y、Z”文本框内输入“100，0，0”，单击“Apply”按钮；在“X、Y、Z”文本框内输入“−100，0，0”，单击“OK”按钮。

注意：在创建关键点时，如果不填写关键点编号，ANSYS 软件会自动按顺序为关键点编号。在本实例操作中，按关键点创建软件对它们的编号依次是 9、10、11、12。

单击 Main Menu→Preprocessor→Modeling→Create→Lines→Lines→Straight Line，弹出拾取对话框，用鼠标分别点选连接水平(11、12 关键点)、垂直(9、10 关键点)两个关键点创建两条相互垂直且平分模型的直线，然后单击“OK”按钮。

单击 Main Menu→Preprocessor→Modeling→Operate→Booleans→Divide→Area by Line，弹出拾取对话框，单击“Pick All”按钮；再次弹出拾取对话框，选择上步创建的相互垂直的两条直线，再单击“OK”按钮，完成了将模型四等分。

(6) 打开关键点及面的编号并显示平面。

单击 Utility Menu→PlotCtrls→Numbering，弹出对话框，在“KP”对应的选择框中选择“ON”，在“Area”对应的选择框中选择“ON”，打开关键点及面编号，然后单击 “OK”按钮。

单击 Utility Menu→Plot→Areas，显示面，得到如图 7－8 所示的图形。

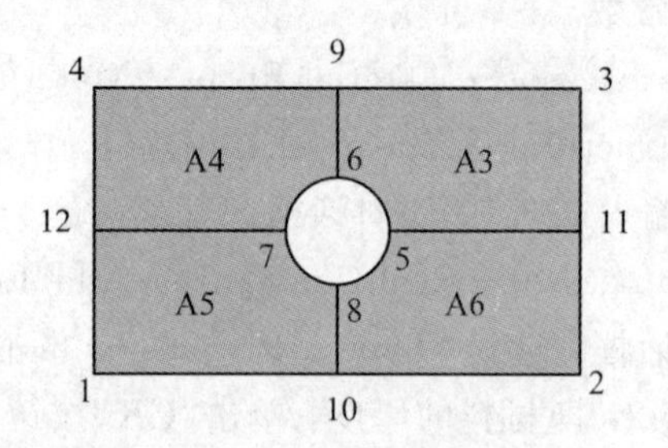

图 7－8　四等分后的实体模型图

(7) 划分网格。

单击 Main Menu→Preprocessor→Meshing→Size Cntrls→Manual Size→Areas→All Areas，弹出对话框，在“SIZE”文本框内输入 5，然后单击 “OK”按钮。

单击 Main Menu→Preprocessor→Meshing→Mesh→Areas→Mapped→By Corners，弹出拾取对话框，拾取面 3，然后单击“OK”按钮；再次弹出拾取对话框，依次拾取关键点 9、6、5、11；重复操作，拾取面 4，再依次拾取关键点 12、7、6、9；拾取面 5，再依次拾取关键点 10、8、7、12；拾取面 6，再依次拾取关键点 10、8、5、11(关键点及面的编号参见图 7－8)。

（8）施加约束条件。

单击 Utility Menu→Select→Entities，弹出对话框如图 7-9 所示，从上到下依次选择“Nodes”“By Location”“X coordinates”，然后单击“OK”按钮。选择模型中 X 坐标值为 0 的所有节点。

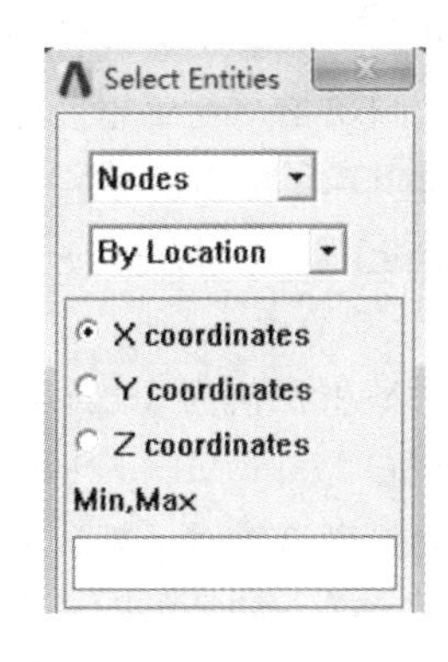

图 7-9　按条件选择节点

注意：“Min，Max”文本框内不输入任何内容时，ANSYS 软件按“0”值处理。

单击 Main Menu→Solution→Define Loads→Apply→Structural→Displacement→On Nodes，弹出拾取对话框，单击“Pick All”按钮；在弹出对话框的“Lab2”列表框中选择 UY，然后单击 “OK”按钮。约束 X 坐标值为 0 的节点的 Y 方向自由度。

单击 Utility Menu→Select→Entities，弹出对话框，从上到下依次选择“Nodes”“By Location”“Y coordinates”，然后单击“OK”按钮。选择模型中 Y 坐标值为 0 的所有节点。

单击 Main Menu→Solution→Define Loads→Apply→Structural→Displacement→On Nodes，弹出拾取对话框，单击“Pick All”按钮；在弹出对话框的“Lab2”列表框中选择 UX，然后单击 “OK”按钮。约束 Y 坐标值为 0 的节点的 X 方向自由度。

单击 Utility Menu→Select→Everything，选择所有实体。

（9）施加载荷并求解。

单击 Utility Menu→Select→Entities，弹出对话框，从上到下依次选择“Lines”“By Location”“X coordinates”，并在“Min，Max”文本框内输入“−100”，然后单击 “OK”按钮。选择模型中 X 坐标值为−100 的所有线段。

单击 Main Menu→Solution→Define Loads→Apply→Structural→Pressure→ON Lines，弹出拾取对话框，单击“Pick All”按钮；弹出对话框，再在“VALUE”文本框中输入“−0.001”，然后单击“OK”按钮。

单击 Utility Menu→Select→Entities，弹出对话框，从上到下依次选择“Lines”“By Location”“X coordinates”，并在“Min，Max”文本框内输入“100”，然后单击“OK”按钮。选择模型中 X 坐标值为 100 的所有线段。

单击 Main Menu→Solution→Define Loads→Apply→Structural→Pressure→ON Lines，弹出拾取对话框，单击“Pick All”按钮；弹出对话框，再在“VALUE”文本框中输入“−0.001”，然后单击“OK”按钮。

单击 Utility Menu→Select→Entities，弹出对话框，从上到下依次选择“Lines”“By Location”“Y coordinates”，并在“Min，Max”文本框内输入“−50”，然后单击“OK”按钮。选择模型中 Y 坐标值为−50 的所有线段。

单击 Main Menu→Solution→Define Loads→Apply→Structural→Pressure→ON Lines，弹出拾取对话框，单击“Pick All”按钮；弹出对话框，再在“VALUE”文本框中输入“−0.0005”，然后单击“OK”按钮。

单击 Utility Menu→Select→Entities，弹出对话框，从上到下依次选择“Lines”“By Location”“Y coordinates”，并在“Min，Max”文本框内输入“50”，再单击“OK”按钮。选择模型中 Y 坐标值为 50 的所有线段。

单击 Main Menu→Solution→Define Loads→Apply→Structural→Pressure→ON Lines，弹出拾取对话框，单击“Pick All”按钮；弹出对话框，再在“VALUE”文本框中输入“−0.0005”，然后单击“OK”按钮。

单击 Utility Menu→Select→Everything，选择所有实体。

单击 Main Menu→Solution→Solve→Current LS，在弹出的对话框中点击“OK”按钮，求解计算。当出现“Solution is done”信息对话框时，说明求解结束，关闭信息对话框。

(10) 查看结果。

单击 Main Menu→General Postproc→Plot Results→Contour Plot→Nodal Solu，在弹出的对话框中依次打开 Nodal Solution→DOF Solution，然后选择“Displacement vector sum”，再单击“OK”按钮即可得到图 7-10。单击 Main Menu→General Postproc→Plot Results→Contour Plot→Nodal Solu，在弹出的对话框中依次打开 Nodal Solution→Stress，然后选择“von Mises stress”，单击“OK”按钮即可得到图 7-11。

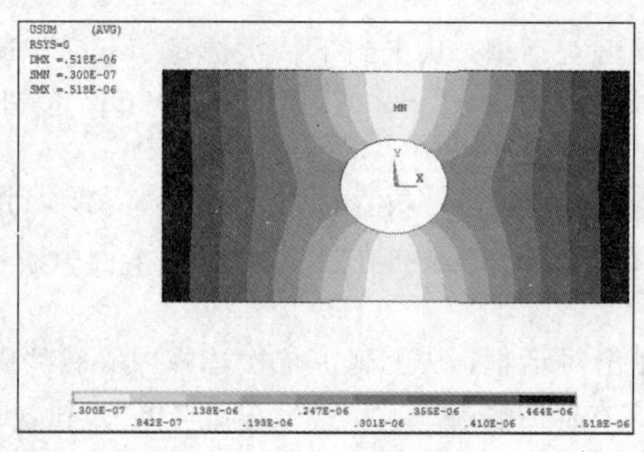

图 7-10　平板位移矢量(USUM)云图

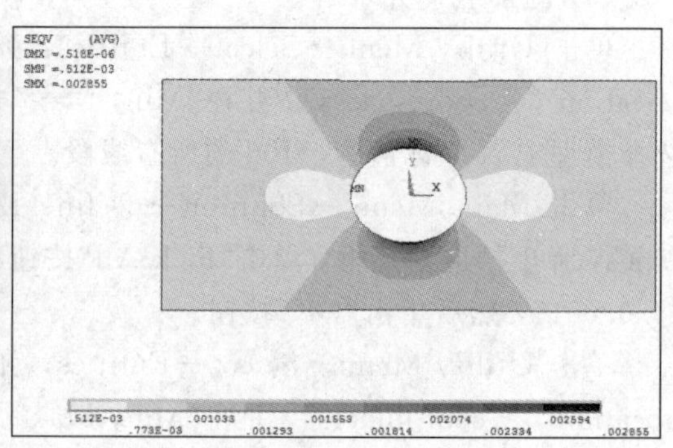

图 7-11　平板冯米斯应力(SEQV)云图

7.3.2　操作命令流

7.3.1 小节的 GUI 操作步骤可用下面的命令流替代：

```
/PREP7
ET, 1, PLANE182
KEYOPT, 1, 3, 3
R, 1, 2,
```

```
MP, EX, 1, 2e5
MP, PRXY, 1, 0.3
BLC4, -100, -50, 200, 100
CYL4,,, 20
ASBA, 1, 2
K, ,, 50,,
K, ,, -50,,
LSTR, 9, 10
K,, 100,,,
K,, -100,,,
LSTR, 12, 11
ASBL, ALL, 9
ASBL, ALL, 10

ESIZE, 5, 0,
MSHAPE, 0, 2D
MSHKEY, 1
AMAP, 4, 12, 7, 6, 9
AMAP, 5, 10, 8, 7, 12
AMAP, 3, 9, 6, 5, 11
AMAP, 6, 10, 8, 5, 11

NSEL, S, LOC, X, 0
D, ALL, , , , , , UX, , , , ,
NSEL, S, LOC, Y, 0
D, ALL, , , , , , Uy, , , , ,
ALLSEL, ALL

LSEL, S, LOC, X, -100
SFL, ALL, PRES, -0.001,
LSEL, S, LOC, X, 100
SFL, ALL, PRES, -0.001,
LSEL, S, LOC, Y, -50
SFL, ALL, PRES, -0.0005,
LSEL, S, LOC, Y, 50
SFL, ALL, PRES, -0.0005,
ALLSEL, ALL
/SOLU
solve
FINISH
```

7.4 课后练习

习题 7-1　标准光盘(如题 7-1 图所示)置于 52 倍速光驱中处于最大读取速度时，转速为 1000 r/min，请分析其应力分布。光盘参数如下：外径 120 mm，内径 15 mm，厚度 1.2 mm，弹性模量 1.6×10^4 MPa，密度 2.2×10^{-6} kg/mm^3。

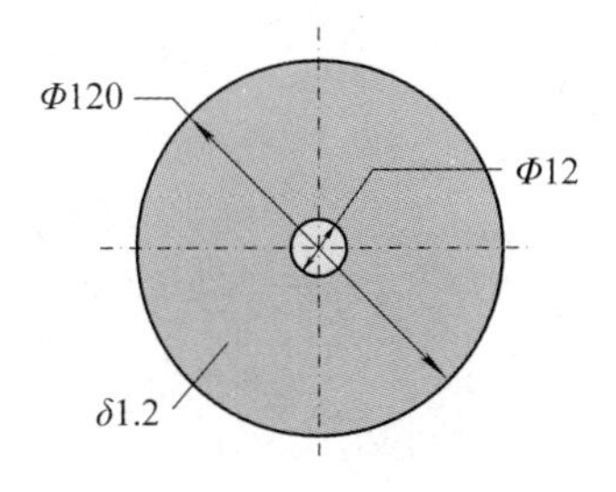

题 7-1 图

习题 7-2　一带孔条形板的形状、尺寸如题 7-2 图所示，厚度为 5 mm。已知材料的弹性模量和泊松比分别为 $E=210$ GPa、$\mu=0.3$。请分析条形板孔截面上的应力分布及大小。

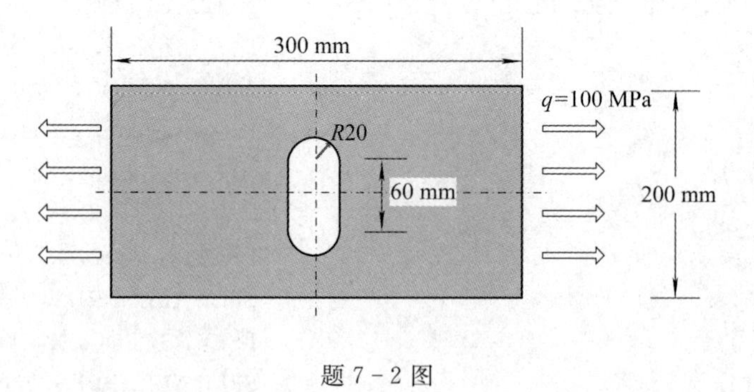

题 7-2 图

第 8 章　圆轴扭转分析

8.1　问 题 描 述

计算实例：某产品需要一个传动轴，要求采用 45 号钢加工，长度 400 mm，横截面形状有两个方案，分别是：采用中空钢管外径 $D_1=90$ mm，内径 $D_2=85$ mm；采用实心圆柱直径 $D=50$ mm。如果该传动轴工作时所受最大扭矩为 $M_n=1.5$ kN · m，请从两种结构承受的最大剪应力来证明中空钢管不仅所用钢材少，而且力学性能也更优。

首先，使用理论分析的方法分析该问题。

(1) 实心轴的理论分析。

圆截面对圆心的极惯性矩为

$$I_p=\frac{\pi D^4}{32}=\frac{\pi\times 0.05^4}{32}=6.136\times 10^{-7}\ \mathrm{m}^4 \tag{8-1}$$

圆截面的抗扭截面模量为

$$W_n=\frac{\pi D^3}{16}=\frac{\pi\times 0.05^3}{16}=2.454\times 10^{-5}\ \mathrm{m}^3 \tag{8-2}$$

由材料力学知识可知，圆截面边缘上所受剪应力最大，其值可由下面的公式计算得到：

$$\tau_{\max}=\frac{M_n}{W_n}=\frac{1.5\times 10^3}{2.454\times 10^{-5}}=61.1\ \mathrm{MPa} \tag{8-3}$$

传动轴上、下两个端面之间的相对转角为

$$\varphi=\frac{M_n L}{GI_p}=\frac{1.5\times 10^3\times 0.4}{80\times 10^9\times 6.136\times 10^{-6}}=1.22\times 10^{-2}\ \mathrm{rad} \tag{8-4}$$

(2) 中空轴的理论分析。

环形截面对圆心的极惯性矩为

$$I_p=\frac{\pi(D_1^4-D_2^4)}{32}=\frac{\pi\times(0.09^4-0.085^4)}{32}=1.316\times 10^{-6}\ \mathrm{m}^4 \tag{8-5}$$

环形截面的抗扭截面模量为

$$W_n=\frac{\pi(D_1^4-D_2^4)}{16D_1}=\frac{\pi\times(0.09^4-0.085^4)}{16\times 0.09}=2.9255\times 10^{-5}\ \mathrm{m}^3 \tag{8-6}$$

由材料力学知识可知，环形截面边缘上所受剪应力最大，其值可由下面的公式计算得到：

$$\tau_{\max} = \frac{M_n}{W_n} = \frac{1.5 \times 10^3}{2.9255 \times 10^{-5}} = 51.2 \text{ MPa} \tag{8-7}$$

传动轴上、下两个端面之间的相对转角为

$$\varphi = \frac{M_n L}{G I_p} = \frac{1.5 \times 10^3 \times 0.4}{80 \times 10^9 \times 1.316 \times 10^{-6}} = 5.7 \times 10^{-3} \text{ rad} \tag{8-8}$$

（3）对比。

将两种结构的计算结果写入表 8.1，对比发现，中空轴不仅力学性能更好，且其重量只有实心轴的 35%(687/1963)。综合考虑力学性能、轻量化、制造成本，中空轴结构明显优于实心轴结构(表中最大变形由截面外径乘以上、下两端面之间的相对转角获得)。

表 8.1　两种结构传动轴结构力学性能对比

分析项目名称	直径 50 mm 的实心轴	中空轴(外径 90 mm，内径 85 mm)
最大剪应力/MPa	61.1	51.2
上下两端面相对转角/rad	1.22×10^{-2}	5.7×10^{-3}
两种结构横截面积/mm^2	1963	687
最大变形/mm	0.305×10^{-3}	0.257×10^{-3}

8.2　中空轴的建模分析

8.2.1　操作步骤

（1）进入 ANSYS 工作目录，命名文件。

单击 File→Change Jobname，打开“Change Jobname”对话框，在“Enter new jobname”对应的文本框中输入文件名“torsion_analysis_1”，并勾选“New log and error files”选项。

（2）定义单元类型。

单击 Main Menu→Preprocessor→Element Type→Add/Edit/Delete，弹出 Element Types 对话框，单击对话框中的“Add”按钮；在弹出的新对话框左边的下拉列表框中选择“Solid”，在右边的单选框中选择“Quad 8 node 183”单元，单击“Apply”按钮；再在右侧列表中选择“Brick 20 node 186”，然后单击“OK”按钮。选择一个面单元、一个体单元。

（3）定义材料属性。

单击 Main Menu→Preprocessor→Material Props→Material Models，在弹出的材料模型定义对话框中依次点击 Structural→Linear→Elastic→Isotropic，在 EX 文本框中输入 2.08E11，在 PRXY 文本框中输入 0.3。

（4）创建中空轴的横截面。

单击 Main Menu → Preprocessor → Modeling → Create → Areas → Rectangle → By Dimensions，弹出对话框，在“X1”“Y1”“X2”“Y2”文本框内分别输入 0.085/2、0、0.09/2、0.4，然后单击 “OK”按钮。

（5）打开线的编号并显示线。

单击 Utility Menu→PlotCtrls→Numbering，在弹出对话框中“Lines”对应的选择框中选择“ON”，打开线的编号，然后单击 “OK”按钮。

单击 Utility Menu→Plot→Lines，显示线及其编号。

（6）划分网格。

单击 Main Menu→Preprocessor→Meshing→MeshTool，在弹出的对话框中单击“Size Control”区域中的“Lines”后面的“Set”按钮，拾取矩形短边直线，单击“OK”按钮后弹出一个对话框，在“NDIV”文本框中输入 2，然后单击“Apply”按钮。重复操作，设置矩形长边的“NDIV”值为 40。返回上一级对话框，在“Shape”区域中，选择单元形状为“Quad”，划分单元的方式是“Mapped”，再单击“Mesh”按钮，拾取矩形面。

（7）旋转成体。

单击 Main Menu→Preprocessor→Modeling→Create→Keypoints→In Active CS，弹出对话框，在“NPT”文本框内填写 5，在“X、Y、Z”文本框内填写“0，0，0”，单击“Apply”按钮；再次在“NPT”文本框内填写 6，在“X、Y、Z”文本框内填写“0，0.4，0”，再单击“OK”按钮。

单击 Main Menu→Preprocessor→Modeling→Operate→Extrude→Elem Ext Opts，弹出对话框如图 8－1 所示，在“[TYPE]”下拉列表框中选择“2 SOLID186”，在“VAL1”文本框内输入 5，选定“ACLEAER”为“Yes”，然后单击“OK”按钮。

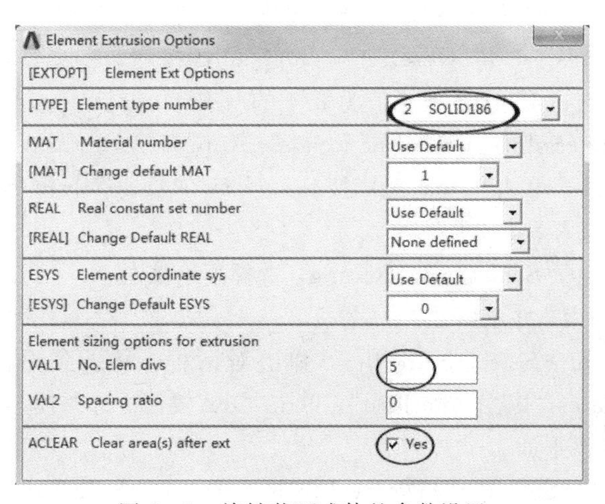

图 8－1　旋转截面成体的参数设置

单击 Main Menu→Preprocessor→Modeling→Operate→Extrude→Areas→About Axis，弹出拾取对话框，先拾取矩形面，单击“OK”按钮；再拾取刚创建的两个关键点 5、6，再次弹出对话框，保持默认选项，然后单击“OK”按钮。

(8) 创建局部坐标系。

单击 Utility Menu→Plot→Elements，显示单元。

单击 Utility Menu→WorkPlane→Offset WP by Increments，在弹出对话框的“XY，YZ，ZX Angles”文本框中输入“0，－90，0”，然后单击“OK”按钮。

单击 Utility Menu→WorkPlane→Local Coordinate Systems→Create Local CS→At WP Origin，弹出对话框，在“KCN”文本框输入 11，选择“KCS”为“Cylindrical 1”，然后单击“OK”按钮。即创建编号为 11 的局部柱坐标系。

(9) 施加约束。

单击 Utility Menu→Select→Entities，弹出对话框，从上到下依次选择“Nodes”“By Location”“X coordinates”“0.09/2”“From Full”，再单击“OK”按钮。选择模型中 X 坐标值为 0.045 的所有节点。

单击 Main Menu→Preprocessor→Modeling→Move / Modify→Rotate Node CS→To Active CS，弹出拾取窗口，单击“Pick All”按钮，旋转上一步所选节点坐标系到当前活跃坐标系。

单击 Main Menu→Solution→Define Loads→Apply→Structural→Displacement→On Nodes，单击“Pick All”按钮，再在“Lab2”中选择 UX，然后单击“OK”按钮。约束 X 坐标值为 0.045 的节点的 X 方向(即径向)自由度。

(10) 施加载荷。

单击 Utility Menu→Select→Entities，弹出对话框，从上到下依次选择“Nodes”“By Location”“Z coordinates”“0.4”“Reselect”，单击“OK”按钮。在步骤(9)选择的基础上，选取模型中 X 坐标值为 0.045 且 Z 坐标值为 0.4 的所有节点。

单击 Main Menu→Solution→Define Loads→Apply→Structural→Force/ Moment→On Nodes，弹出拾取窗口，单击“Pick All”按钮，然后在“Lab”下拉列表框中选择 FY，在“VALUE”文本框中输入 833.33。

单击 Utility Menu→Select→Everything，选择所有实体。

(11) 再次施加约束，并求解。

单击 Utility Menu→Select→Entities，弹出对话框，从上到下依次选择“Areas”“By Location”“Z coordinates”“0”“From Full”，单击“OK”按钮。选择模型中 Z 坐标值为 0 的中空圆筒底部的 4 个圆弧平面。

单击 Main Menu→Solution→Define Loads→Apply→Structural→Displacement→On Areas，弹出拾取对话框，单击“Pick All”按钮，再在“Lab2”中选择 All DOF，然后单击

“OK”按钮。

单击 Utility Menu→Select→Everything，选择所有实体。

单击 Main Menu→Solution→Solve→Current LS，在弹出的对话框中点击“OK”按钮，求解计算。

(12) 查看最大变形。

单击 Main Menu→General Postproc→Plot Results→Deformed Shape，圆筒的受力变形图如图 8-2 所示。从图中可以看到，最大位移变形为 0.260×10^{-3} m，与理论计算的 0.257×10^{-3} m(即轴上、下两个端面间的相对转角乘以轴外径)基本吻合。

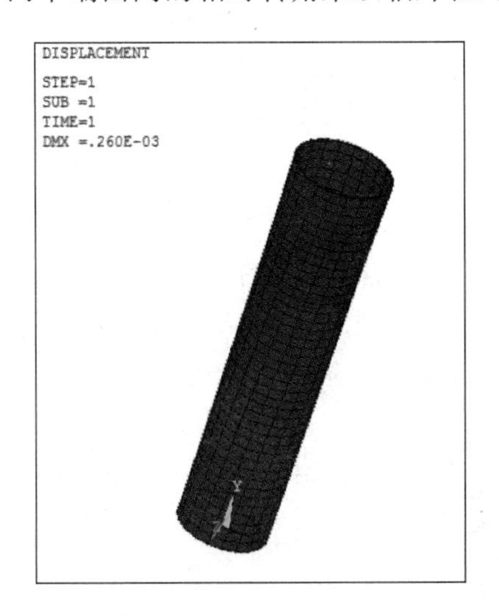

图 8-2　圆筒的受力变形图

(13) 将结果坐标系改为局部坐标系。

单击 Main Menu→General Postproc→Options for Outp，弹出对话框如图 8-3 所示，在“RSYS”下拉列表中选择“Local system”，在“Local system reference no.”文本框中输入 11，然后单击“OK”按钮。

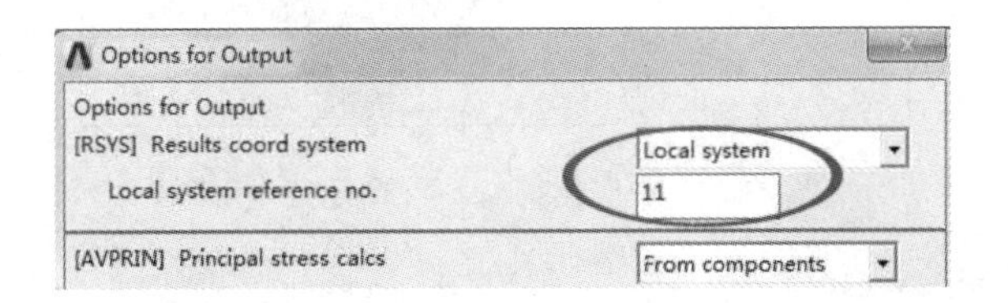

图 8-3　设置结果坐标系

(14) 沿圆筒中部剖开，查看剪切应力。

单击 Utility Menu→Select→Entities，弹出对话框如图 8-4 所示，从上到下依次选择或输入“Nodes”“By Location”“Z coordinates”“0，0.2”“From Full”，然后单击“Apply”按钮，选取模型中 Z 坐标值从 0 到 0.2 的所有节点。再次选择，从上到下依次选择“Elements”“Attached to”“Nodes All”“Reselect”，再单击“OK”按钮，选择附着在节点上的所有单元。

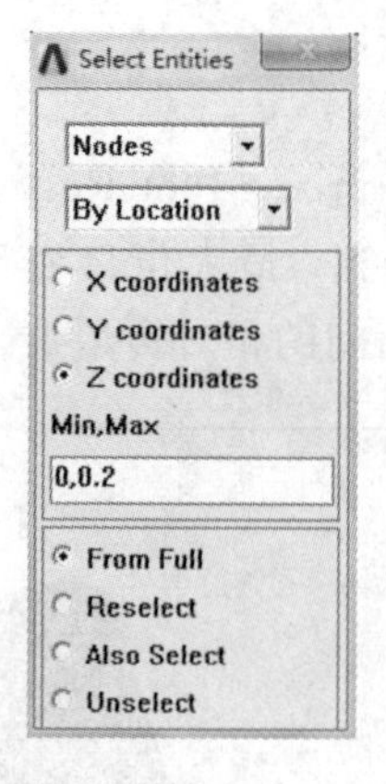

图 8-4　选择 Z 轴坐标位于 0～0.2 的所有节点

单击 Utility Menu→Plot→Results→Contour Plot→Elem Solution，弹出对话框，在列表中依次选择 Elements Solution→Stress→YZ Shear Stress，单击“OK”按钮即可看到图 8-5。从图中可知最大剪应力为 51.7 MPa，理论计算的结果是 51.2 MPa，基本吻合。

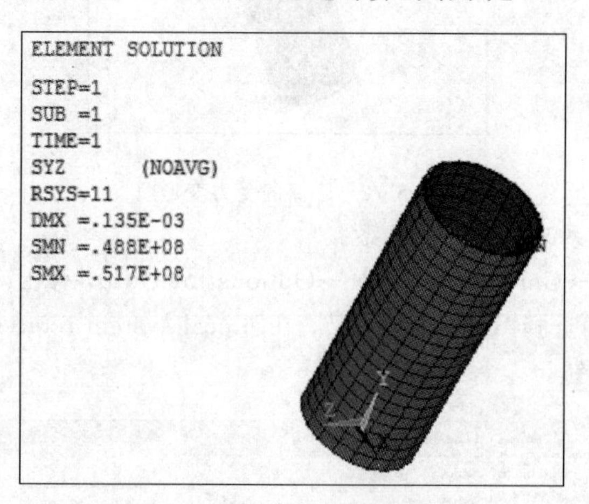

图 8-5　中空圆筒 YZ 截面剪应力云图

8.2.2　重要知识点

1. 节点坐标系

节点坐标系用于定义每个节点的自由度和节点载荷方向。每个节点都有自己的坐标系，在默认情况下，它总是平行于全局笛卡尔坐标系，而与创建节点时的活跃坐标系无关。当在节点上施加与全局笛卡尔坐标系方向不同的约束和载荷时，需要将节点坐标系旋转到所需方向上。例如，有如下命令流：

```
CSYS, 1
Nrotat, all
F, all, FX, 100
F, all, FY, 100
```

如果上述命令流中没有“Nraotat，all”这句命令，尽管当前激活坐标系是全局柱坐标系，但是加载在节点上的力方向仍然是按照全局笛卡尔坐标系加载的，如图 8－6(a)所示。但执行“Nraotat，all”这句命令后，节点坐标系与当前激活的柱坐标系方向保持一致，此时加载的力的方向就与柱坐标系方向一致了，如图 8－6(b)所示。

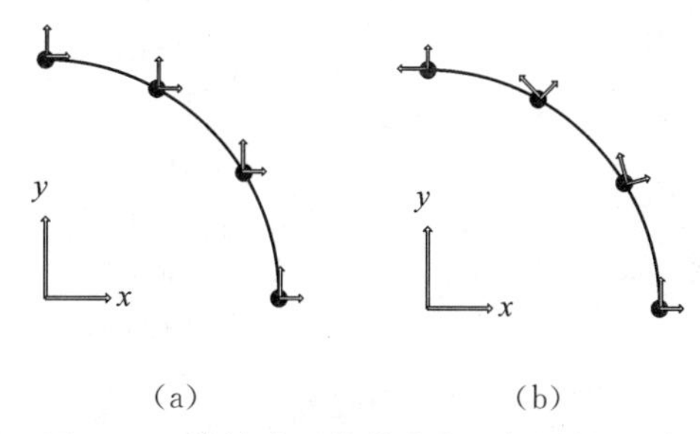

(a)　　(b)

图 8－6　旋转或不旋转节点坐标系的区别

2. 在节点上加载力矩

力矩的定义为力与力臂的乘积，所以作用在轴两端的力矩可以这样来处理：先约束轴一个端面的所有自由度，再选取位于轴另一端面与轴外圆柱面相交线上所有节点，并在选取节点上施加周向力，保证所有节点的周向力与半径乘积之和等于外加力矩。

这就是本实例先建立局部柱坐标系，再将节点坐标系与圆柱坐标系方向保持一致的原因。所施加的周向力的大小可通过下式计算得到：

$$F = \frac{M}{RN} \tag{8-9}$$

式中 M 代表力矩，R 为外圆柱面的半径，N 为节点数。

如以本题为例，则 $F=1500/(40\times0.045)=833.33$ N。

3. 结果坐标系

不论采用何种激活坐标系建立模型并进行求解计算，默认情况下结果数据一定是建立在全局笛卡尔坐标系的。可以通过单击 Main Menu→General Postproc→Options for Output，将结果坐标系设置成为想要的坐标系。

8.2.3 操作命令流

8.2.1 小节的 GUI 操作步骤可用下面的命令流替代：

```
/PREP7
ET, 1, PLANE183
ET, 2, SOLID186
MP, EX, 1, 2.08E11
MP, PRXY, 1, 0.3

RECTNG, 0.085/2, 0.09/2, 0, 0.4
LESIZE, 1,,, 2
LESIZE, 2,,, 40
MSHAPE, 0
MSHKEY, 1
AMESH, 1
K, 5,,,,
K, 6,, 0.4,,

EXTOPT, ESIZE, 5
EXTOPT, ACLEAR, 1
VROTAT, 1,,,,,, 5, 6, 360

WPROT, 0, -90
CSWPLA, 11, 1, 1, 1
NSEL, S, LOC, X, 0.045
NROTAT, ALL
/SOLU
D, ALL, UX
NSEL, R, LOC, Z, 0.4
F, ALL, FY, 833.33
ALLSEL, ALL

ASEL, S, LOC, Z, 0
DA, ALL, ALL
SOLVE

/POST1
PLDISP, 2
RSYS, 11
NSEL, S, LOC, Z, 0, 0.2
ESLN, S
EPLOT
PLESOL, S, YZ, 0, 1.0
```

8.3 实心轴的建模分析

8.3.1 操作步骤

(1) 进入 ANSYS 工作目录，命名文件。

单击 File→Change Jobname，打开“Change Jobname”对话框，在“Enter new jobname”对应的文本框中输入文件名“torsion_analysis_2”，并勾选“New log and error files”选项。

(2) 定义单元类型。

单击 Main Menu→Preprocessor→Element Type→Add/Edit/Delete，弹出 Element Types 对话框，单击对话框中的“Add”按钮；在弹出的新对话框左边的下拉列表框中选择

“Solid”，在右边的单选框中选择“Quad 8 node 183”单元，单击“Apply”；再在右侧列表中选择“Brick 20 node 186”，然后单击“OK”按钮。选择一个面单元、一个体单元。

(3) 定义材料属性。

单击 Main Menu→Preprocessor→Material Props→Material Models，在弹出的材料模型定义对话框中依次双击 Structural→Linear→Elastic→Isotropic，在 EX 文本框中输入 2.08E11，在 PRXY 文本框中输入 0.3。

(4) 创建轴的横截面。

单击 Main Menu → Preprocessor → Modeling → Create → Areas → Rectangle → By Dimensions，弹出对话框，然后在“X1”“Y1”“X2”“Y2”文本框内分别输入 0、0、0.025、0.4。

(5) 打开线的编号并显示线。

单击 Utility Menu→PlotCtrls→Numbering，弹出对话框，在“Lines”对应的选择框选择“ON”，打开线的编号，然后单击 “OK”按钮。

单击 Utility Menu→Plot→Lines，显示线及其编号。

(6) 划分网格。

单击 Main Menu→Preprocessor→Meshing→MeshTool，在弹出的对话框中单击“Size Control”区域中的“Lines”后面的“Set”按钮，拾取矩形短边直线，单击“OK”按钮后弹出一个对话框，在“NDIV”文本框中输入 4，然后单击“Apply”按钮。重复操作，指定矩形长边的“NDIV”值为 20。返回上一级对话框，在“Shape”区域中，选择单元形状为“Quad”，划分单元的方式是“Mapped”，再单击“Mesh”按钮，拾取矩形面。

(7) 旋转成体。

单击 Main Menu→Preprocessor→Modeling→Operate→Extrude→Elem Ext Opts，弹出对话框，在“VAL1”文本框内输入 5，选定 ACLEAER 为“Yes”，然后单击“OK”按钮。

单击 Main Menu → Preprocessor → Modeling → Operate → Extrude → Areas → About Axis，弹出拾取对话框，先拾取矩形面，然后单击“OK”按钮，再拾取位于 Y 轴上的两个关键点 1、4。

(8) 创建局部坐标系。

单击 Utility Menu→Plot→Elements，显示单元。

单击 Utility Menu→WorkPlane→Offset WP by Increments，弹出对话框，在“XY，YZ，ZX Angles”文本框中输入“0，−90，0”，单击“OK”按钮。

单击 Utility Menu→WorkPlane→Local Coordinate Systems→Create Local CS→At WP Origin，弹出对话框，在“KCN”文本框输入 11，选择“KCS”为 Cylindrical 1，单击“OK”按钮。即创建编号为 11 的局部柱坐标系。

(9) 施加约束。

单击 Utility Menu→Select→Entities，在弹出的对话框中从上到下依次选择“Nodes”

"By Location""X coordinates""0.025" "From Full"，单击"OK"按钮。选择模型中 X 坐标值为 0.025 的所有节点。

单击 Main Menu→Preprocessor→Modeling→Move / Modify→Rotate Node CS→To Active CS，弹出拾取窗口，单击"Pick All"按钮，旋转节点坐标系到当前坐标系。

单击 Main Menu→Solution→Define Loads→Apply→Structural→Displacement→On Nodes，单击"Pick All"按钮，再在"Lab2"中选择 UX，然后单击"OK"按钮。约束 X 坐标值为 0.025 的节点的 X 方向(即径向)自由度。

(10) 施加载荷。

单击 Utility Menu→Select→Entities，在弹出的对话框中从上到下依次选择"Nodes" "By Location""Z coordinates""0.4""Reselect"，单击"OK"按钮。在步骤(9)选择的基础上，选取模型中 X 坐标值为 0.025 且 Z 坐标值为 0.4 的所有节点。

单击 Main Menu→Solution→Define Loads→Apply→Structural→Force/ Moment→On Nodes，弹出拾取窗口，单击"Pick All"按钮，然后在"Lab"下拉列表框中选择 FY，在"VALUE"文本框中填写 833.33。

(11) 再次施加约束，并求解。

单击 Utility Menu→Select→Entities，在弹出的对话框中从上到下依次选择"Areas" "By Location""Z coordinates""0""From Full"，单击"OK"按钮。选择模型中 Z 坐标值为 0 的圆筒底部平面。

单击 Main Menu→Solution→Define Loads→Apply→Structural→Displacement→On Areas，弹出拾取对话框，单击"Pick All"按钮，再在"Lab2"中选择 All DOF，单击"OK"按钮。

单击 Utility Menu→Select→Everything，选择所有实体。

单击 Main Menu→Solution→Solve→Current LS，在弹出的对话框中点击"OK"按钮，求解计算。

(12) 查看最大变形。

单击 Main Menu→General Postproc→Plot Results→Deformed Shape，圆筒受力变形图如图 8-7 所示。图中显示最大位移变形为 0.312×10^{-3} m，与理论计算的 0.305×10^{-3} m(轴上下两个端面间的相对转角乘以轴外径)基本吻合。

(13) 改变结果坐标系为局部坐标系。

单击 Main Menu→General Postproc→Options for Outp，弹出对话框，在"RSYS"下拉列表中选择"Local system"，在"Local system reference no."文本框中输入 11，然后单击"OK"按钮。

(14) 沿圆筒中部剖开，查看剪切应力。

单击 Utility Menu→Select→Entities，在弹出的对话框中从上到下依次选择"Nodes"

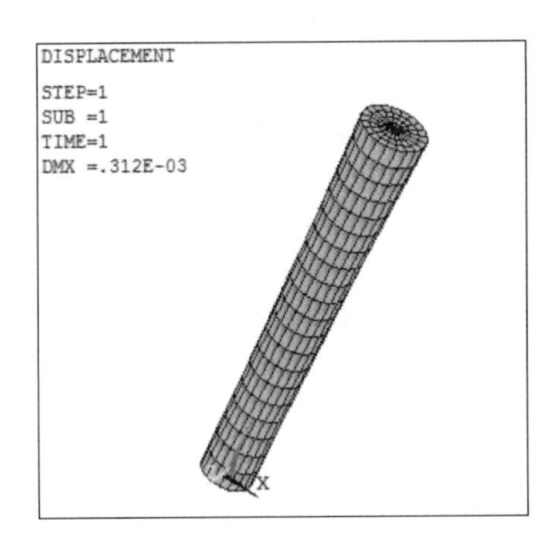

图 8-7　中空圆筒受力变形图

“By Location”“Z coordinates”“0，0.2”“From Full”，单击“Apply”，选取模型中 Z 坐标值从 0 到 0.2 的所有节点；再次选择，从上到下依次选择“Elements”“Attached to”“Nodes All”“Reselect”，单击“OK”按钮。

单击 Utility Menu→Plot→Results→Contour Plot→Elem Solution，弹出对话框，在列表中依次选择 Elements Solution→Stress→YZ shear Stress，然后单击“OK”按钮。实心轴截面应力云图如图 8-8 所示。可以看到最大剪应力为 61.6 MPa，理论计算的结果是 61.1 MPa，基本吻合。

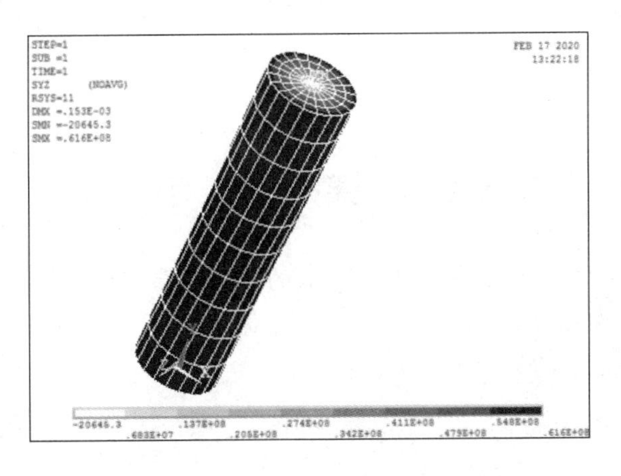

图 8-8　实心轴 YZ 截面剪应力云图

8.3.2 操作命令流

8.3.1 小节的 GUI 操作步骤可用下面的命令流替代：

```
/PREP7
ET, 1, PLANE183
ET, 2, SOLID186
MP, EX, 1, 2.08E11
MP, PRXY, 1, 0.3
RECTNG, 0, 0.025, 0, 0.4
LESIZE, 1,,, 4
LESIZE, 2,,, 20
MSHAPE, 0
MSHKEY, 1
AMESH, 1
EXTOPT, ESIZE, 5
EXTOPT, ACLEAR, 1
VROTAT, 1,,,,,, 1, 4, 360
/VIEW, 1, 1, 1, 1
WPROT, 0, -90
CSWPLA, 11, 1, 1, 1
NSEL, S, LOC, X, 0.025
NROTAT, ALL
FINISH
/SOLU
D, ALL, UX
NSEL, R, LOC, Z, 0.4
F, ALL, FY, 1500
ALLSEL, ALL
ASEL, S, LOC, Z, 0
DA, ALL, ALL
SOLVE

/POST1
PLDISP, 1
RSYS, 11
NSEL, S, LOC, Z, 0.045
NSEL, R, LOC, Y, 0
PRNSOL, U, Y
NSEL, S, LOC, Z, 0, 0.045
ESLN, R, 1
PLESOL, S, YZ
```

8.4 课后练习

习题 8-1 直径 $D=5$ cm、长度 $L=5$ cm 的圆轴一端受到扭矩 $M_n=2.15$ kN·m 的作用，设圆轴材料的弹性模量 $E=2\times10^{11}$ N/m^2、泊松比 $\mu=0.3$，试求在距离轴心 1 cm 处的剪应力，并求圆轴截面上的最大剪应力。

第 9 章　轴对称问题的分析

9.1　问 题 描 述

ANSYS 软件中提到的轴对称问题，其实是模型对某一轴线的旋转对称问题，例如工作生活中常见的各类轴类、圆筒类、盘形零件等。这类问题可以简化为轴对称问题来分析，其目的是将 3D 问题转化为 2D 问题，这样可以简化计算、提高计算精度，尤其是对于大型且复杂的模型可以大大节约计算空间与时间。

计算实例：如图 9-1 所示，圆柱筒材料为 Q235-A，受 1000 N/m 的压力作用，圆筒壁厚为 0.1 m，直径 12 m，高度为 15 m，圆柱筒壳的下部沿轴向方向固定，试计算其变形与应力。

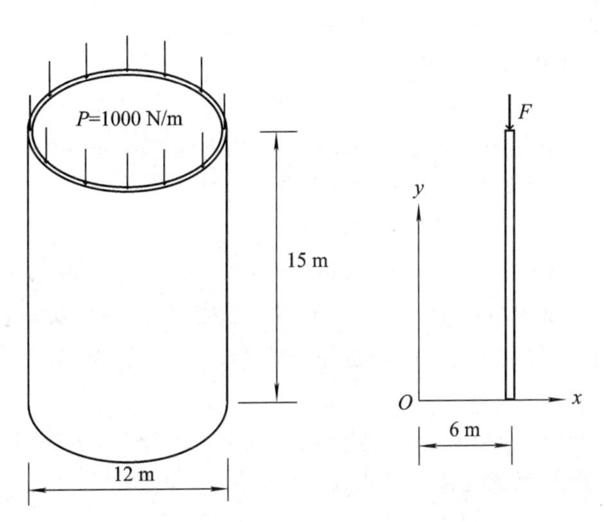

图 9-1　轴对称圆柱筒结构图

采用 ANSYS 轴对称问题进行分析，需要满足如下要求：

(1) 对称轴必须与全局笛卡尔坐标系的 Y 轴重合。

(2) 不允许出现负 X 坐标的图元。

(3) 全局笛卡尔坐标 Y、X、Z 方向分别代表轴向、径向、周向。

(4) 在输入 F 力时，其大小应等于整个 360°上的力的总和，以图 9-1 为例，$F=2\pi rP$。

9.2 采用 Shell208 单元建模

9.2.1 操作步骤

(1) 进入 ANSYS 工作目录，命名文件。

单击 File→Change Jobname，打开“Change Jobname”对话框，在“Enter new jobname”对应的文本框中输入文件名“axis_sym_1”，并勾选“New log and error files”选项。

(2) 定义单元类型。

单击 Main Menu→Preprocessor→Element Type→Add/Edit/Delete，弹出 Element Types 对话框，单击对话框中的“Add”按钮；在弹出的新对话框左边的下拉列表框中选择“Shell”，在右边的单选框中选择“Axisym 2node 208”单元，然后单击“OK”按钮。

(3) 定义材料属性。

单击 Main Menu→Preprocessor→Material Props→Material Models，在弹出的材料模型定义对话框中依次单击 Structural→Linear→Elastic→Isotropic，在 EX 文本框中输入 2E11，在 PRXY 文本框中输入 0.3。

(4) 设置壁厚值。

单击 Main Menu→Preprocessor→Sections→Shell→Lay-up→Add/Edit，弹出对话框，在“Thickness”文本框内输入 0.1，然后单击“OK”按钮。

(5) 创建模型。

单击 Main Menu→Preprocessor→Modeling→Create→Keypoints→In Active CS，弹出一个对话框，在“NPT”文本框中输入 1，再在“X，Y，Z”文本框中从左到右依次输入“6，0，0”，单击“Apply”按钮；重复操作，再创建一个编号 2、坐标值为(6，15，0)的关键点，然后单击“OK”按钮。

单击 Main Menu→Preprocessor→Modeling→Create→Lines→Lines→Straight Line，弹出拾取对话框，用鼠标点选连接关键点 1、关键点 2，创建一条直线。

(6) 划分网格。

单击 Main Menu→Preprocessor→Meshing→MeshTool，在弹出的对话框中单击“Size Control”区域中的“Lines”后面的“Set”按钮，拾取矩形直线，然后单击“OK”按钮；弹出一个对话框，在“NDIV”文本框中输入 10，单击“Apply”按钮。返回上一级对话框，单击“Mesh”按钮，拾取直线，然后单击“OK”按钮。

(7) 施加约束。

单击 Main Menu→Solution→Define Loads→Apply→Structural→Displacement→On Keypoints，弹出拾取对话框，用鼠标点选关键点 1；弹出对话框，在“Lab2”列表框中选择 UY，然后单击“OK”按钮。

(8) 施加载荷并求解。

单击 Main Menu→Solution→Define Loads→Apply→Structural→Force/ Moment→On Keypoints，弹出拾取窗口，选择关键点 2，然后在“Lab”下拉列表框中选择 FY，在“VALUE”文本框中输入－37699(由 $2\pi rP$ 计算获得)，单击“OK”按钮。

单击 Main Menu→Solution→Solve→Current LS，在弹出的对话框中点击“OK”按钮，求解计算。

(9) 查看最大变形。

单击 Main Menu→General Postproc→Plot Results→Deformed Shape，弹出对话框，在“[PLDISP]”单选框中选择“Def＋ underf edge”，即可得到图 9－2。图中虚线为圆筒未受力时形状与位置，实线为受力变形后的形状与位置，从图中左上角文字可知，最大位移变形为 0.775×10^{-6} m。

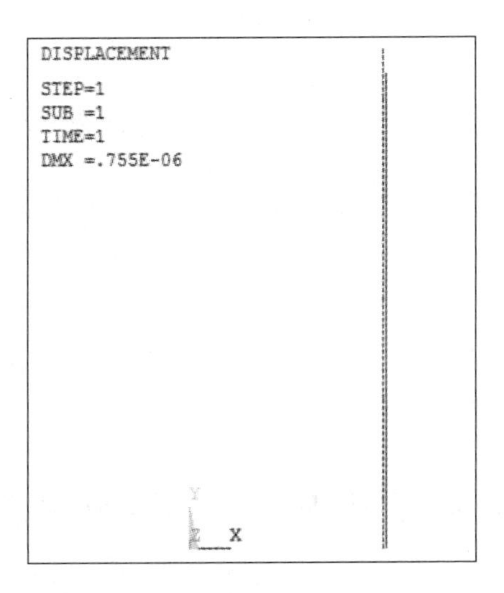

图 9－2 圆柱筒受力变形图

(10) 查看应力。

单击 Main Menu→General Postproc→Plot Results→Contour Plot→Nodal Solu，在弹出的对话框内选择 Nodal Solution→Stress→Y-Component of stress，可以查看 Y 方向即轴向应力，如图 9－3 所示。同理可以查看 X 方向即径向的应力，如图 9－4 所示。

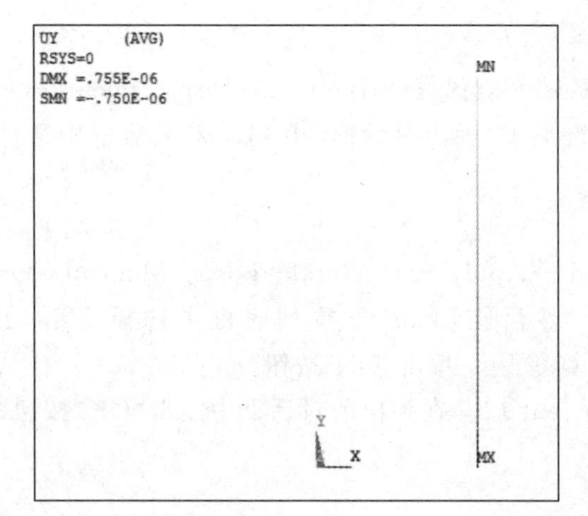

图 9-3 圆柱筒轴向(Y 轴方向)应力云图

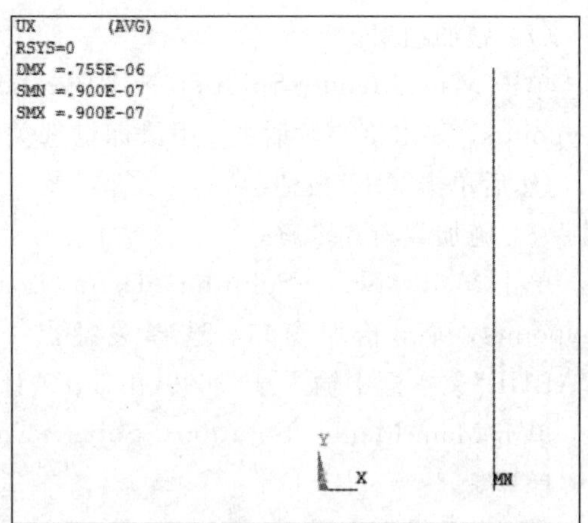

图 9-4 圆柱筒径向(X 轴方向)应力云图

9.2.2 操作命令流

9.2.1 小节的 GUI 操作步骤可用下面的命令流替代：

```
/PREP7
ET, 1, SHELL208
mp, ex, 1, 2e11
mp, prxy, 1, 0.3
sect, 1, shell,,
secdata, 0.1, 1, 0.0, 3
secoffset, MID
seccontrol,,,, , , ,
K, , 6,,,
K, , 6, 15,,
LSTR, 1, 2
LESIZE, 1, , , 10, , , , , 1
LMESH, 1
FINISH
/SOL
DK, 1, , , , 0, UY, , , , , ,
FK, 2, FY, -37699
solve
```

9.3 采用 Plane182 单元建模

9.3.1 操作步骤

(1) 进入 ANSYS 工作目录，命名文件。

单击 File→Change Jobname，打开“Change Jobname”对话框，在“Enter new jobname”对应的文本框中输入文件名“axis_sym_2”，并勾选“New log and error files”选项。

(2) 定义单元类型。

单击 Main Menu→Preprocessor→Element Type→Add/Edit/Delete，弹出 Element Types 对话框，单击对话框中的“Add”按钮；在弹出的新对话框左边的滚动框中单击“Solid”，在右边的滚动框中选择“Quad 4 node 182”单元，再单击“OK”按钮；返回上一级对话框，单击“Options”按钮；弹出对话框如图 9-5 所示，在“K3”下拉列表框中选择“Axisymmetric”，然后单击“OK”按钮。

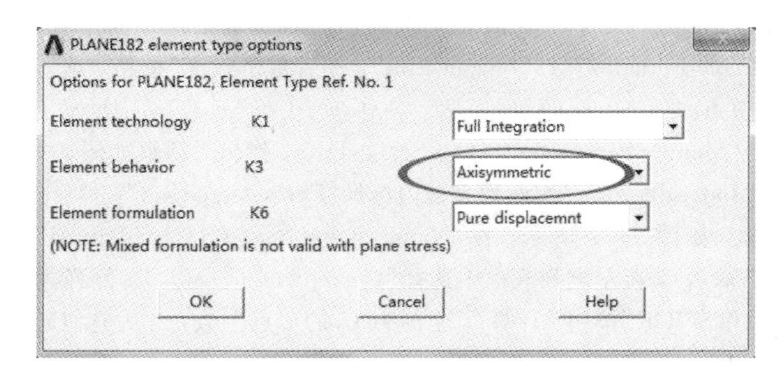

图 9-5 单元参数设置

(3) 定义材料属性。

单击 Main Menu→Preprocessor→Material Props→Material Models，在弹出的材料模型定义对话框中依次单击 Structural→Linear→Elastic→Isotropic，在 EX 文本框中输入 2E11，在 PRXY 文本框中输入 0.3。

(4) 创建中空圆筒的横截面。

单击 Main Menu → Preprocessor → Modeling → Create → Areas → Rectangle → By Dimensions，弹出对话框，在“X1”“Y1” “X2”“Y2”文本框内分别输入 5.9、0、6、15，然后单击“OK”按钮。

(5) 打开线的编号并显示线。

单击 Utility Menu→PlotCtrls→Numbering，弹出对话框，在“Line”对应的选择框选择“ON”，打开线的编号，然后单击 “OK”按钮。

单击 Utility Menu→Plot→Lines，显示线及其编号。

(6) 划分网格。

单击 Main Menu→Preprocessor→Meshing→MeshTool，在弹出的对话框中单击“Size Control”区域中的“Lines”后面的“Set”按钮，拾取矩形短边直线，单击“OK”按钮；弹出一个新的对话框，在“NDIV”文本框中输入 2，单击“Apply”按钮；重复操作，选择矩形长边直线，并在“NDIV”文本框内输入 30。返回上一级对话框，在“Shape”区域中，选择单元形状为“Quad”，划分单元的方式是“Mapped”，单击“Mesh”按钮，拾取矩形面。

(7) 施加约束。

单击 Main Menu→Solution→Define Loads→Apply→Structural→Displacement→On Lines；弹出拾取对话框，用鼠标选择矩形下面的水平直线；弹出对话框，在“Lab2”列表框中选择 UY，然后单击 “OK”按钮。

(8) 施加载荷并求解。

单击 Utility Menu→Select→Entities，在弹出的对话框中从上到下依次选择“Nodes”“By Location”“Y coordinates”“15”“From Full”，然后单击“OK”按钮。选择模型中 Y 坐标值为 15 的所有节点。

单击 Utility Menu→Parameters→Get Scalar Data，弹出对话框如图 9-6 所示，在左侧列表框内选择“Model data”，在右侧列表框内选择“For selected set”，然后单击“OK”按钮。弹出一个对话框，如图 9-7 所示，在“Name of parameter to be defined”文本框中输入 nod_n(用户自己取名)，在左侧列表框中选择“Current node set”，右侧列表框中选择“No. of nodes”，然后单击“OK”按钮。计算 Y 坐标为 15 的节点个数，并为它们起名 nod_n。

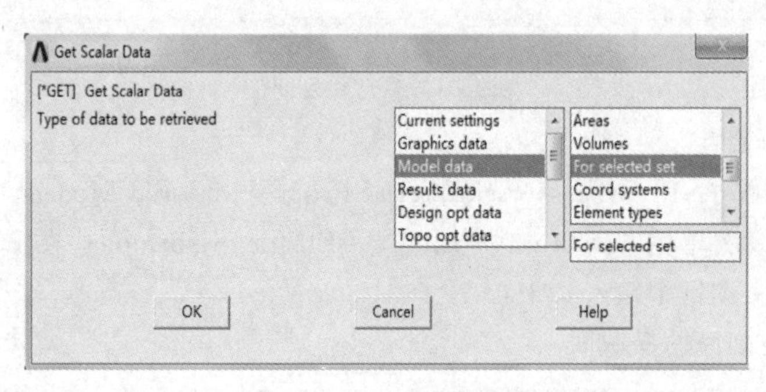

图 9-6　拾取标量参数设置一

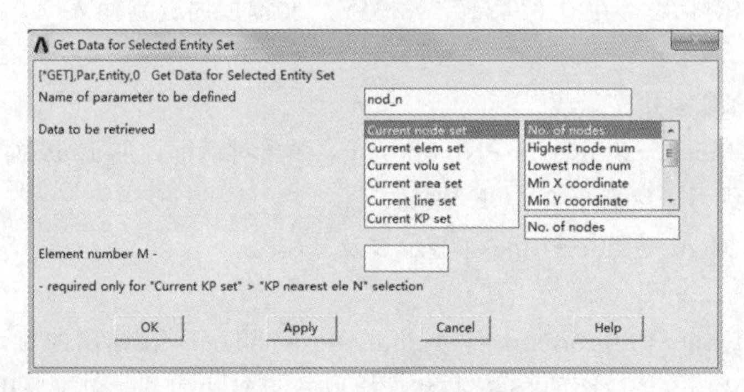

图 9-7　拾取标量参数设置二

单击 Main Menu→Solution→Define Loads→Apply→Structural→Force/ Moment→On Nodes；弹出拾取窗口，单击“Pick All”按钮；弹出对话框，在“Lab”下拉列表框中选择 FY，

在“VALUE”文本框中输入“－37699/nod_n”(37699 由 $2\pi rP$ 计算获得)。

单击 Utility Menu→Select→Everything，选择所有实体。

单击 Main Menu→Solution→Current LS，在弹出的对话框中点击“OK”按钮，求解计算。

(9) 查看最大变形。

单击 Main Menu→General Postproc→Plot Results→Deformed Shape，弹出对话框，在“[PLDISP]”单选框选择“Def＋ underf edge”，即可得到图 9－8。图中虚线为圆筒未受力时形状与位置，实线为受力变形后的形状与位置，从图中左上角文字可知，最大位移变形为 0.761×10^{-6} m。

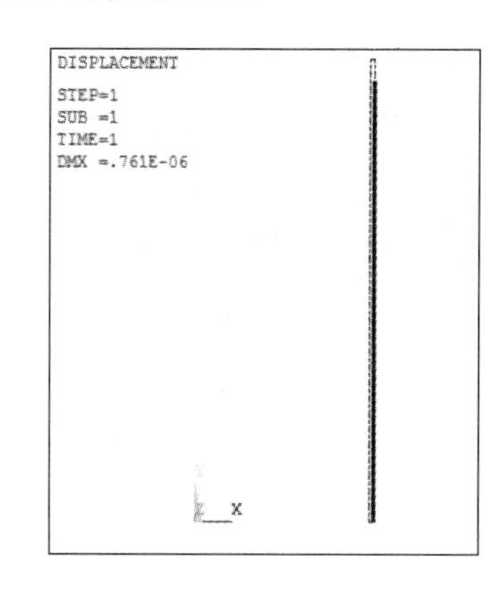

图 9－8　圆筒受力变形图

(10) 查看应力。

单击 Main Menu→General Postproc→Plot Results→Contour Plot→Nodal Solu，在弹出的对话框内选择 Nodal Solution→Stress→Y-Component of stress，可以查看 Y 方向即轴向应力，如图 9－9 所示。同理可以查看 X 方向即径向的应力。

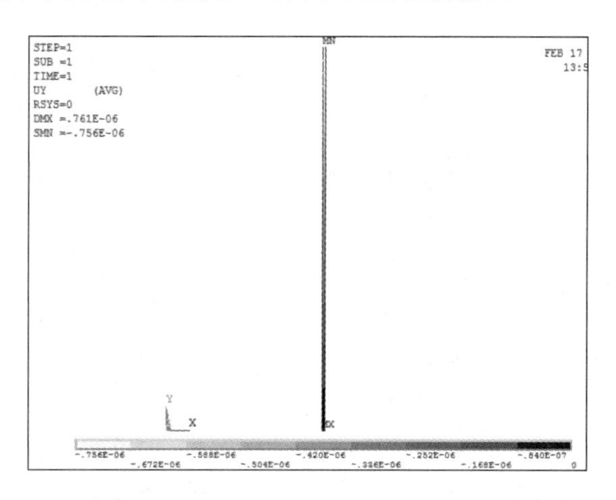

图 9－9　圆筒轴向(Y 轴方向)应力云图

9.3.2　重要知识点

1. 分析轴对称模型时单元的选择

Plane42、Plane182 都可以用于分析轴对称问题，但是必须要进行单元选项设置，即需要把 KeyOpt(3)设置为“Axisymmetric”；而 Shell208、Shell209 本身就是轴对称单元，所以不需要设置就可以直接使用。

2. 轴对称分析模型的扩展

轴对称模型可以通过下面的操作扩展为完整模型：单击 Utility Menu→PlotCtrls→Style→Symmetry Expansion→2D Axis-symmetric，打开对话框，选择“Full Expansion”。本计算实例中，圆筒截面沿轴扩展成完整模型的应力云图如图 9－10 所示。

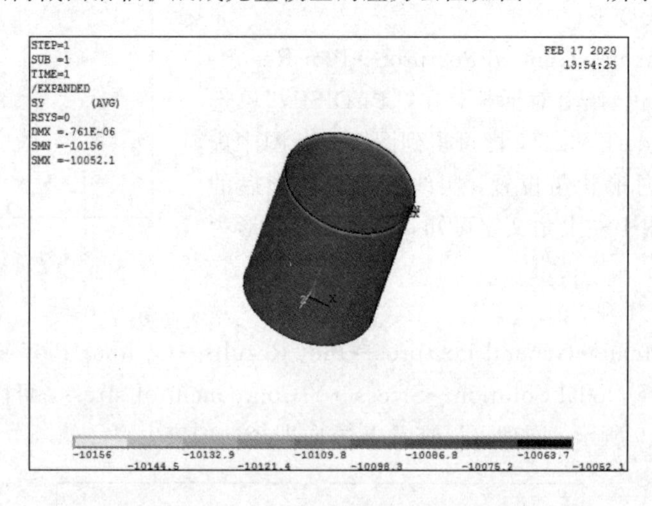

图 9－10 沿轴扩展成完整模型轴向(Y 轴方向)应力云图

3. 使用软件来统计节点数

本例在为圆筒截面矩形上端线段上 4 个节点施加力的时候，先使用软件统计得到节点个数，再赋值给一个标量参数，这种方法对复杂模型特别有用。其一般步骤是，先通过单击 Utility Menu→Select→Entities 选中要统计的实体，再通过单击 Utility Menu→Parameters→Get Scalar Data 将实体的信息保存在指定名字的标量参数之中。如果想查看该数据，单击 Utility Menu→Parameters→Scalar Parameters 即可。

9.3.3 操作命令流

9.3.1 小节的 GUI 操作步骤可用下面的命令流替代：

```
/PREP7
ET, 1, PLANE182
KEYOPT, 1, 1, 0
KEYOPT, 1, 3, 1
KEYOPT, 1, 6, 0
MP, EX, 1, 2e11
MP, PRXY, 1, 0.3
BLC4, 5.9, 0, 0.1, 15
LESIZE, 1, , , 2, , , , , 1
LESIZE, 2, , , 30, , , , , 1
MSHAPE, 0, 2D
MSHKEY, 1
AMESH, all
SAVE
```

```
/SOL
DL，1，，UY，
NSEL，S，LOC，Y，15
*GET，nod_n，NODE，，COUNT
F，all，FY，-12000*3.14/nod_n
ALLSEL
solve
```

9.4　飞轮圆盘离心力分析

计算实例：一轴对称飞轮圆盘，材料为 45，结构尺寸如图 9-11 所示，工作时约束 A 面轴向位移及直径为 20 孔的径向位移，请分析该圆盘以转速为 30000 r/min 工作时，由离心力引起的变形与应力。

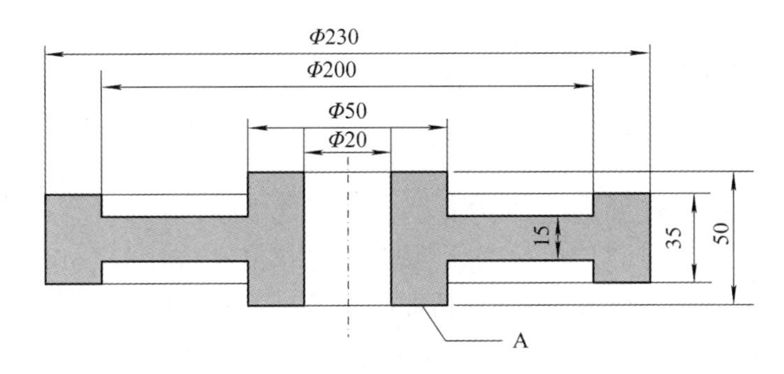

图 9-11　飞轮圆盘剖视图

9.4.1　操作步骤

（1）进入 ANSYS 工作目录，命名文件。

单击 File→Change Jobname，打开“Change Jobname”对话框，在“Enter new jobname”对应的文本框中输入文件名“rotor_sym”，并勾选“New log and error files”选项。

（2）定义单元类型。

单击 Main Menu→Preprocessor→Element Type→Add/Edit/Delete，弹出 Element Types 对话框，单击对话框中的“Add”按钮；在弹出的新对话框左边的滚动框中单击“Solid”，在右边的滚动框中单击选择“Quad 4 node 182”单元，然后单击“OK”按钮；返回上一级对话框，再单击“Options”按钮；弹出对话框，在“K3”下拉列表框中选择“Axisymmetric”，再单击“OK”按钮。

（3）定义材料属性。

单击 Main Menu→Preprocessor→Material Props→Material Models，在弹出的材料模型定义对话框中依次单击 Structural→Linear→Elastic→Isotropic，然后在 EX 文本框中输

入 2E11，在 PRXY 文本框中输入 0.3。再在弹出的材料模型定义对话框中依次单击 Structural→Density，在 DENS 文本框中输入 7800。

(4) 创建飞轮圆盘的横截面。

单击 Main Menu → Preprocessor → Modeling → Create → Areas → Rectangle → By Dimensions，弹出对话框，在"X1""Y1""X2""Y2"文本框内分别输入 0.01、0、0.025、0.05，然后单击 "Apply"按钮；重复操作，在"X1""Y1""X2""Y2"文本框内分别输入0.025、0.0175、0.1、0.0325，再单击 "Apply"按钮；重复操作，在"X1""Y1""X2""Y2"文本框内分别输入 0.1、0.0075、0.115、0.0425，再单击 "OK"按钮。

单击 Main Menu→Preprocessor→Modeling→Operate→Booleans→Add→Areas，弹出拾取对话框，单击"Pick All"按钮，将 3 个矩形合并成为一个平面。

(5) 打开线的编号并显示线。

单击 Utility Menu→PlotCtrls→Numbering，弹出对话框，在"Line"对应的选择框中选择"ON"，打开线的编号，单击 "OK"按钮。

单击 Utility Menu→Plot→Lines，显示线及其编号。

(6) 划分网格。

单击 Main Menu→Preprocessor→Meshing→MeshTool，在弹出的对话框中单击"Size Control"区域中的"Globals"后面的"Set"按钮；在弹出对话框的"SIZE"文本框中输入 0.0025，单击"OK" 按钮。返回上一级对话框，在"Shape"区域中，选择单元形状为"Quad"，划分单元的方式是"Free"，单击"Mesh"按钮，拾取 3 个矩形面。

(7) 施加约束。

单击 Utility Menu→Select→Entities，弹出对话框，从上到下依次选择"Nodes""By Location""X coordinates""0.01""From Full"，然后单击"OK"按钮。选择模型中 X 坐标值为 0.01 的所有节点。

单击 Main Menu→Solution→Define Loads→Apply→Structural→Displacement→On Nodes，单击"Pick All"按钮，再在"Lab2"中选择 UX，然后单击"OK"按钮。约束 X 坐标值为 0.01 的节点的 X 方向(径向)自由度。

单击 Utility Menu→Select→Entities，弹出对话框，从上到下依次选择"Nodes""By Location""Y coordinates""0""From Full"，然后单击"OK"按钮。选择模型中 X 坐标值为 0 的所有节点。

单击 Main Menu→Solution→Define Loads→Apply→Structural→Displacement→On Nodes，单击"Pick All"按钮，再在"Lab2"中选择 UY，然后单击"OK"按钮。约束 Y 坐标值为 0 的节点的 Y 方向(轴向)自由度。

单击 Utility Menu→Select→Everything，选择所有实体。

(8) 定义圆盘转速。

单击 Main Menu→Solution→Define Loads→Apply→Structural→Inertia→Angular Veloc→Global，弹出对话框如图 9-12 所示，在“OMEGY”文本框内输入 3140，然后单击“OK”按钮。注意：圆盘的转速需要定义在全局笛卡尔坐标系；3140 rad/s 是圆盘的旋转角速度(由 2π · 30000/60 计算获得)。

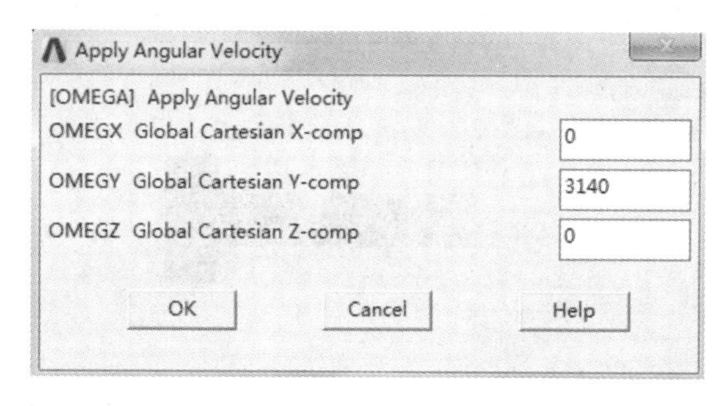

图 9-12 定义圆盘转速

(9) 求解。

单击 Main Menu→Solution→Solve→Current LS，在弹出的对话框中点击“OK”按钮，求解计算。当出现“Solution is done”信息对话框时，说明求解结束，关闭信息对话框。

(10) 查看最大变形。

单击 Main Menu→General Postproc→Plot Results→Deformed Shape，弹出对话框，在“[KUND]”单选框中点选“Def + undeformed”选项，单击“OK”按钮，即可得到图 9-13。图中虚线代表未变形时形状，实线图形为受到离心力作用后的形状，可知最大位移变形为 0.153×10^{-3} m。

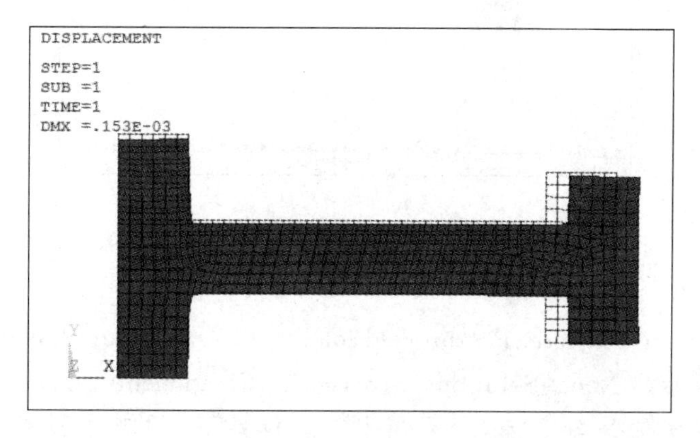

图 9-13 飞轮圆盘变形图

(11) 查看变形云图。

单击 Main Menu→General Postproc→Plot Results→Contour Plot→Nodal Solu，弹出

对话框，继续依次点击 Nodal Solution→DOF Solution→X - Component of displacement，读者会观察到如图 9 - 14 所示圆盘在 X 轴方向(全局笛卡尔坐标系下)的位移云图；再依次点击 Nodal Solution→DOF Solution→Y-Component of displacement，读者会观察到如图 9 - 15所示圆盘在 Y 轴方向的位移云图。

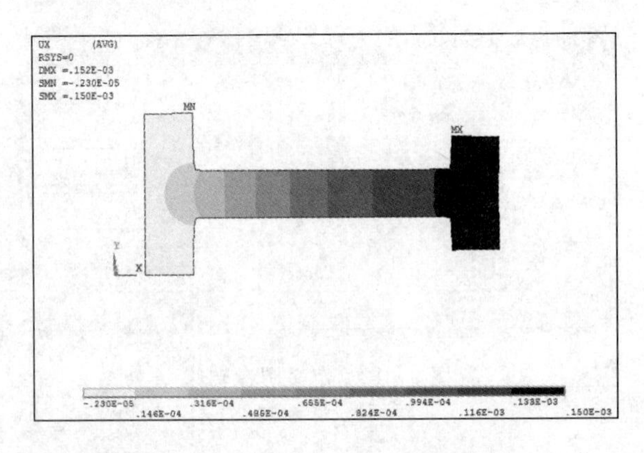

图 9 - 14 飞轮圆盘沿 X 轴方向位移云图

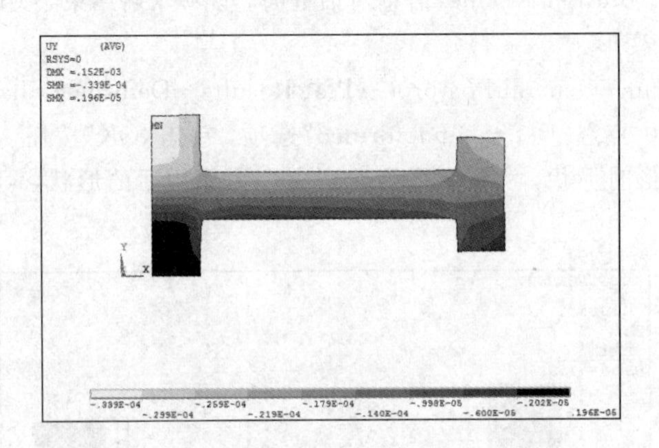

图 9 - 15 飞轮圆盘沿 Y 轴方向位移云图

(12) 查看应力。

单击 Main Menu→General Postproc→Plot Results→Contour Plot→Nodal Solu，弹出对话框，继续依次点击 Nodal Solution→Stress→X - Component of stress，读者会观察到如图 9 - 16 所示圆盘在 X 轴方向(全局笛卡尔坐标系下)的应力云图；依次点击 Nodal Solution→DOF Solution→Y-Component of stress，读者会观察到如图 9 - 17 所示圆盘在 Y 轴方向的应力云图。

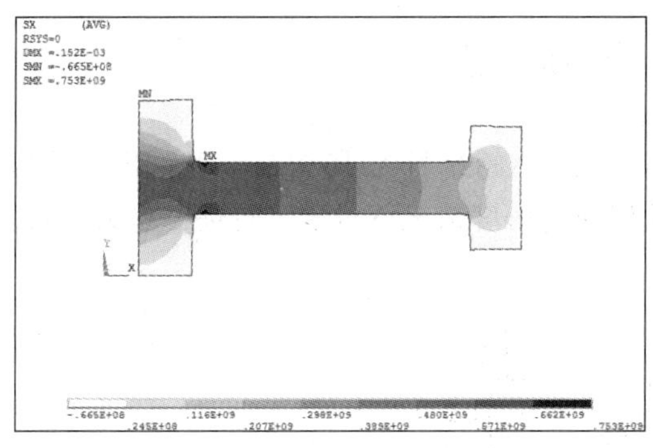

图 9－16　飞轮圆盘 X 轴方向应力云图

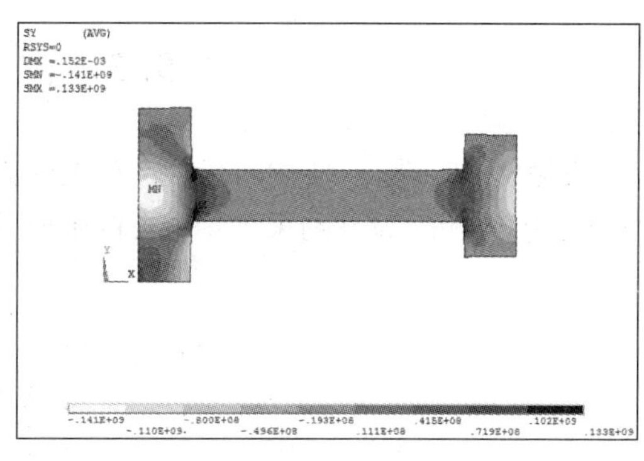

图 9－17　飞轮圆盘 Y 轴方向应力云图

9.4.2　操作命令流

9.4.1 小节的 GUI 操作步骤可用下面的命令流替代：

```
/PREP7
ET, 1, PLANE182
KEYOPT, 1, 1, 0
KEYOPT, 1, 3, 1
KEYOPT, 1, 6, 0

MP, EX, 1, 2e11
MP, PRXY, 1, 0.3
MP, DENS, 1, 7800
RECTNG, 0.01, 0.025,, 0.05,
RECTNG, 0.025, 0.1, 0.0175, 0.0325,
RECTNG, 0.1, 0.115, 0.0075, 0.0425,

AADD, all
/PNUM, LINE, 1
LPLOT
ESIZE, 0.0025, 0,
MSHAPE, 0, 2D
MSHKEY, 0
ASEL, , , ,          4
AMESH, all
FINISH

/SOL
NSEL, S, LOC, X, 0.01
D, all, , , , , , UX, , , , ,
NSEL, S, LOC, Y,
D, all, , , , , , UY, , , , ,
ALLSEL, ALL
OMEGA, 0, 3140, 0,
SOLVE
FINISH
/POST1
PLDISP, 1
PLNSOL, U, X, 0, 1.0
PLNSOL, U, Y, 0, 1.0

PLNSOL, S, X, 0, 1.0
PLNSOL, S, Y, 0, 1.0
SAVE
```

9.5 课后练习

习题 9-1 题 9-1 图所示为一飞轮的截面图，飞轮材料为 45 号钢，飞轮边缘受压力 $P=1$ MPa 作用，试在约束飞轮内孔的轴向及周向自由度情况下对该飞轮进行静力分析。

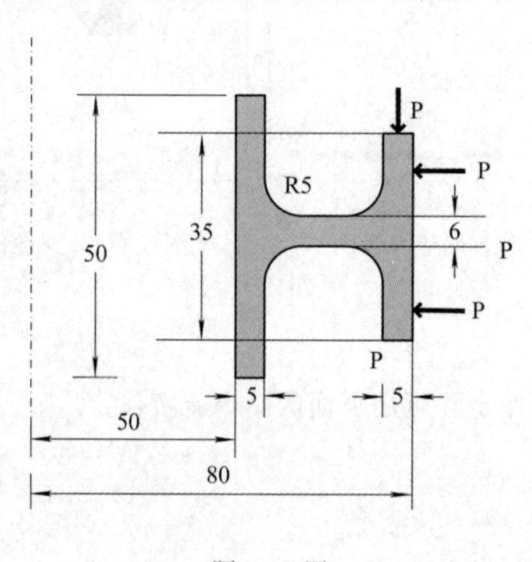

题 9-1 图

第 10 章　圆轴的模态分析

10.1　问 题 描 述

10.1.1　结构动力学简介

结构动力学研究的是结构在随时间变化的载荷作用下的响应问题，需要考虑惯性力和阻尼力的影响。结构动力学认为任意一个多自由度系统都可看做是由弹簧、质量、阻尼组成的系统，其运动微分方程可表示为

$$\boldsymbol{M}\ddot{\boldsymbol{x}} + \boldsymbol{C}\dot{\boldsymbol{x}} + \boldsymbol{K}\boldsymbol{x} = \boldsymbol{F} \tag{10-1}$$

其中 $\boldsymbol{M}$ 表示质量矩阵，$\boldsymbol{K}$ 表示刚度矩阵，$\boldsymbol{C}$ 表示阻尼矩阵，$\boldsymbol{F}$ 代表外加激励力，$\boldsymbol{x}$ 或其速度 $\dot{\boldsymbol{x}}$、加速度 $\ddot{\boldsymbol{x}}$ 称为该振动系统的响应。按公式(10－1)中参数的不同取值可对运动微分方程的分析进行分类：

(1) $\boldsymbol{F}=0$，因为没有了外激励力的干扰，该系统被称为自由振动系统，主要用于研究系统的固有频率及主振型，对应着 ANSYS 软件中的模态分析。

(2) 如果列向量 $\boldsymbol{F}$ 中所有激励力都是时间的正弦或余弦函数，则该系统又被称为简谐振动，对该系统响应的分析对应着 ANSYS 软件中的谐响应分析。

(3) 如果列向量 $\boldsymbol{F}$ 中所有激励力都是时间的非周期函数，则该系统被称为瞬态振动，对其系统响应的分析对应着 ANSYS 软件中的瞬态动力分析。

结构动力学分析还包括谱分析、ANSYS/LS-DYNA 分析，本书暂不讨论。

10.1.2　模态分析

模态分析用来确定某结构的固有频率和主振型，它是工程技术人员在设计一个机器构件前所必须进行的计算，也可作为更详细动力学分析的前奏。

由定义可知，对于 n 个自由度的无阻尼系统，其自由振动运动微分方程可表示为

$$\boldsymbol{M}\ddot{\boldsymbol{x}} + \boldsymbol{K}\boldsymbol{x} = 0 \tag{10-2}$$

运用矩阵理论的知识，求解方程(10－2)可以得到 n 个特征值 λ_i 和 n 个特征向量 $\boldsymbol{u}^{(i)}$ ($i=1, 2, \cdots n$)。动力学中常把特征值进行如下变换：

$$f_i = \frac{1}{2\pi}\sqrt{\lambda_i} \tag{10-3}$$

在结构动力学中分别把 f_i、$\boldsymbol{u}^{(i)}$ 称为系统的第 i 阶模态的固有频率、主振型，它表征了系统的一种基本运动模式，即一种同步运动：当系统按某一阶固有频率做自由振动时，振动是一种简谐振动，此时，任何瞬时各点位移之间具有一定的相对比值，即整个系统具有确定的振动形态，称为主振型。由数学知识可知，对于齐次方程(10－2)而言，其通解是 n 个同步运动的线性组合，其数学表达式为

$$\boldsymbol{x} = \sum_{i=1}^{n} K_i \boldsymbol{u}^{(i)} \cos(2\pi f_i t + \varphi_i) \tag{10-4}$$

f_i、$\boldsymbol{u}^{(i)}$ $(i=1, 2, \cdots n)$由系统参数决定，φ_i、K_i $(i=1, 2, \cdots n)$则是由系统的初始条件决定的。一般来说，n 个自由度系统的自由振动，是 n 个主振型的线性组合，其合成运动往往不再是简谐振动。只有两种情况下系统会按照某一阶固有频率做主振动：① 在特殊的初始条件下的自由振动；② 当简谐激励力的频率与某一阶固有频率相同时系统发生共振，共振时的振型就是与固有频率相对应的主振型。

ANSYS 软件的模态分析就是求解结构系统的固有频率 f_i、主振型 $\boldsymbol{u}^{(i)}$ $(i=1, 2, \cdots n)$。ANSYS 软件的模态分析共提供了 7 种方法，即分块兰索斯法、子空间迭代法、缩减法、PowerDynamic 法、非对称法、阻尼法、QR 阻尼法，默认是分块兰索斯法。一般来说，模态分析过程由 4 个主要步骤组成：

1. 建模

建模基本上与静力分析相同，主要有定义单元类型、单元实常数、材料性能、实体模型、有限元模型等。但需要注意两点：① 模态分析是线性分析，单元的所有非线性特征都将被忽略掉；② 必须定义材料的弹性模量和密度。

2. 加载与求解

加载与求解的过程为：定义分析类型，定义载荷和边界条件，定义加载过程和定义求解选项，然后进行固有频率的求解。模态分析对有限元模型的约束不是必须的，不约束也可求解。

3. 模态扩展

在模态分析中，“扩展”的意思是将振型写入结果文件。因此，如果想在后处理中观察到振型，必须进行模态扩展。模态扩展可以通过两个途径实现：一种是求解前使用 MXPAND 命令设置模态扩展参数，再进行求解；另一种是求解完成后，用 MXPAND 命令设置模态扩展参数，然后再次求解获得。

4. 查看结果

模态分析的结果(包括固有频率、振型、相对应力分布)被写入结果文件中。查看各阶模态的结果，可用 SET 设置载荷步，用 PLDISP 观察振型。

计算实例：如图 10－1 所示，有一长度 $L=2$ m，直径 $D=0.2$ m 的等截面圆轴，两端支承在滚动轴承之上。已知杆材料的弹性模量 $E=2.11\times10^{11}$ N/m²，密度为 7850 kg/m³，请对该轴横向弯曲振动模态进行分析。

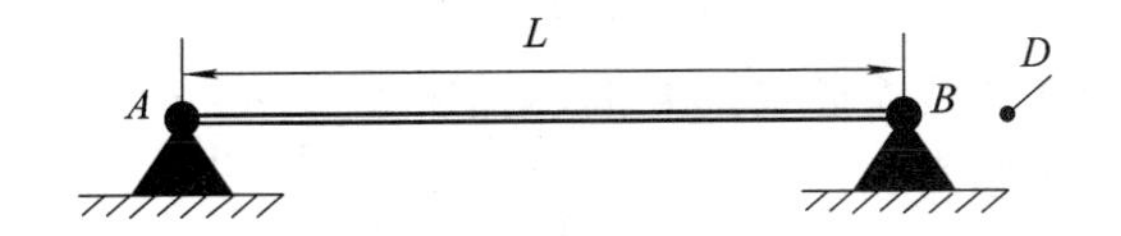

图 10－1　简支梁的模态分析

采用动力学中的集中质量法，即把圆轴的质量集中到若干点上，求其自由振动的固有频率，可以得到前三阶固有频率分别为

$$f_{n1}=1.57\sqrt{\frac{EI}{mL^3}},\quad f_{n2}=6.24\sqrt{\frac{EI}{mL^3}},\quad f_{n3}=13.25\sqrt{\frac{EI}{mL^3}} \qquad (10-5)$$

式中 I 为轴横截面对中性轴的惯性矩，$I=\pi D^3/32=7.85\times10^{-5}$ m⁴，经计算得到前三阶固有频率分别为

$$f_{n1}=99.1\ \text{Hz},\quad f_{n2}=393.7\ \text{Hz},\quad f_{n3}=835.9\ \text{Hz}$$

10.2　采用固定支承建模

10.2.1　操作步骤

（1）进入 ANSYS 工作目录，命名文件。

单击 File → Change Jobname，打开“Change Jobname”对话框，在“Enter new jobname”对应的文本框中输入文件名“sim_beam_1”，并勾选“New log and error files”选项。

（2）定义参数。

单击 Utility Menu → Parameters → Scalar Parameters，弹出对话框如图 10－2 所示，在“Seletion”文本框内填写“L＝2”，单击“Accept”按钮；重复操作，分别再输入“D＝0.2”“E1＝211e9”、“rou＝7850”。

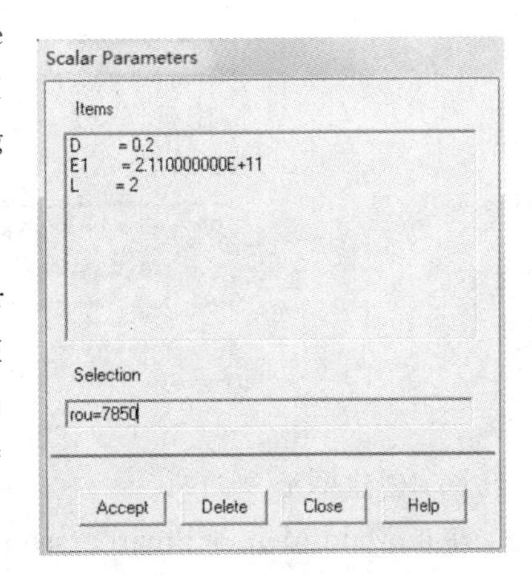

图 10－2　设置变量参数

（3）定义单元类型。

单击 Main Menu→Preprocessor→Element Type→Add/Edit/Delete，弹出 Element Types 对话框，单

击对话框中的“Add”按钮；在弹出的新对话框左边下拉列表框中选择“Beam”，在右边的单选框中选择“2 node 188”(即 Beam188)单元，再单击“OK”按钮。

(4) 定义梁的横截面及材料属性。

单击 Main Menu→Preprocessor→Sections→Beam→Common Sections，在弹出的对话框内选择“Sub-Type”为圆形截面形状，在“R”文本框内输入 D/2，在“N”文本框内输入 10，在“T”文本框内输入 5，然后单击“OK”按钮。

单击 Main Menu→Preprocessor→Material Props→Material Models，在弹出的材料模型定义对话框中依次单击 Structural→Linear→Elastic→Isotropic，在“EX”文本框中输入 E1，在“PRXY”文本框中输入 0.3；在弹出的材料模型定义对话框中依次单击 Structural→Density，在“DENS”文本框中输入 rou。

(5) 创建节点。

单击 Main Menu→Preprocessor→Modeling→Create→Nodes→In Active CS，弹出对话框，在“NODE”文本框内输入 1，在“X、Y、Z”文本框内输入“0，0，0”，单击“Apply”按钮；再次在“NODE”文本框内输入 21，在“X、Y、Z”文本框内输入“0，0，L”。

单击 Main Menu→Preprocessor→Modeling→Create→Nodes→Fill between Nds，弹出拾取对话框，用鼠标点选刚创建的节点 1 和节点 21，单击“OK”按钮；再次弹出对话框，如图 10－3 所示，检查文本框“NODE1，NODE2”“NFILL”是否为“1，21”“19”，如正确则单击“OK”按钮，这样就在节点 1 和节点 21 之间填充了 19 个均匀分布的节点。

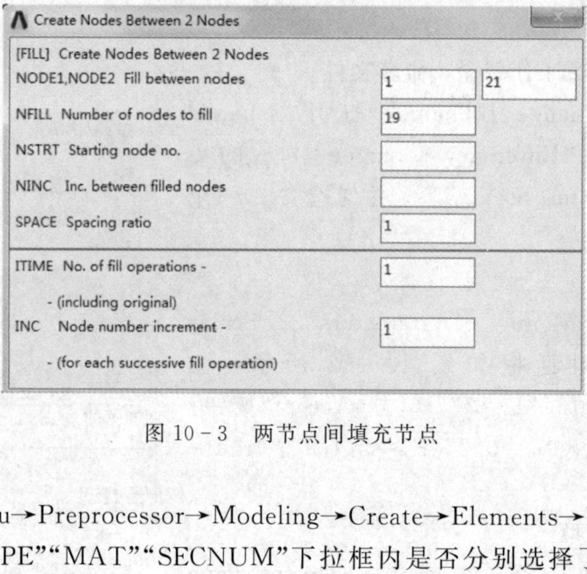

Create Nodes Between 2 Nodes
[FILL] Create Nodes Between 2 Nodes
NODE1,NODE2 Fill between nodes　1　21
NFILL Number of nodes to fill　19
NSTRT Starting node no.
NINC Inc. between filled nodes
SPACE Spacing ratio　1
ITIME No. of fill operations -　1
- (including original)
INC Node number increment -　1
- (for each successive fill operation)

图 10－3　两节点间填充节点

(6) 创建单元。

单击 Main Menu→Preprocessor→Modeling→Create→Elements→Elem Attributes，弹出对话框，检查“TYPE”“MAT”“SECNUM”下拉框内是否分别选择了“1 BEAM188”“1”“1”，如正确则单击“OK”按钮确定。

单击 Main Menu→Preprocessor→Modeling→Create→Elements→Auto Numbered→Thru Nodes，弹出拾取对话框，用鼠标拾取节点 1 和节点 2，单击“OK”按钮，创建一个单元。

单击 Main Menu→Preprocessor→Modeling→Copy→Elements→Auto Numbered，弹出拾取对话框，拾取上一步创建的单元；随后弹出的对话框如图 10－4 所示，在“ITIME”文本框内输入 20，在“NINC”文本框内保持默认值 1，再单击“OK”按钮，复制 20 个相同的单元。

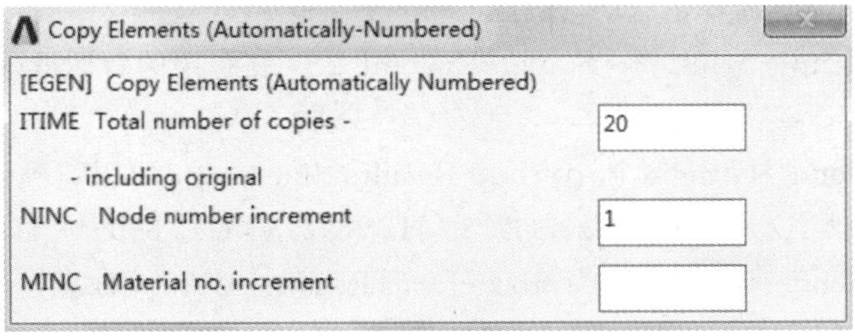

Copy Elements (Automatically-Numbered)

[EGEN] Copy Elements (Automatically Numbered)

ITIME Total number of copies - 20

- including original

NINC Node number increment 1

MINC Material no. increment

图 10－4　复制单元

（7）设置模态分析参数。

单击 Main Menu→Solution→Analysis Type→New Analysis，弹出对话框，选择“Type of Analysis”为“Modal”，然后单击“OK”按钮。

单击 Main Menu→Preprocessor→Solution→Analysis Type→Analysis Options，弹出对话框，在“No. of modes to extract”文本框内输入 6，在“No. of modes to expand”文本框内输入 6，再单击“OK”按钮。随后弹出的对话框要求填写求解固有频率范围，因为已经填写计算前 6 阶固有频率，此处可以不必填写，直接单击“OK”按钮，如图 10－5 所示。

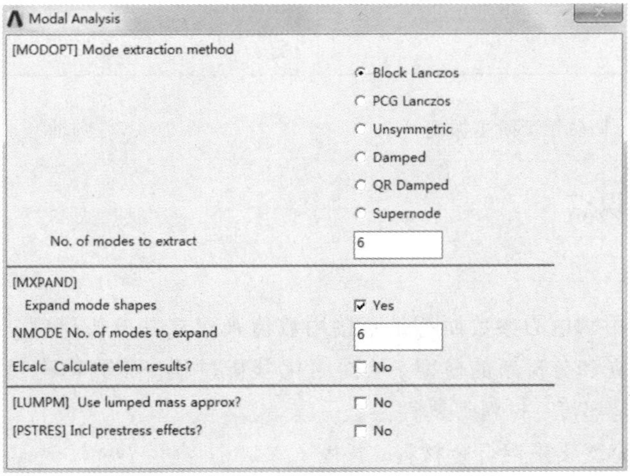

Modal Analysis

[MODOPT] Mode extraction method

Block Lanczos

PCG Lanczos

Unsymmetric

Damped

QR Damped

Supernode

No. of modes to extract 6

[MXPAND]

Expand mode shapes Yes

NMODE No. of modes to expand 6

Elcalc Calculate elem results? No

[LUMPM] Use lumped mass approx? No

[PSTRES] Incl prestress effects? No

图 10－5　模态分析参数设置

(8) 施加约束并求解。

单击 Main Menu→Solution→Define Loads→Apply→Structural→Displacement→On Nodes，弹出拾取对话框，然后单击“Pick All”按钮，在随后弹出的对话框的“Lab2”列表框内选择 UZ、ROTZ，单击“Apply”按钮；再次弹出拾取窗口，选择节点 1，在“Lab2”列表框内选择 UX、UY，然后单击“Apply”按钮；再次弹出拾取窗口，选择节点 21，在“Lab2”列表框内选择 UX、UY，然后单击“OK”按钮。

单击 Main Menu→Solution→Solve→Current LS，在弹出的对话框中点击“OK”按钮。

(9) 查看结果。

单击 Main Menu→General Postproc→Results Summary，可以看到计算的前 6 阶固有频率分别为 100.82 Hz、100.82 Hz、392.80 Hz、392.80 Hz、850.11 Hz、850.11 Hz。

单击 Main Menu→General Postproc→Read Results→First Set，读取 1 阶模态结果。

单击 Utility Menu→PlotCtrols→Animate→Mode Shape，可以查看转轴的 1 阶主振型。

单击 Main Menu→General Postproc→Read Results→Next Set，再单击 Utility Menu→PlotCtrols→Animate→Mode Shape，依次可以查看其余各阶模态主振型。圆轴的 2 阶、4 阶主振型分别见图 10-6 及图 10-7。

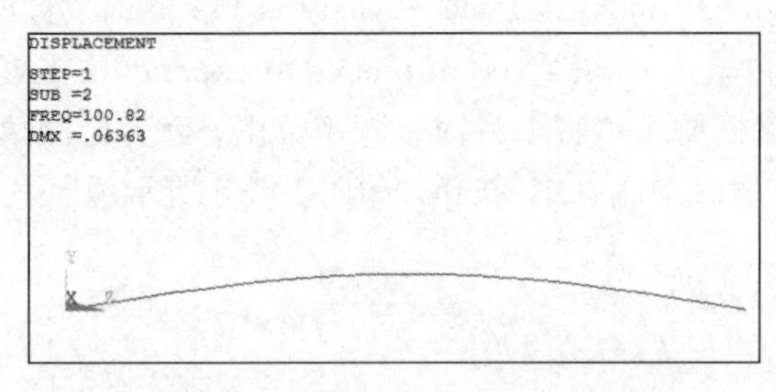

图 10-6　圆轴第 2 阶主振型

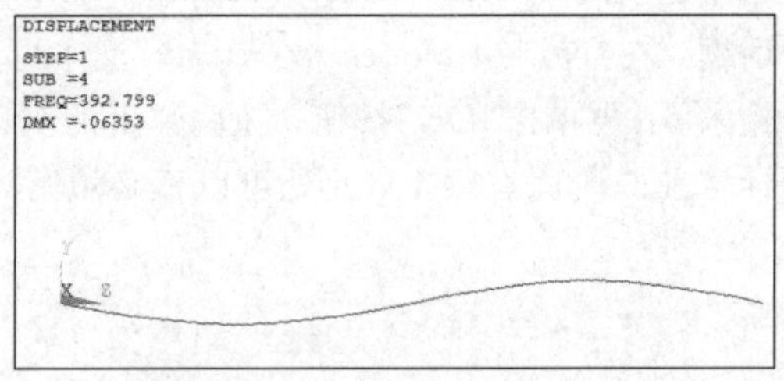

图 10-7　圆轴第 4 阶主振型

10.2.2　重要知识点

1. 参数化建模

参数化建模使用赋值的参数而不是直接用数值来建立并分析模型，用户通过改变模型中的参数值就能建立和分析新的模型，从而简化分析过程。参数化建模的参数不仅可以是几何参数，也可以是温度、材料等属性参数。

本实例中，如简支梁是铝合金材料，长度 $L=1$ m，直径 $D=0.5$ m，弹性模量 $E=72\times 10^9$ N/m^2，密度为 2700 kg/m^3，只需要在命令流中给 L、D、E1、rou 赋新值，并运行命令流，即可得到前 6 阶固有频率（809.26 Hz ，809.26 Hz，2312.3 Hz，2312.3 Hz，

3773.9 Hz，3773.9 Hz)。

2. 固有频率计算出现重复的原因

本实例前 6 阶固有频率值为 100.82 Hz、100.82 Hz、392.80 Hz、392.80 Hz、850.11 Hz、850.11 Hz，观察发现 1 阶和 2 阶、3 阶和 4 阶、5 阶和 6 阶完全相同，其原因是计算结果建立在 OXYZ 笛卡尔直角坐标系，简支梁形状是关于 Z 轴对称的，故在 XOZ、YOZ 平面的两个振动完全相同，固有频率也相同。用户可以通过依次单击 Main Menu→General Postproc→Read Results→Next Set，再单击 Utility Menu→PlotCtrols→Animate→Mode Shape，观察第 1 阶和第 2 阶的主振型，就会发现 1 阶振型发生在 XOZ 平面内，而 2 阶振型发生在 YOZ 平面内，振型完全相同只是方向不同而已。

3. 为什么要约束所有节点的"UZ、ROTZ"自由度

因为本例研究的是圆轴弯曲振动的固有频率，约束 UZ 可以避免软件求解圆轴轴向振动的固有频率。同理，约束 ROTZ 是为了避免软件求解圆轴扭转振动的固有频率。

10.2.3　操作命令流

10.2.1 小节的 GUI 操作步骤可用下面的命令流替代：

```
*SET, L, 2
*SET, D, 0.2
*SET, E1, 211e9
*SET, rou, 7850

/PREP7
ET, 1, BEAM188
MP, EX, 1, E1
MP, PRXY, 1, 0.3
MP, DENS, 1, rou
SECTYPE, 1, BEAM, CSOLID, , 0
SECOFFSET, CENT
SECDATA, D/2, 10, 5, 0, 0, 0, 0, 0,
0, 0, 0, 0

N, ,,,,,,,
N, 21,,, L,,,,
FILL, 1, 21, 19, , , 1, 1, 1,
E, 1, 2
EGEN, 20, 1, 1, , , , , , , , , , ,
FINISH

/SOL
ANTYPE, MODAL
MODOPT, LANB, 6
MXPAND, 6, , , 0

D, ALL, , , , , , UZ, ROTZ, , , ,
D, 1, , , , , , UX, UY, , , ,
D, 21, , , , , , UX, UY, , , ,
solve

/POST1
SET, LIST
SET, FIRST
PLDI, ,
ANMODE, 6, 0.4, , 0

SET, NEXT
PLDI, ,
```

ANMODE, 6, 0.4, , 0

10.3 采用弹性支承建模

10.2 节在建立圆轴动力学模型时，把轴两端滚动轴承支承简化为固定支承，即认为两端轴承在 UX、UY 方向的支承刚度是无穷大的，这显然与实际工况不同。为了更接近实际工况，人们常用 ANSYS 软件中的 Combination 单元模拟轴承，来实现柔性支承的目的。可以预测，由于从刚性支承变为了柔性支承，圆轴的固有频率会有所下降。下面就通过实例计算来验证一下(设轴承的支承刚度为 5×10^7 N/m)。

10.3.1 操作步骤

(1) 进入 ANSYS 工作目录，命名文件。

单击 File→Change Jobname，打开“Change Jobname”对话框，在“Enter new jobname”对应的文本框中输入文件名“sim_beam_2”，并勾选“New log and error files”选项。

(2) 定义单元类型。

单击 Main Menu→Preprocessor→Element Type→Add/Edit/Delete，弹出 Element Types 对话框，单击对话框中的“Add”按钮；在弹出的新对话框左边的下拉列表框中选择“Beam”，在右边的单选框中选择“2 node 188”(即 Beam188)单元，然后单击“Apply”按钮；再次在左边下拉列表框内选择“Combination”，在右边列表框中选择“2D Bearing 214”(即 Combi214)单元，然后单击“OK”按钮。

(3) 定义梁的横截面及材料属性。

单击 Main Menu→Preprocessor→Sections→Beam→Common Sections，在弹出的对话框内选择“Sub-Type”为圆形截面形状，在“R”文本框内输入 0.1，在“N”文本框内输入 10，在“T”文本框内输入 5，然后单击“OK”按钮。

单击 Main Menu→Preprocessor→Material Props→Material Models，在弹出的材料模型定义对话框中依次单击 Structural→Linear→Elastic→Isotropic，在 EX 文本框中输入 2.11e11，在 PRXY 文本框中输入 0.3；在弹出的材料模型定义对话框中依次单击 Structural→Density，在 DENS 文本框中输入 7850。

(4) 定义弹簧刚度。

单击 Main Menu→Preprocessor→Real Constants→Add/Edit/Delete，在弹出的对话框内单击“Add”按钮，在弹出的列表框内单击选择“Type 2 COMBIN214”，再单击“OK”按钮。再次弹出一个对话框，如图 10－8 所示，在“Stiffness coefficients K11”“Stiffness coefficients K22”文本框内分别填写 5e7、5e7，然后单击“OK”按钮。

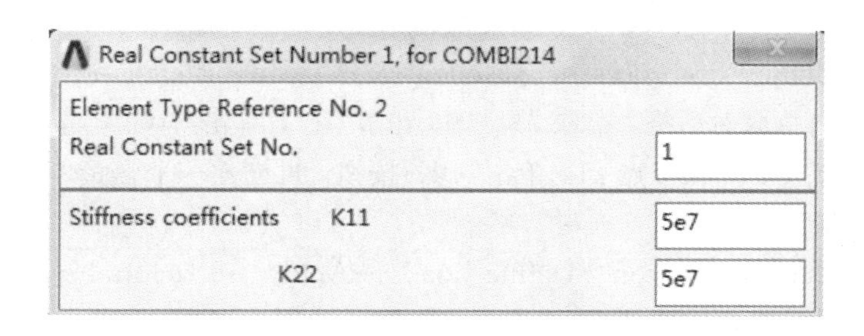

图 10-8　轴承支承刚度设置

(5) 创建轴单元模型。

单击 Main Menu→Preprocessor→Modeling→Create→Nodes→In Active CS，弹出对话框，在“NODE”文本框内输入 1，在“X、Y、Z”文本框内输入“0，0，0”，单击“Apply”按钮；再次在“NODE”文本框内输入 21，在“X、Y、Z”文本框内输入“0，0，2”，然后单击“OK”按钮。

单击 Main Menu→Preprocessor→Modeling→Create→Nodes→Fill between Nds，弹出拾取对话框，用鼠标点选刚刚创建的节点 1 和节点 21，单击“OK”按钮；再次弹出对话框，检查文本框“NODE1，NODE2”“NFILL”是否为“1，21”“19”，如正确则单击按钮“OK”按钮，这样就在节点 1 和节点 21 之间填充了 19 个均匀分布的节点。

单击 Main Menu→Preprocessor→Modeling→Create→Elements→Elem Attributes，弹出对话框，检查“TYPE”“MAT”“SECNUM”下拉框内是否分别选择了“1 BEAM188”“1”“1”，如正确则单击“OK”按钮确定。

单击 Main Menu→Preprocessor→Modeling→Create→Elements→Auto Numbered→Thru Nodes，弹出拾取对话框，用鼠标拾取节点 1 和节点 2，然后单击“OK”按钮，创建一个单元。

单击 Main Menu→Preprocessor→Modeling→Copy→Elements→Auto Numbered，弹出对话框，拾取上一步创建的单元；随后在弹出的对话框的“ITIME”文本框内输入 20，在“NINC”文本框内保持默认值 1，单击“OK”按钮。复制 20 个单元。

(6) 创建轴承单元模型。

单击 Main Menu→Preprocessor→Modeling→Create→Nodes→In Active CS，弹出对话框，在“NODE”文本框内输入 500，在“X、Y、Z”文本框内输入“0，0.1，0”，单击“Apply”按钮；再次在“NODE”文本框内输入 501，在“X、Y、Z”文本框内输入“0，0.1，2”，单击“OK”按钮。

单击 Main Menu→Preprocessor→Modeling→Create→Elements→Elem Attributes，弹出对话框，检查“TYPE”“MAT”“REAL”“SECNUM”下拉框内是否分别选择了

"2 COMBI214""1""1""No Section"，如正确则单击"OK"按钮确定。

单击 Main Menu→Preprocessor→Modeling→Create→Elements→Auto Numbered→Thru Nodes，弹出拾取对话框，拾取节点 500 和节点 1，单击"Apply"按钮，创建一个弹簧单元；再次拾取节点 501 和节点 21，单击"OK"按钮，再创建一个弹簧单元。

(7) 对弹簧施加约束。

单击 Main Menu→Solution→Define Loads→Apply→Structural→Displacement→On Nodes，弹出拾取对话框，选择节点 500，在弹出对话框的"Lab2"列表框内选择"ALL DOF"，然后单击"Apply"按钮；再次弹出拾取窗口，选择节点 501；在弹出对话框的"Lab2"列表框内选择"ALL DOF"，再单击"Apply"按钮；再次弹出拾取窗口，选择"Pick All"按钮，随后在"Lab2"列表框内选择"UZ、ROTZ"，单击"OK"按钮。

(8) 设置模态分析参数并求解。

单击 Main Menu→Solution→Analysis Type→New Analysis，弹出对话框，选择"Type of Analysis"为"Modal"，然后单击"OK"按钮。

单击 Main Menu→Preprocessor→Solution→Analysis Type→Analysis Options，弹出对话框，在"No. of modes to extract"文本框内输入 10，在"No. of modes to expand"文本框内输入 10，单击"OK"按钮。随后弹出的对话框要求填写求解固有频率范围，因为已经填写计算前 10 阶固有频率，此处可以不必填写，直接单击"OK"按钮。

单击 Main Menu→Solution→Solve→Current LS，在弹出的对话框中点击"OK"按钮。

(9) 查看结果。

单击 Main Menu→General Postproc→Results Summary，可以看到计算的前 10 阶固有频率分别为 59.78 Hz、59.78 Hz、120.02 Hz、120.2 Hz、268.00 Hz、268.00 Hz、616.06 Hz、616.06 Hz、1133.3 Hz、1133.3 Hz。如图 10-9～图 10-12 所示，第 2 阶振型对应着 10.2 节中的 2 阶振型，不过此时的振型是平动与弯曲振动的合成；第 4 阶振型是弹性支承带来的，10.2 节中没有对应的振型；第 6 阶振型对应着 10.2 节中的 4 阶振型；而第 10 阶振型对应着 10.2 节中的第 6 阶振型。感兴趣的读者可以计算验证一下。

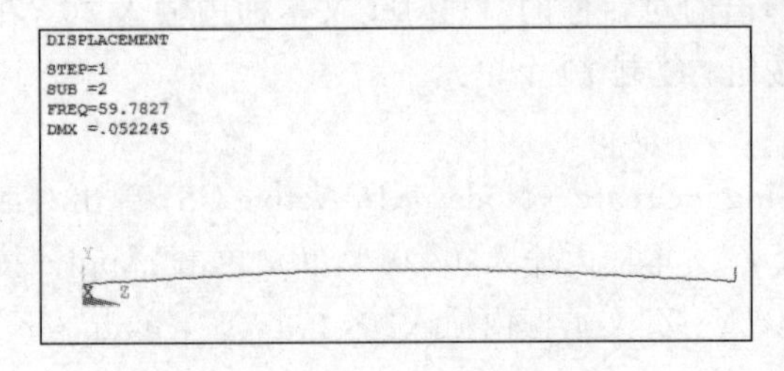

图 10-9　圆轴第 2 阶主振型

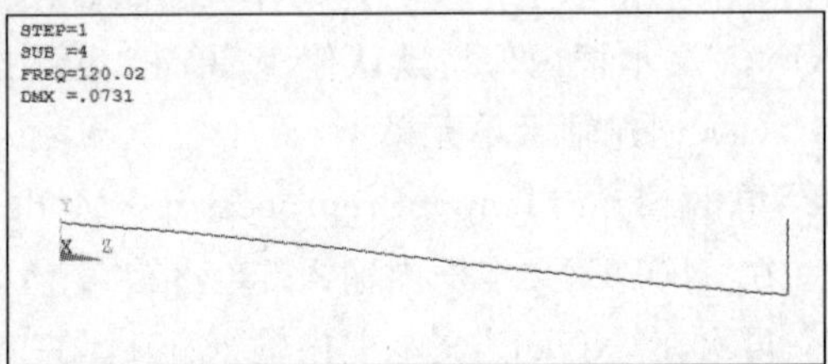

图 10-10　圆轴第 4 阶主振型

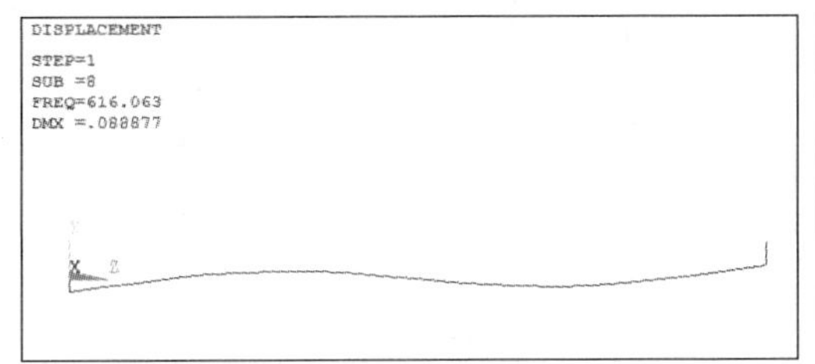

图 10－11　圆轴第 6 阶主振型

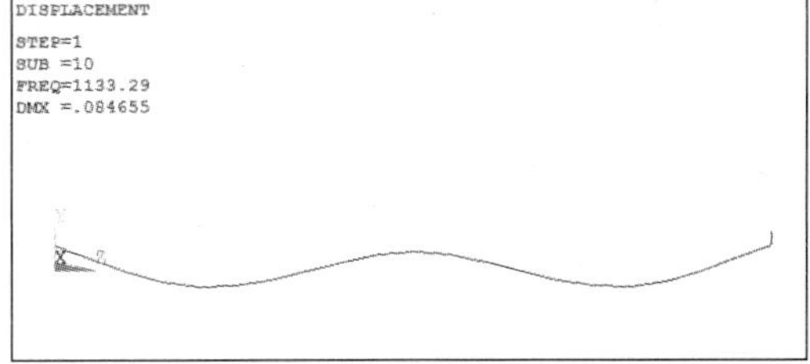

图 10－12　圆轴第 10 阶主振型

10.3.2　重要知识点

1. 多种类型参数情况下划分网格或创建单元

当计算的实体模型有两种或两种以上的单元类型、材料属性、实常数、截面参数时，在划分网格前需依次单击 Main Menu→Preprocessor→Meshing→Mesh Attributes→Default Attribs，正确设置要划分网格的模型参数后再进行网格划分。如果是直接创建单元，则需要依次单击 Main Menu→Preprocessor→Modeling→Create→Element→Elem Attributes，正确设置要创建的单元参数后再创建单元。

2. 操作小技巧

由于 ANSYS 软件没有“撤销”命令键，操作者可以通过操作小技巧来实现类似撤销键的功能。如图 10－13 所示，在“Toolbar”上单击“SAVE_DB”(保存文件当前状态)，当操作出现错误时或用户想恢复到保存文件时的状态，可在“Toolbar”上单击“RESUM_DB”，就可恢复保存前的文件状态。

图 10－13　工具箱使用技巧

10.3.3　操作命令流

10.3.1 小节的 GUI 操作步骤可用下面的命令流替代：

```
/PREP7
ET, 1, BEAM188
ET, 2, COMBI214
R, 1, 5e7, 5e7, , , , ,
MP, EX, 1, 211e9
MP, PRXY, 1, 0.3
MP, DENS, 1, 7850
SECTYPE, 1, BEAM, CSOLID, , 0
```

```
SECOFFSET, CENT
SECDATA, 0.1, 10, 5, 0, 0, 0, 0, 0, 0,
0, 0, 0

N, ,,,,,,,
N, 21,,, 2,,,,
FILL, 1, 21, 19, , , 1, 1, 1,

TYPE,    1
MAT,        1
REAL,        1
ESYS,        0
SECNUM,    1
TSHAP, LINE
E, 1, 2
EGEN, 20, 1, 1
SAVE

N, 500,, 0.1, 0,,,,
N, 501,, 0.1, 2,,,,
TYPE,    2
MAT,        1
REAL,        1
ESYS,        0
SECNUM, ,
TSHAP, LINE
E, 500, 1
E, 501, 21
/SOL
D, 500, , , , , , ALL, , , , ,
D, 501, , , , , , ALL, , , , ,
D, all, , , , , , UZ, ROTZ, , , ,

ANTYPE, 2
MODOPT, LANB, 10
EQSLV, SPAR
MXPAND, 10, , , 0
LUMPM, 0
PSTRES, 0
solve

/POST1
SET, LIST
```

10.4 课后练习

习题 10-1　有一长度 $L=5$ m、直径 $D=0.5$ m 的等截面圆轴，两端支承在滚动轴承之上，如题 10-1 图所示。已知杆材料的弹性模量 $E=2.11\times10^{11}$ N/m^2，密度为 7850 kg/m^3。请使用 Solid186 单元对其前 10 阶横向弯曲振动模态进行分析。

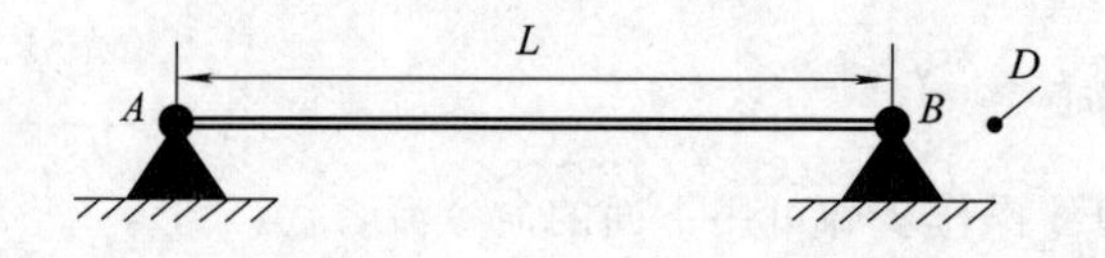

题 10-1 图

习题 10-2　设题 10-2 图所示圆盘的材料为 45 号钢，请在约束 Φ50 内孔的周向及轴向自由度的情况下，分析其前 10 阶模态。

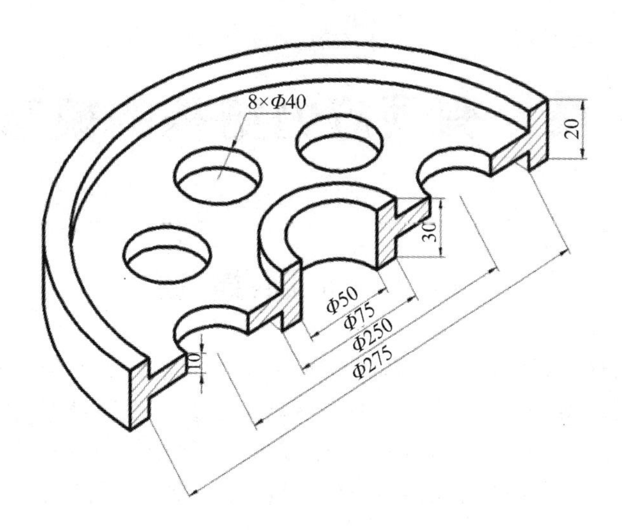

题 10-2 图

第 11 章　有预应力结构的模态分析

11.1　问 题 描 述

有预应力结构的模态分析用于计算有预应力结构的固有频率和主振型，比较典型的例子有高速旋转的转子、轮盘或光盘(工作时会受到离心力的作用)以及在张紧力作用下的梁或琴弦。因为有预应力的作用，使得结构的刚度发生了变化，其模态与未受力时相比已经发生了变化。有预应力结构的模态分析的基本过程及重要知识点如下：

(1) 进行静力分析。

先进行静力分析，求解前打开预应力效应开关(命令 pstres，on)，这样在静力分析结束后系统会将静力分析数据保存到 Jobname. EMAT 和 Jobname. ESAV 两个文件之中。

(2) 重新进入求解器并获取模态分析解。

重新进入求解器进行模态分析，再次打开预应力效应开关(命令 pstres，on)，在模态分析计算前系统从 Jobname. EMAT 和 Jobname. ESAV 文件中读取静力分析数据，并用于模态分析。最后，设置模态分析参数，进行求解。

计算实例：图 11－1 所示为一支承梁，截面积为矩形(尺寸为 0. 1 m×0. 06 m)，长度为 4 m，材料为 Q235－A。设支承梁受到一个大小为 10000 N 的张紧力作用，请分析其前 5 阶模态特性。

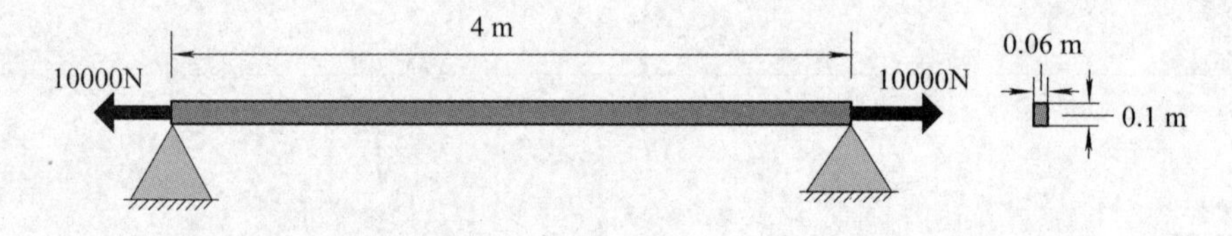

图 11－1　支承梁结构受力图

11.2　考虑预紧力影响的模态分析

11.2.1　操作步骤

(1) 进入 ANSYS 工作目录，命名文件。

单击 File→Change Jobname，打开“Change Jobname”对话框，在“Enter new jobname”对应的文本框中输入文件名“bearing_beam_1”，并勾选“New log and error files”选项。

（2）定义单元类型。

单击 Main Menu→Preprocessor→Element Type→Add/Edit/Delete，弹出 Element Types 对话框，单击对话框中的“Add”按钮；在弹出的新对话框左边的下拉列表框中选择“Beam”，在右边的单选框中选择“2 node 188”(即 Beam188)单元，然后单击“OK”按钮。

（3）定义梁的横截面及材料属性。

单击 Main Menu→Preprocessor→Sections→Beam→Common Sections，在弹出的对话框中选择“Sub-Type”为实体矩形截面形状，在“B”文本框中输入 0.06，在“H”文本框中输入 0.1，在“Nb”文本框中输入 6，在“Nh”文本框中输入 10，然后单击“OK”按钮。

单击 Main Menu→Preprocessor→Material Props→Material Models，在弹出的材料模型定义对话框中依次单击 Structural→Linear→Elastic→Isotropic，在 EX 文本框中输入 2E11，在 PRXY 文本框中输入 0.3；在弹出的材料模型定义对话框中依次单击 Structural→Density，在 DENS 文本框中输入 7800。

（4）创建关键点、线及划分单元。

单击 Main Menu→Preprocessor→Modeling→Create→Keypoints→In Active CS，在弹出对话框的“NPT”文本框中输入 1，在“X、Y、Z”文本框中输入“0，0，0”，然后单击“Apply”按钮；再次在“NPT”文本框中输入 2，在“X、Y、Z”文本框中输入“4，0，0”。

单击 Main Menu→Preprocessor→Modeling→Create→Lines→Lines→Straight Line，弹出拾取对话框，用鼠标单击连接关键点 1 和关键点 2，创建一条直线，然后单击“OK”按钮。

单击 Main Menu→Preprocessor→Meshing→MeshTool，在弹出的对话框中单击“Size Control”中“Lines”后面的“Set”按钮，弹出对话框，拾取直线，单击“OK”按钮；在弹出对话框的“NDIV”文本框中输入 50；返回上一级对话框，单击“MeshTool”对话框中的“Mesh”按钮，拾取直线后单击“OK”按钮。

（5）施加约束及预应力。

单击 Main Menu→Solution→Define Loads→Apply→Structural→Displacement→On Keypoints，弹出拾取对话框，选择关键点 1；在随后弹出的对话框的“Lab2”列表框中选择 ALL DOF，单击“Apply”按钮；再次弹出拾取对话框，选择关键点 2，随后在“Lab2”列表框中选择“UY、UZ”，然后单击“OK”按钮。

单击 Main Menu→Solution→Define Loads→Apply→Structural→Force/Moment→ON Keypoints，弹出拾取对话框，用鼠标点选关键点 2；在弹出对话框的“Lab”下拉列表框中选择 FX，在“VALUE”文本框中输入 10000，再单击“OK”按钮。

（6）打开预应力效果开关并求解。

单击 Main Menu→Preprocessor→Solution→Analysis Type→Solution Controls，弹出对话框，如图 11-2 所示，勾选“Calculate prestress effects”，然后单击“OK”按钮。

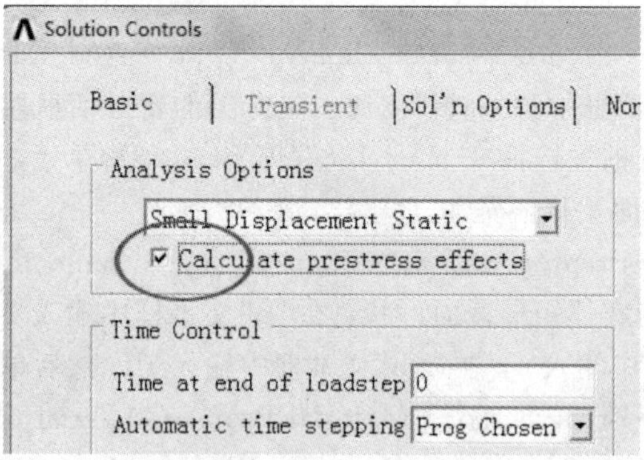

Solution Controls
Basic | Transient | Sol'n Options | Nor
Analysis Options
Small Displacement Static
Calculate prestress effects
Time Control
Time at end of loadstep 0
Automatic time stepping Prog Chosen

图 11-2　有预应力支承梁静力分析参数设置

单击 Main Menu→Solution→Solve→Current LS，在弹出的对话框中点击“OK”按钮。

(7) 重新进入 Solution，进行模态分析。

单击 Main Menu→Preprocessor→Solution→Analysis Type→New Analysis，在弹出对话框中选择“Type of Analysis”为“Modal”，然后单击“OK”按钮。

单击 Main Menu→Preprocessor→Solution→Analysis Type→Analysis Options，弹出对话框如图 11-3 所示，在“No. of modes to extract”文本框中输入 5，在“No. of modes to expand”文本框中输入 5，勾选“[PSTRES] Incl prestress effects?”为 Yes。随后弹出的对话

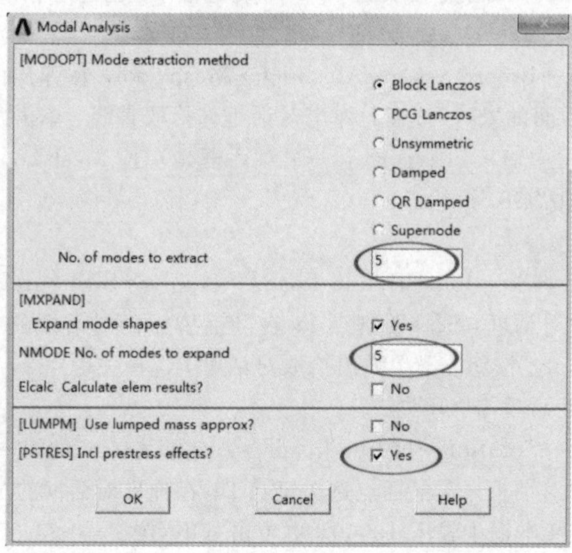

图 11-3　有预应力支承梁模态分析参数设置

框要求填写求解固有频率范围，因为已经填写计算前 5 阶固有频率，此处可以不必填写，直接单击“OK”按钮。

(8) 再次施加约束并求解。

单击 Main Menu→Solution→Define Loads→Apply→Structural→Displacement→On Keypoints，弹出拾取对话框，选择关键点 2，在随后弹出的对话框的“Lab2”列表框中选择 UX，然后单击“OK”按钮。

单击 Main Menu→Solution→Define Loads→Apply→Structural→Displacement→On Nodes，弹出拾取对话框，单击“Pick All”按钮，随后在“Lab2”列表框中选择 UX、ROTX，然后单击“OK”按钮。

单击 Main Menu→Solution→Current LS，在弹出的对话框中点击“OK”按钮。

(9) 查看结果。

单击 Main Menu→General Postproc→Results Summary，可以看到计算的前 5 阶固有频率为 13.593 Hz、22.466 Hz、43.753 Hz、72.426 Hz、91.135 Hz。由于梁的截面不是轴对称的，所以 1 阶与 2 阶、3 阶与 4 阶的固有频率在 XOY、XOZ 平面不再相等。

图 11－4 为梁在 YOX 平面的 1 阶横向振动主振型，图 11－5 为梁在 YOX 平面的 3 阶横向振动主振型。梁的 2 阶、4 阶主振型应该分别与 1 阶、3 阶相似，只是振动位于 XOZ 平面，读者可自行查看。

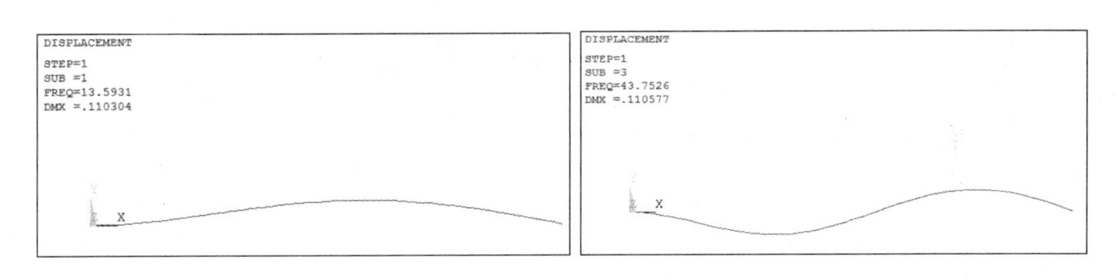

图 11－4　梁的第 1 阶主振型　　图 11－5　梁的第 3 阶主振型

11.2.2　重要知识点

1. 两次打开预应力效果开关

在静力分析求解之前依次单击 Main Menu→Solution→Analysis Type→Solution Controls，勾选“Calculate prestress effects”，打开预应力效果开关；在模态分析求解运算之前，依次单击 Main Menu→Solution→Analysis Option，勾选“Incl prestress effects”，再次打开预应力效果开关。

2. 静力分析与模态分析约束不同的原因

本实例中，在进行静力分析时，约束了左边关键点 1 的 All DOF，右边关键点 2 只约束其 UY、UZ 自由度，其原因是张紧力 10000 N 作用在关键点 2 上，会引起梁受力伸长，从而引起刚度值的变化；在模态分析时，在右边关键点 2 上，增加一个 UX 方向的约束，同时约束整个轴上节点沿 UX 方向的移动及绕 X 轴的转动自由度 ROTX，目的是使计算屏蔽掉轴向、绕轴向扭转振动。

11.2.3 操作命令流

11.2.1 小节的 GUI 操作步骤可用下面的命令流替代：

```
/PREP7
ET，1，BEAM188
MP，EX，1，2e11
MP，PRXY，1，0.3
MP，DENS，1，7800
SECTYPE，   1，BEAM，RECT，，0
SECOFFSET，CENT
SECDATA，0.06，0.1，5，10，0，0，0，
0，0，0，0，0
K，，，，，
K，2，4，，，
LSTR，1，2
LESIZE，1，，，50
LMESH，1
FINISH
/SOL
DK，1，ALL
DK，2，UY
DK，2，UZ
FK，2，FX，10000
PSTRES，1
solve
FINISH
/SOLUTION
ANTYPE，2
MODOPT，LANB，10
EQSLV，SPAR
MXPAND，10，，，1
LUMPM，0
PSTRES，1
MODOPT，LANB，10，0，0，，OFF
DK，2，，，，0，UX，，，，，，
D，all，，，，，，UX，ROTX，，，，
solve
/POST1
SET，LIS
```

11.3 不考虑预紧力的模态分析

11.3.1 操作步骤

(1) 进入 ANSYS 工作目录，命名文件。

单击 File→Change Jobname，打开“Change Jobname”对话框，在“Enter new jobname”

对应的文本框中输入文件名“bearing_beam_2”，并勾选“New log and error files”选项。

（2）定义单元类型。

单击 Main Menu→Preprocessor→Element Type→Add/Edit/Delete，弹出 Element Types 对话框，单击对话框中的“Add”按钮；在弹出的新对话框左边的下拉列表框中单击选择“Beam”，在右边的单选框中单击选择“2 node 188”（即 Beam188）单元，然后单击“OK”按钮。

（3）定义梁的横截面及材料属性。

单击 Main Menu→Preprocessor→Sections→Beam→Common Sections，在弹出的对话框中选择“Sub-Type”为实体矩形截面形状，在“B”文本框中输入 0.06，在“H”文本框中输入 0.1，在“Nb”文本框中输入 6，在“Nh”文本框中输入 10，然后单击“OK”按钮。

单击 Main Menu→Preprocessor→Material Props→Material Models，在弹出的材料模型定义对话框中依次单击 Structural→Linear→Elastic→Isotropic，在 EX 文本框中输入 2E11，在 PRXY 文本框中输入 0.3；在弹出的材料模型定义对话框中依次单击 Structural→Density，在 DENS 文本框中输入 7800。

（4）创建关键点、线。

单击 Main Menu→Preprocessor→Modeling→Create→Keypoints→In Active CS，在弹出对话框的“NPT”文本框中输入 1，在“X、Y、Z”文本框中输入“0，0，0”，然后单击“Apply”按钮；再次在“NPT”文本框中输入 2，在“X、Y、Z”文本框中输入“4，0，0”。

单击 Main Menu→Preprocessor→Modeling→Create→Lines→Lines→Straight Line，弹出拾取对话框，用鼠标单击连接关键点 1、2，创建一条直线，然后单击“OK”按钮。

（5）划分网格。

单击 Main Menu→Preprocessor→Meshing→MeshTool，在弹出的对话框中单击“Size Control”中“Lines”后面的“Set”按钮；弹出对话框，拾取直线，然后单击“OK”按钮；在弹出对话框的“NDIV”文本框中输入 50。单击“MeshTool”对话框中的“Mesh”按钮，拾取直线后，单击“OK”按钮。

（6）施加约束。

单击 Main Menu→Solution→Define Loads→Apply→Structural→Displacement→On Keypoints，弹出拾取对话框，选择关键点 1，在随后弹出的对话框的“Lab2”列表框内选择 ALL DOF，单击“Apply”按钮；再次弹出拾取对话框，选择关键点 2，随后在“Lab2”列表框内选择“UY，UZ，UX”，再单击“OK”按钮。

（7）进行模态分析。

单击 Main Menu→Preprocessor→Solution→Analysis Type→New Analysis，在弹出对话框中选择“Type of Analysis”为“Modal”，然后单击“OK”按钮。

单击 Main Menu→Preprocessor→Solution→Analysis Type→Analysis Options，在弹

出对话框的"No. of modes to extract"文本框内输入 5，在"No. of modes to expand"文本框内输入 5。随后弹出的对话框要求填写求解固有频率范围，因为已经填写计算前 5 阶固有频率，此处可以不必填写，直接单击"OK"按钮。

单击 Main Menu→ Solution→Solve→Current LS，在弹出的对话框中点击"OK"按钮。

(8) 查看结果。

单击 Main Menu→General Postproc→Results Summary，可以看到计算的前 5 阶固有频率为 13.45 Hz、22.38 Hz、43.59 Hz、72.33 Hz、90.96 Hz。

11.3.2 结果的对比分析

从 11.2 节与 11.3 节的两个例子的计算结果可以看出，由于梁受到了轴向张紧力的作用，其弯曲振动的固有频率得以提高，以前 5 阶固有频率为例，没有张紧力情况下，它们分别为 13.45 Hz、22.38 Hz、43.59 Hz、72.33 Hz、90.96 Hz；受到 10000N 张紧力作用后，它们分别变为 13.593 Hz、22.466 Hz、43.753 Hz、72.426 Hz、91.135 Hz。其主要原因是因为张紧力增大梁的刚度值，引起固有频率的增大。可以预见，如果继续增大张紧力，梁的固有频率会进一步增大，读者可自行验证。

11.3.3 操作命令流

11.3.1 小节的 GUI 操作步骤可用下面的命令流替代：

```
/PREP7
ET, 1, BEAM188
MP, EX, 1, 2e11
MP, PRXY, 1, 0.3
MP, DENS, 1, 7800
SECTYPE,   1, BEAM, RECT, , 0
SECOFFSET, CENT
SECDATA, 0.06, 0.1, 5, 10, 0, 0, 0,
0, 0, 0, 0, 0
K, ,,,,
K, 2, 4,,,
LSTR, 1, 2
LESIZE, 1,,, 50
LMESH, 1
FINISH
/SOL
DK, 1, ALL
DK, 2, UX
DK, 2, UY
DK, 2, UZ
/SOL
ANTYPE, 2
MODOPT, LANB, 10
EQSLV, SPAR
MXPAND, 10, , , 1
LUMPM, 0
MODOPT, LANB, 10, 0, 0, , OFF
solve
/POST1
SET, LIST
```

11.4　离心力作用下圆盘的模态分析

计算实例：图 11-6 为一高速旋转圆盘，该圆盘安装在某转轴上以转速 10000 r/min 高速旋转。圆盘的材料为 45 钢，弹性模量 $E=2\times10^{11}$ N/m^2，泊松比 $\mu=0.3$，密度为 7850 kg/m^3，请对该圆盘在工作转速作用下的模态进行分析。

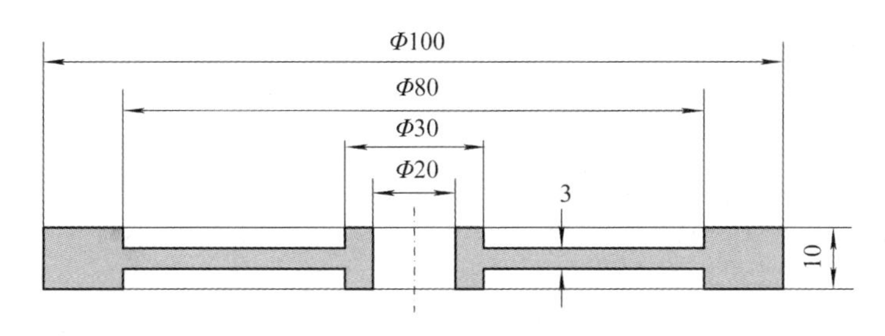

图 11-6　圆盘结构图

11.4.1　操作步骤

(1) 进入 ANSYS 工作目录，命名文件。

单击 File→Change Jobname，打开“Change Jobname”对话框，在“Enter new jobname”对应的文本框中输入文件名“disk_1”，并勾选“New log and error files”选项。

(2) 定义单元类型。

单击 Main Menu→Preprocessor→Element Type→Add/Edit/Delete，弹出 Element Types 对话框，单击对话框中的“Add”按钮；在弹出的新对话框左边的下拉列表框中单击选择“Solid”，在右边的单选框中单击选择“Quad 8 node 183”单元，单击“Apply”按钮；再在右侧列表中选择“Brick 20 node 186”，然后单击“OK”按钮。选择一个面单元和一个体单元。

(3) 定义材料属性。

单击 Main Menu→Preprocessor→Material Props→Material Models，在弹出的材料模型定义对话框中依次单击 Structural→Linear→Elastic→Isotropic，在 EX 文本框中输入 2E11，在 PRXY 文本框中输入 0.3；在弹出的材料模型定义对话框中依次单击 Structural→Density，在 DENS 文本框中输入 7850。

(4) 创建圆盘的横截面。

单击 Main Menu→Preprocessor→Modeling→Create→Areas→Rectangle→By Dimensions；弹出对话框，在“X1”“Y1”“X2”“Y2”文本框内分别输入 0.01、0、0.015、0.01，然后单击“Apply”按钮；重复操作，在“X1”“Y1”“X2”“Y2”文本框内分别输入 0.015、0.0035、0.04、0.0075，再单击“Apply”按钮；重复操作，在“X1”“Y1”“X2”“Y2”文

本框内分别输入 0.04、0、0.05、0.01，再单击 “OK”按钮。

单击 Main Menu→Preprocessor→Modeling→Operate→Booleans→Add→Areas，弹出拾取对话框，单击“Pick All”按钮，将 3 个矩形合并成为一个平面。

（5）划分网格。

单击 Main Menu→Preprocessor→Meshing→MeshTool，在弹出的对话框中，单击“Size Control”区域中的“Global”后面的“Set”按钮；在弹出对话框的“SIZE”文本框中输入 0.00175，然后单击“OK”按钮；返回上一级对话框，在“Shape”区域中选择单元形状为“Quad”，划分单元的方式是“Free”，单击“Mesh”按钮；弹出拾取对话框，单击“Pick All”按钮。

（6）旋转成体。

单击 Main Menu→Preprocessor→Modeling→Create→Keypoints→In Active CS，在弹出对话框的“NPT”文本框内输入 5000，在“X、Y、Z”文本框内输入“0，0，0”，然后单击“Apply”按钮；再次在“NPT”文本框内输入 5001，在“X、Y、Z”文本框内输入 0，0.01，0，然后单击“OK”按钮。

单击 Main Menu→Preprocessor→Modeling→Operate→Extrude→Elem Ext Opts，弹出对话框如图 11-7 所示，在“[TYPE]”下拉列表框中选择“2 SOLID186”，在“VAL1”文本框内输入 5，选定“ACLEAER”为“Yes”，然后单击“OK”按钮。

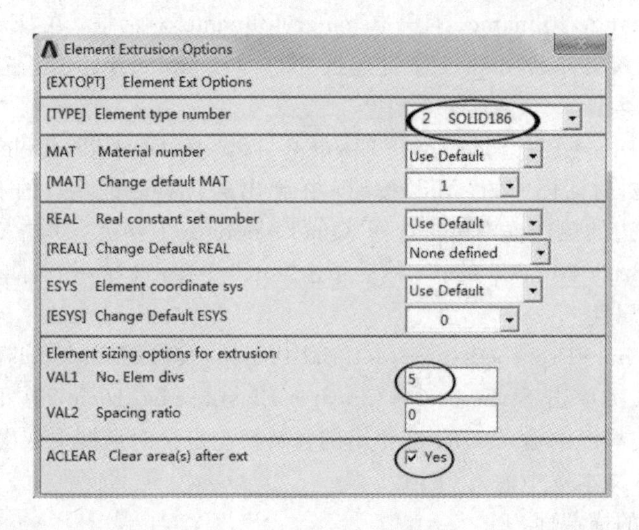

图 11-7 旋转成体参数设置

单击 Main Menu→Preprocessor→Modeling→Operate→Extrude→Areas→About Axis，弹出拾取对话框，单击“Pick All”按钮，选取所有平面，再拾取刚创建的两个关键点 5000、5001；再次弹出对话框，保持默认选项，单击“OK”按钮。

(7) 创建局部坐标系。

单击 Utility Menu→Plot→Elements，显示单元。

单击 Utility Menu→WorkPlane→Display Working Plane，显示工作平面。

单击 Utility Menu→WorkPlane→Offset WP by Increments，在弹出对话框的“XY，YZ，ZX Angles”文本框中输入“0，－90，0”，再单击“OK”按钮。

单击 Utility Menu→WorkPlane→Local Coordinate Systems→Create Local CS→At WP Origin，在弹出对话框的“KCN”文本框中填写 11，选择“KCS”为 Cylindrical 1，再单击“OK”按钮。即建立编号为 11 的局部柱坐标系。

(8) 将节点坐标系移动到当前柱坐标系。

单击 Main Menu→Preprocessor→Modeling→Move / Modify→Rotate Node CS→To Active CS，弹出拾取窗口，单击“Pick All”按钮，将上一步所选节点坐标系旋转到当前活跃坐标系。

(9) 施加约束。

单击 Utility Menu→Select→Entities，弹出对话框，从上到下依次选择“Nodes”“By Location”“X coordinates”“0.01”“From Full”，然后单击“OK”按钮。选择模型中 X 坐标值为 0.01 的所有节点。

单击 Main Menu→Solution→Define Loads→Apply→Structural→Displacement→On Nodes，单击“Pick All”按钮，再在“Lab2”中选择 UY、UZ，然后单击“OK”按钮。约束 X 坐标值为 0.01 的节点的 Y 方向(径向)与 Z 方向(轴向)自由度。

单击 Utility Menu→Select→Everything，选择所有实体。

(10) 定义圆盘转速。

单击 Main Menu→Solution→Define Loads→Apply→Structural→Inertia→Angular Veloc→Global，弹出对话框如图 11-8 所示，在“OMEGX”文本框内填写 1256，单击“OK”按钮。注意：圆盘的转速需要定义在全局笛卡尔坐标系，而不是激活的柱坐标系；1256 rad/s 是圆盘的旋转角速度(由 $2\pi 10000/60$ 计算获得)。

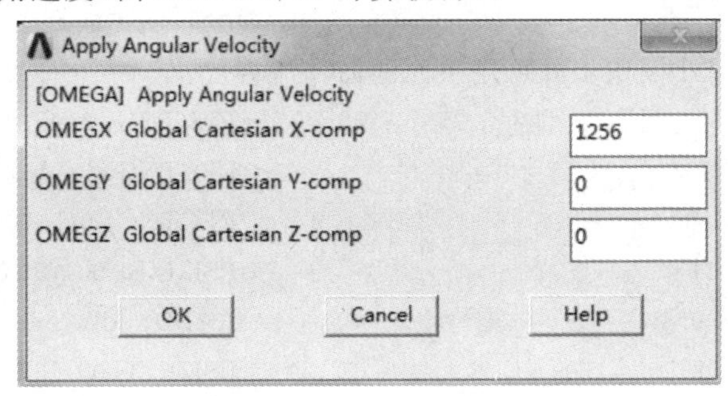

图 11-8　设置圆盘转速

(11) 打开预应力效果开关并进行静力求解。

单击 Main Menu→Preprocessor→Solution→Analysis Type→Solution Controls，在弹出的对话框中勾选“Calculate prestress effects”，然后单击“OK”按钮。

单击 Main Menu→ Solution→Solve→Current LS，在弹出的对话框中点击“OK”按钮。

(12) 重新进入 Solution，进行模态分析参数设置。

单击 Main Menu→Preprocessor→Solution→Analysis Type→New Analysis，在弹出的对话框中选择“Type of Analysis”为“Modal”，然后单击“OK”按钮。

单击 Main Menu→Preprocessor→Solution→Analysis Type→Analysis Options，在弹出对话框的“No. of modes to extract”文本框内输入 5，在“No. of modes to expand”文本框内输入 5，勾选“[PSTRES] Incl prestress effects?”为 Yes。随后弹出的对话框要求填写求解固有频率范围，因为已经填写计算前 5 阶固有频率，此处不必填写，直接单击“OK”按钮。

(13) 求解。

单击 Main Menu→Solution→Current LS，在弹出的对话框中单击“OK”按钮。

(14) 查看结果。

单击 Main Menu→General Postproc→Results Summary，可以看到计算的前 5 阶固有频率为 1544.5 Hz、1559.2 Hz、1941.1 Hz、3156.8 Hz、3156.9 Hz。

单击 Main Menu→General Postproc→Read Results→First Set，读取 1 阶模态结果。

单击 Utility Menu→PlotCtrols→Animate→Mode Shape，可以查看转轴的 1 阶主振型。

单击 Main Menu→General Postproc→Read Results→Next Set，单击 Utility Menu→PlotCtrols→Animate→Mode Shape，依次可以查看其余各阶模态主振型。观察主振型可知，1 阶、2 阶振型是关于圆盘直径摆动的，3 阶振型为圆盘的轴向振动，4 阶、5 阶振型是关于圆盘平面的横向振动的。

11.4.2 操作命令流

11.4.1 小节的 GUI 操作步骤可用下面的命令流替代：

```
/PREP7
ET, 1, PLANE183
ET, 2, SOLID186
MP, EX, 1, 2e11
MP, PRXY, 1, 0.3
MP, DENS, 1, 7850
RECTNG, 0.01, 0.015,, 0.01,
RECTNG, 0.015, 0.04, 0.0035, 0.0075,
RECTNG, 0.04, 0.05, 0, 0.01,
ESIZE, 0.00175, 0,
AADD, All
ESIZE, 0.00175, 0,
MSHAPE, 0, 2D
```

```
MSHKEY, 0
ASEL,,,,        4
AMESH, all

K, 5000,,,,
K, 5001,, 0.01,,
TYPE,    2
EXTOPT, ESIZE, 5, 0,
EXTOPT, ACLEAR, 1
VROTAT, all,,,,,, 5000, 5001, 360,,

EPLOT
/VIEW, 1, 1, 1, 1
wprot, 0, -90, 0
CSWPLA, 11, 1, 1, 1,
NROTAT, all
NSEL, S, LOC, X, 0.01
/SOL
D, all,,,,,, UY, UZ,,,,
ALLSEL, ALL
OMEGA, 1256, 0, 0,
PSTRES, 1
SOLVE
FINISH
/SOLUTION
ANTYPE, 2
MODOPT, LANB, 5
EQSLV, SPAR
MXPAND, 5, , , 0
LUMPM, 0
PSTRES, 1
MODOPT, LANB, 5, 0, 0, , OFF
SOLVE
FINISH
/POST1
SET, LIST
```

11.5　课后练习

习题 11-1　有一支承梁，如题 11-1 图所示，矩形截面积的尺寸为 0.1 m×0.06 m，长度为 4 m，材料为 Q235-A。请用 Solid186 单元建立其实体模型，并计算当张紧分为别为 10000 N、50000 N、100000 N、500000 N 时，梁的前 5 阶固有频率值。

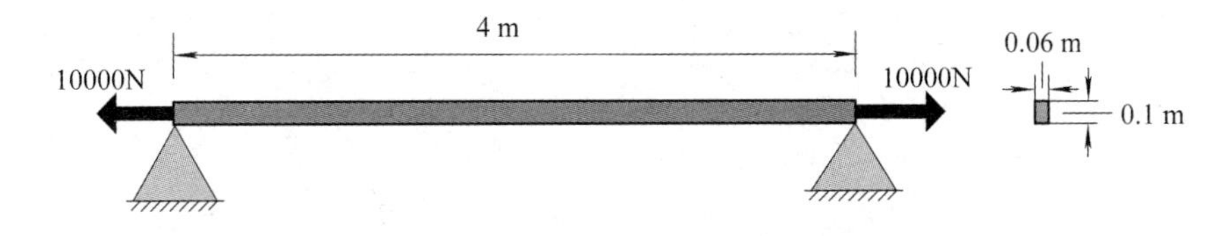

题 11-1 图

习题 11-2　如题 11-2 图所示，圆盘的材料为 45 号钢，在约束 Φ50 内孔的周向及轴向自由度的情况下，以 12000 r/min 的工作转速高速旋转，请分析其前 5 阶模态。

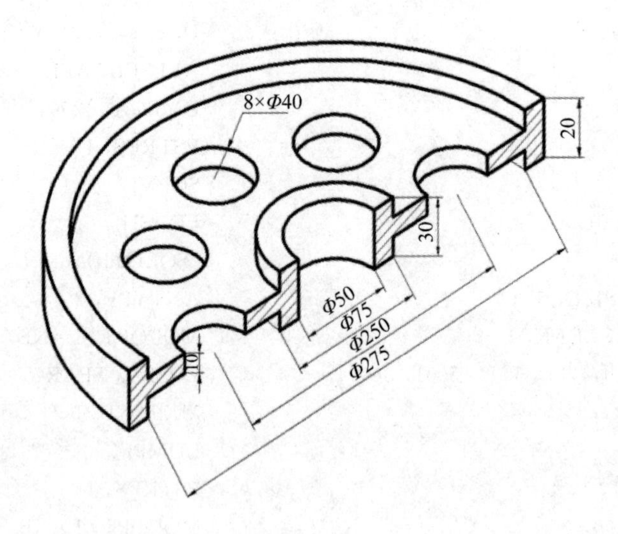

题 11-2 图

第 12 章 谐响应分析

12.1 问题描述

对于一个 n 个自由度系统(运动微分方程见式(10－1))来说，如果激励力都是时间的正弦或余弦函数，则该系统又被称为简谐振动，对该系统响应的分析在 ANSYS 软件中称为谐响应分析。

$$\boldsymbol{M}\ddot{\boldsymbol{x}} + \boldsymbol{C}\dot{\boldsymbol{x}} + \boldsymbol{K}\boldsymbol{x} = \boldsymbol{F}_i \mathrm{e}^{\mathrm{j}\omega t} \tag{12-1}$$

由数学知识可知，方程(12－1)的响应一般由初始条件引起的自由振动(对应齐次方程)、简谐力引起的稳态强迫振动(对应非齐次方程)共同组成。由于阻尼的存在，自由振动是逐渐衰减的瞬态振动，所以它只在振动的初始阶段存在；而简谐振动的响应是与激励力同频率的振动，并将一直持续下去，故称为稳态响应。ANSYS 软件的谐响应分析只针对稳态响应进行分析。

设方程的稳态解为 $\boldsymbol{x}_i = \boldsymbol{X}_i \mathrm{e}^{\mathrm{j}\omega t}$ $(i=1, 2, \cdots n)$，把它们代入方程(12－1)之中，整理后得到

$$\boldsymbol{X} = (\boldsymbol{K} + \mathrm{j}\omega \boldsymbol{C} - \omega^2 \boldsymbol{M})^{-1} \boldsymbol{F} \tag{12-2}$$

从某种意义上说，求解方程(12－2)的解 $\boldsymbol{X}$ 就是谐响应分析，动力学中把计算机械结构在各种激励频率下的响应值(通常是振幅和相位角)曲线分别称为“幅频特性曲线”“相频特性曲线”。

ANSYS 中谐响应分析是线性分析，会忽略掉所有非线性特征，其分析方法有以下三种：

1. 完全法

默认方法，采用完整的系统矩阵计算谐响应，其优点是容易使用，不需要设置主自由度或选取主振型。缺点是计算量大、耗时，且无法考虑预应力的影响。

2. 缩减法

采用主自由度和缩减法来压缩问题的规模，计算效率高，可以分析预应力的影响。缺点是只计算主自由度的位移，要得到完整的位移、应力和力的解，还需要进行模态扩展。

3. 模态叠加法

模态叠加法通过模态分析得到的振型乘以影响因子并求和来计算结构的不平衡响应，其优点是计算效率高，可以考虑预应力的影响。

计算实例：如图 12-1 所示，一质量-弹簧-阻尼系统，已知质量 $m=1$ kg，弹簧刚度 $k=1000$ N/m，作用在系统质量 $2m$ 上的激励力 $f(t)=500\cos\omega t$，试求：① 该系统的模态；② 激励力频率在 0～100 Hz 之间时该系统的谐响应。

由机械动力学知识可以方便地写出其动力微分方程：

$$\begin{bmatrix} 2m & 0 \\ 0 & m \end{bmatrix}\begin{bmatrix} \ddot{x}_1 \\ \ddot{x}_2 \end{bmatrix}+\begin{bmatrix} 3k & -2k \\ -2k & 5k \end{bmatrix}\begin{bmatrix} x_1 \\ x_2 \end{bmatrix}=\begin{bmatrix} 500\cos\omega t \\ 0 \end{bmatrix} \tag{12-3}$$

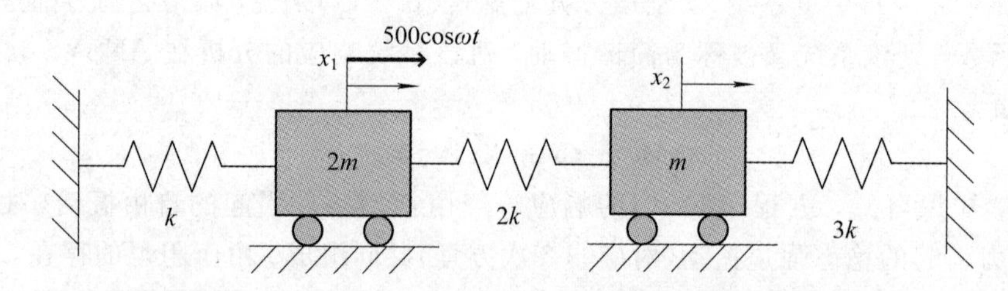

图 12-1　两个自由度的质量-弹簧-阻尼系统结构简图

求解得到无阻尼系统的固有频率为

$$f_{n1}=\frac{1}{2\pi}\sqrt{\frac{k}{m}}=5.0329\ \text{Hz},\quad f_{n1}=\frac{1}{2\pi}\sqrt{\frac{11k}{2m}}=11.803\ \text{Hz}$$

第 1、2 阶固有频率对应的主振型为

$$u^{(1)}=\begin{bmatrix} 2 \\ 1 \end{bmatrix},\quad u^{(2)}=\begin{bmatrix} 1 \\ -4 \end{bmatrix}$$

设$\begin{bmatrix} x_1 \\ x_2 \end{bmatrix}=\begin{bmatrix} X_1 \\ X_2 \end{bmatrix}\cos\omega t$ 并将其代入方程(12-3)中，求解可得系统的谐响应：

$$X_1=\frac{500(5k-m\omega^2)}{(3k-2m\omega^2)(5k-m\omega^2)-4k^2},\quad X_2=\frac{1000k}{(3k-2m\omega^2)(5k-m\omega^2)-4k^2}$$

12.2 谐响应分析

12.2.1 操作步骤

(1) 进入 ANSYS 工作目录，命名文件。

单击 File→Change Jobname，打开“Change Jobname”对话框，在“Enter new jobname”

对应的文本框中输入文件名“harm_resp_1”，并勾选“New log and error files”选项。

（2）定义参数。

单击 Utility Menu→Parameters→Scalar Parameters，弹出对话框，在“Selection”文本框内输入“m1 = 1”，单击“Accept”按钮；重复操作，再输入“k1 = 1000”，然后先单击“Accept”按钮，再单击“Close”按钮，关闭对话框。

（3）定义单元类型。

单击 Main Menu→Preprocessor→Element Type→Add/Edit/Delete，弹出 Element Types 对话框，单击对话框中的“Add”按钮，在左边列表框内选择“Structural Mass”，在右边列表框中选择“3D mass 21”，然后单击“Apply”按钮；再次在左边列表框内选择“Combination”，在右边列表框中选择“Spring-damper 14”单元，然后单击“OK”按钮。

（4）定义单元实常数。

单击 Main Menu→Preprocessor→Real Constants→Add/Edit/Delete，在弹出的对话框中单击“Add”按钮，在弹出的列表框内选择“Type 1 MASS21”，单击“OK”按钮；弹出一个对话框，在“Mass in X direction”文本框内输入 m1，单击“OK”按钮。重复上面的操作，单击“Add”按钮，在弹出的列表框内选择“Type 1 MASS21”；又弹出一个对话框，在“Mass in X direction”文本框内输入 2 * m1，单击“OK”按钮。设置两个点质量单元实常数。

单击“Add”按钮，在弹出的列表框内选择“Type 2 COMBIN14”；又弹出一个对话框，在“Spring constant”文本框内输入 k1，然后单击“OK”按钮；再重复两次，分别设置两个弹性刚度为 2 * k1、3 * k1 的弹簧阻尼单元的实常数。

（5）创建节点。

单击 Main Menu→Preprocessor→Modeling→Create→Nodes→In Active CS，弹出对话框，在“NODE”文本框内输入 1，在“X、Y、Z”文本框内输入“0，0，0”，再单击“Apply”按钮；重复操作，在“NODE”文本框内输入 2，在“X、Y、Z”文本框内输入“1，0，0”；在“NODE”文本框内填写 3，在“X、Y、Z”文本框内输入“2，0，0”；在“NODE”文本框内输入 4，在“X、Y、Z”文本框内输入“3，0，0”，然后单击“OK”按钮。

（6）创建刚度为 k 的弹簧有限元模型。

单击 Main Menu→Preprocessor→Modeling→Create→Elements→Elem Attributes，弹出对话框如图 12 - 2 所示，在“TYPE”“REAL”下拉框内分别选择“2 COMBIN14”“3”，然后单击“OK”按钮确定。

单击 Main Menu→Preprocessor→Modeling→Create→Elements→Auto Numbered→Thru Nodes，弹出拾取对话框，用鼠标拾取节点 1、节点 2，创建一个刚度为 k 的弹簧单元。

（7）创建刚度为 $2k$ 的弹簧有限元模型。

单击 Main Menu→Preprocessor→Modeling→Create→Elements→Elem Attributes，弹出对话框，在“TYPE”“REAL”下拉框内分别选择“2 COMBIN14”“4”，然后单击“OK”按钮

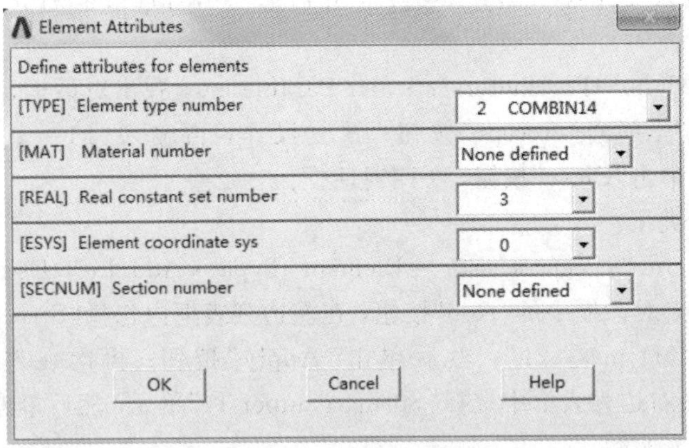

图 12-2 选取弹簧单元参数

确定。

单击 Main Menu→Preprocessor→Modeling→Create→Elements→Auto Numbered→Thru Nodes，弹出拾取对话框，用鼠标拾取节点 2、节点 3，创建一个单元。

(8) 创建刚度为 $3k$ 的弹簧有限元模型。

单击 Main Menu→Preprocessor→Modeling→Create→Elements→Elem Attributes，弹出对话框，在"TYPE""REAL"下拉框内分别选择"2 COMBIN14""5"，然后单击"OK"按钮确定。

单击 Main Menu→Preprocessor→Modeling→Create→Elements→Auto Numbered→Thru Nodes，弹出拾取对话框，用鼠标拾取节点 3、节点 4，创建一个单元。

(9) 创建 $2m$ 质量块有限元模型。

单击 Main Menu→Preprocessor→Modeling→Create→Elements→Elem Attributes，弹出对话框如图 12-3 所示，在"TYPE""REAL"下拉框内分别选择"1 MASS21""2"，然后单击"OK"按钮确定。

单击 Main Menu→Preprocessor→Modeling→Create→Elements→Auto Numbered→Thru Nodes，弹出拾取对话框，用鼠标拾取节点 2，创建一个点质量单元。

(10) 创建 m 质量块有限元模型。

单击 Main Menu→Preprocessor→Modeling→Create→Elements→Elem Attributes，弹出对话框，在"TYPE""REAL"下拉框内分别选择"1 MASS21""1"，单击"OK"按钮确定。

单击 Main Menu→Preprocessor→Modeling→Create→Elements→Auto Numbered→Thru Nodes，弹出拾取对话框，用鼠标拾取节点 3，创建一个点质量单元。

(11) 显示单元。

单击 Utility Menu→PlotCtrls→Numbering，在"Elem / Attrib numbering"下拉框中选

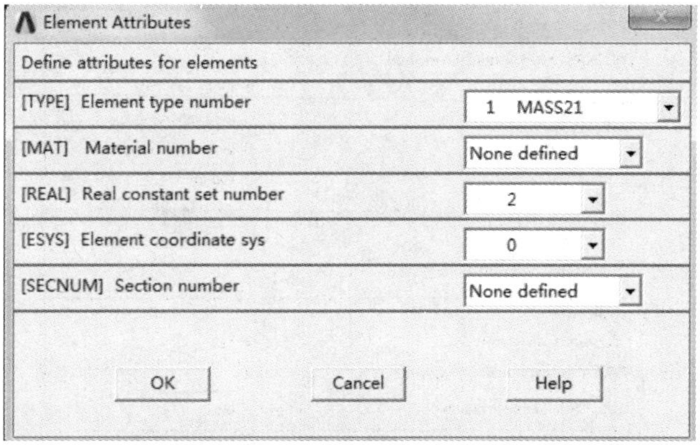

图 12-3 选取点质量单元参数

择“Element numbers”，单击“OK”按钮。

单击 Utility Menu→Plot→Elements。模型共有 5 个单元、3 个弹簧阻尼单元、2 个点质量单元。

(12) 施加约束。

单击 Main Menu→Solution→Define Loads→Apply→Structural→Displacement→On Nodes，弹出拾取对话框，选择节点 1 和节点 4，随后在“Lab2”列表框内选择“ALL DOF”，再单击“Apply”按钮；再次弹出拾取窗口，单击“Pick All”按钮，随后在“Lab2”列表框内选择“UY、UZ、ROTX、ROTY、ROTZ”，再单击“OK”按钮。

(13) 设置模态分析参数并求解。

单击 Main Menu→Preprocessor→Solution→Analysis Type→New Analysis，弹出对话框，选择“Type of Analysis”为“Modal”，然后单击“OK”按钮。

单击 Main Menu→Preprocessor→Solution→Analysis Type→Analysis Options，弹出对话框如图 12-4 所示，在“NO. of modes to extract”文本框内输入 2，在“NO. of modes to expand”文本框内输入 2，单击“OK”按钮。随后弹出的对话框要求填写求解固有频率范围，因为已经填写计算前 2 阶固有频率，此处不必填写，直接单击“OK”按钮。

单击 Main Menu→Solution→Current LS，在弹出的对话框中点击“OK”按钮。

(14) 查看模态分析结果。

单击 Main Menu→General Postproc→Results Summary，可以看到计算的前两阶固有频率为 5.032 Hz、11.803 Hz，与计算结果相同。

单击 Main Menu→General Postproc→Read Results→First Set(Next Set)，读取 1 阶(2 阶)模态。再单击 Utility Menu→PlotCtrols→Animate→Mode Shape，可以查看转轴的 1 阶(2 阶)主振型，如图 12-5 及图 12-6 所示。

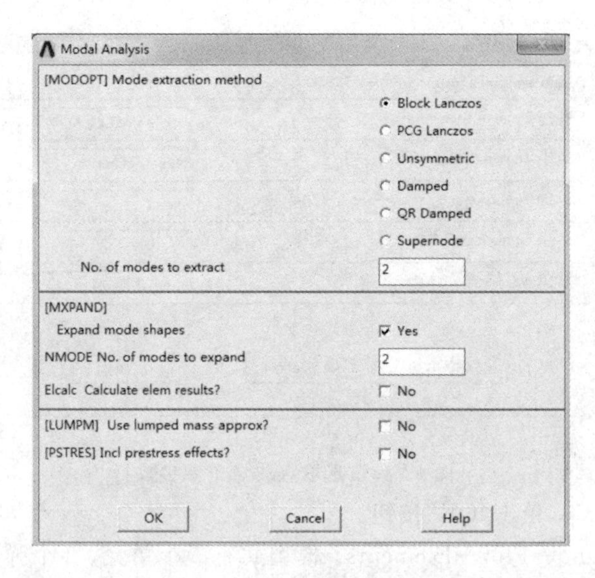

图 12-4 选取点质量单元参数

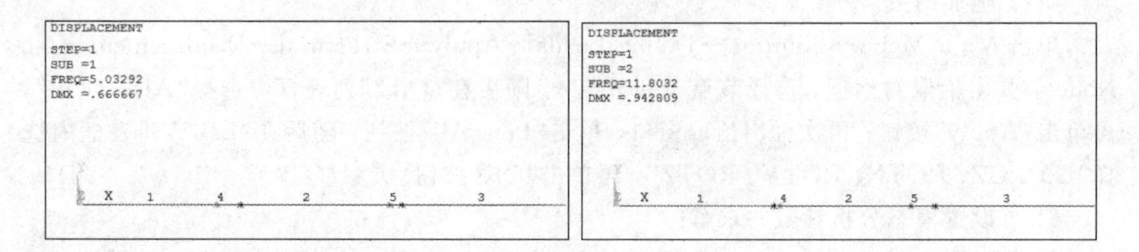

图 12-5 系统第 1 阶主振型　　　　图 12-6 系统第 2 阶主振型

(15) 定义谐响应分析。

单击 Main Menu→Preprocessor→Solution→Analysis Type→New Analysis，弹出对话框，选择“Type of Analysis”为“Harmonic”，单击“OK”按钮。

单击 Main Menu→Preprocessor→Solution→Load Step Opts→Time/Frequenc→Freq and Substeps，弹出对话框如图 12-7 所示，在“HARFRQ”两个文本框内分别输入 0、50，在“NSUBST”文本框内输入 50，在“KBC”单选框内选择“Stepped”，然后单击“OK”按钮。

单击 Main Menu→Solution→Define Loads→Apply→Structural→Force/ Moment→On Nodes，弹出对话框，在“VALUE Real part of force/mom”文本框内输入 500，单击“OK”按钮。在节点 2 上施加 X 方向、大小为 500 N 的力。

单击 Main Menu→Solution→Current LS，在弹出的对话框中点击“OK”按钮。

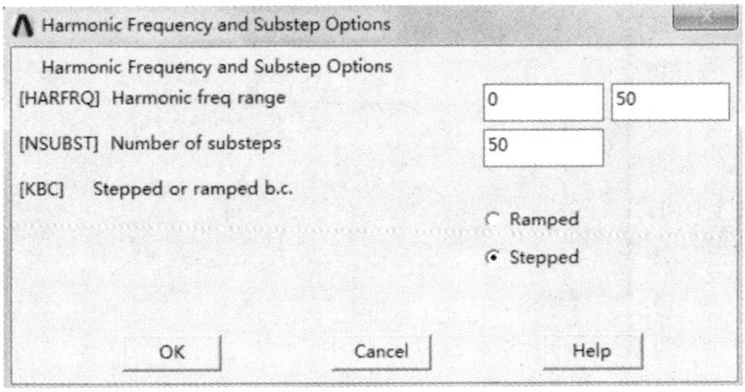

Harmonic Frequency and Substep Options
Harmonic Frequency and Substep Options
[HARFRQ] Harmonic freq range
0
50
[NSUBST] Number of substeps
50
[KBC] Stepped or ramped b.c.
Ramped
Stepped
OK
Cancel
Help

图 12-7 谐响应分析参数设置

（16）查看结果。

单击 Main Menu→TimeHist Postproc，弹出一个窗口如图 12-8 所示，单击“Add Data”按钮，弹出“Add Time-History Variable”列表框，依次选择 Nodal Solution→DOF Solution→X-Component of displacement，再单击“OK”按钮；弹出一个拾取窗口，拾取节点 2(即 $2m$ 质量块所在位置)，然后单击“OK”按钮；返回“Time History Variables- file.rst”窗口，窗口中多出一个“UX_2”变量，用鼠标点击选中它，再单击“Graph Data”按钮，可以看到 $2m$ 质量块的幅频特性曲线在 5.032 Hz、11.803 Hz 处有两阶固有频率，如图 12-9 所示。

Time History Variables - file.rst
File Help
Add Data
None
Real
Variable List
Name Element Node Result Item Minimum Maximum X-Axis
TIME Time 5.03292 11.8032
UX_2 2 X-Component of displacement -0.235702 0.666667
UX_3 3 X-Component of displacement 0.333333 0.942809
Graph Dtaa
Calculator

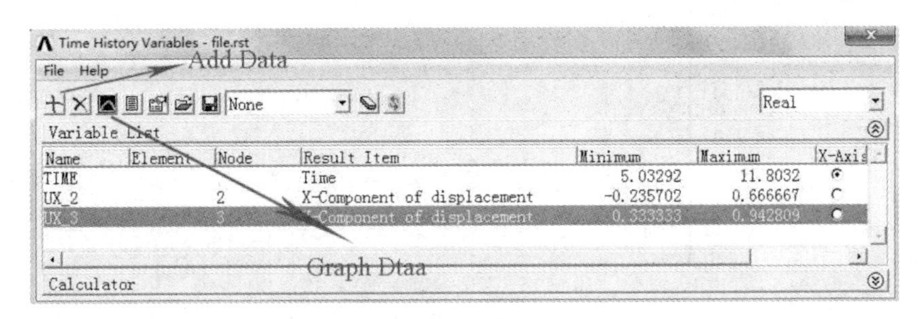

图 12-8 时间历程后处理参数设置

重复操作，查看节点 3 处，即 m 质量块的谐响应：单击“Add Data”按钮，弹出“Add Time-History Variable”列表框，依次选择 Nodal Solution→DOF Solution→X-Component of displacement，单击“OK”按钮；弹出一个拾取窗口，拾取节点 3(即 m 质量块所在位置)，再单击“OK”按钮；返回“Time History Variable file.rst”窗口，窗口中多出一个“UX_3”变量，鼠标点击选中它，单击“Graph Data”按钮可以查看 m 质量块的幅频特性曲线，如图 12-10 所示。

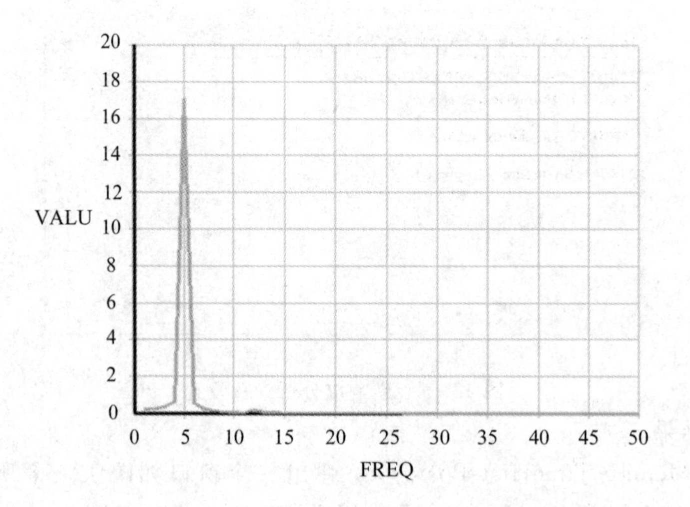

图 12-9　2*m* 质量块幅频特性曲线

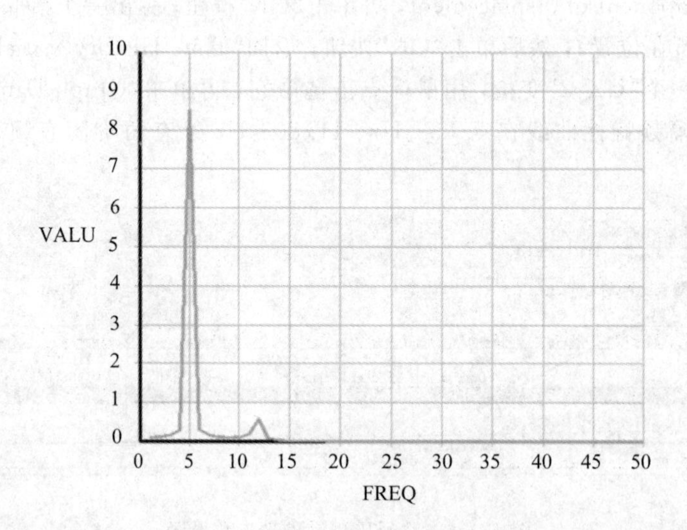

图 12-10　*m* 质量块幅频特性曲线

也可以在按“Ctrl”的同时用鼠标点选图 12-8 中的“UX_2”与“UX_3”两个变量，再单击“Graph Data”按钮，可同时查看两个质量块的幅频特性曲线。

12.2.2　重要知识点

1. 谐响应分析参数的设置

单击 Main Menu→Preprocessor→Solution→Load Step Opts→Time/Frequenc→Freq and Substeps。本例中对“HARFRQ”赋值“0，50”，代表求解谐响应的频率(单位 Hz)范围；对“NSUBST”赋值 50，代表 0～50 Hz 频率范围内均匀分隔 50 个频率点作为激励频率，即激励频率共有 50 个，它们分别是 1，2，3，…，50；在“KBC”单选框内选择“Stepped”(KBC，1)代表载荷步所加的载荷值是阶跃加载的；在“KBC”单选框内选择“Ramped”(KBC，0)代表载荷步所加的载荷值是斜坡加载的，即每一个子步的载荷值是线性增加的。由于谐响应分析所分析的是结构在各种激励频率下的振幅变化规律，所以应该选择阶跃加载方式。

2. 时间历程后处理(POST26)

ANSYS 把 Main Menu→General Postproc(即 POST1)称为一般后处理，把 Main Menu→TimeHist Postpro(POST26)称为时间历程后处理。POST1 用于查看某一特定时刻整个模型的响应；POST26 用于查看模型中的某些节点或单元在整个时域或频域上的响应。

本例中，如果要查看节点 2 或节点 3 的谐响应，而不是查看整个质量-弹簧系统的响应，就必须在 POST26 中进行。

3. 关于本例在固有频率处振幅不是无穷大的解释

由动力学知识可知，如果结构系统中没有阻尼，共振发生时振幅是无穷大的。本例中在查看节点 2 和节点 3 的谐响应时，并未发现该现象。其原因是，谐响应载荷步的加载是阶跃式的，振幅无穷大的共振点处频率并未用于分析计算。

12.2.3 操作命令流

12.2.1 小节的 GUI 操作步骤可用下面的命令流替代：

```
/PREP7
*SET, m1, 1
*SET, k1, 1000
ET, 1, MASS21
ET, 2, COMBIN14
R, 1, m1, , , , , ,
R, 2, 2*m1, , , , , ,
R, 3, k1, , , , , ,
R, 4, 2*k1, , , , , ,
R, 5, 3*k1, , , , , ,

N, ,,,,,,,
N, , 1,,,,,,
N, , 2,,,,,,
N, , 3,,,,,,
TYPE, 2
MAT,
REAL, 3
ESYS, 0
E, 1, 2
TYPE, 2
MAT,
REAL, 4
ESYS, 0
E, 2, 3
TYPE, 2
MAT,
REAL, 5
```

```
ESYS, 0
E, 3, 4
TYPE,   1
MAT,
REAL, 2
ESYS, 0
E, 2
TYPE,   1
MAT,
REAL, 1
ESYS, 0
E, 3
/PNUM, ELEM, 1
EPLOT

/SOL
D, 1, , , , , , ALL, , , , ,
D, 4, , , , , , ALL, , , , ,
D, all, , , , , , UY, UZ, ROTX,
ROTY, ROTZ,
ANTYPE, 2
MODOPT, LANB, 2
EQSLV, SPAR
MXPAND, 2, , , 0
LUMPM, 0
PSTRES, 0
MODOPT, LANB, 2, 0, 0, , OFF
SOLVE
FINISH
/POST1
SET, LIST

/SOL
ANTYPE, 3
HARFRQ, 0, 50,
NSUBST, 50,
KBC, 1
F, 2, FX, 500,
solve
FINISH

/POST26
NSOL, 2, 2, U, X, UX_2,
NSOL, 3, 3, U, X, UX_3,
PLVAR, 2,
PLVAR, 3,
PLVAR, 2,
```

12.3 课后练习

习题 12-1 如题 12-1 图所示的双自由度系统，已知 k=1500 N/m，m=10 kg，简谐

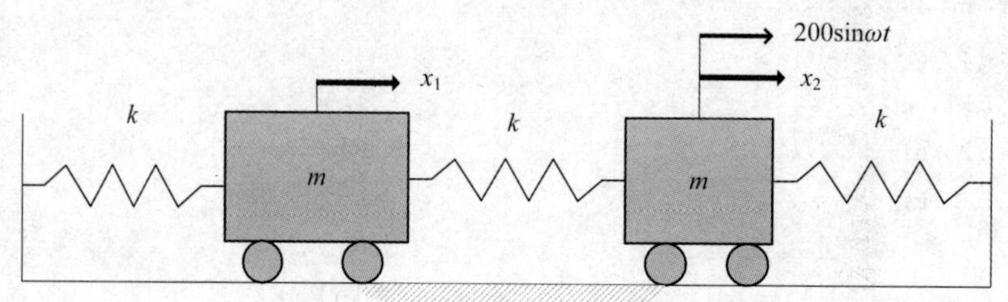

题 12-1 图

激励力 $F=200\sin\omega t$，试求：① 系统的 1 阶、2 阶固有频率；② 在简谐激励力作用下的谐响应。

习题 12－2　题 12－2 图所示为双自由度系统，已知 $m_1=50$ kg，$m_2=100$ kg，$k_1=1200$ N/m，$k_2=2400$ N/m，$F_0=800$ N，$c_1=25$ Ns/m，$c_2=40$ Ns/m。请分析频率在 0～50 Hz 以内时该结构的谐响应（提示：阻尼系数可以在 Combin14 单元的实常数参数设置对话框中的“Damping coefficient”文本框中输入）。

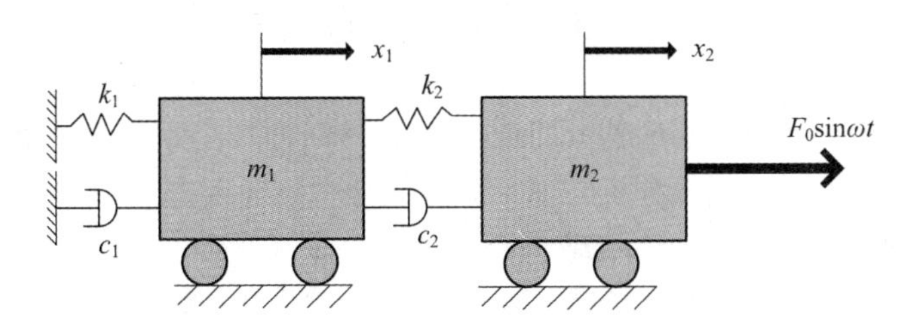

题 12－2 图

第 13 章　瞬态动力学分析

13.1　问 题 描 述

如果方程(13－1)中列向量 $\boldsymbol{F}$ 表示的激励力是时间的非周期函数，则该系统的振动被称为瞬态振动，对该系统响应的分析在 ANSYS 软件中称为瞬态动力学分析。

$$\boldsymbol{M}\ddot{\boldsymbol{x}} + \boldsymbol{C}\dot{\boldsymbol{x}} + \boldsymbol{K}\boldsymbol{x} = \boldsymbol{F} \tag{13-1}$$

ANSYS 软件提供三种求解方程(13－1)的方法：完全法、缩减法、模态叠加法。前两种方法在数学上归类为求初值的问题，整个系统的位移和速度必须由初始瞬时值来确定。完全法和缩减法一般采用数值积分法——Newmark 或 Wilson 方法，由此初始值开始，取适当时间步长在时域内积分来求解结构的位移与速度。而模态叠加法则通过坐标变换，用广义坐标来代替原来的物理坐标，解耦运动微分方程，使联立方程组变成 n 个独立的微分方程，再采用“各个击破”的方法逐一求解。

计算实例：图 13－1 为一 10 号热轧工字钢悬臂梁，梁的长度 $L=1$ m，工字钢的弹性模量 $E=2\times10^{11}$ N/m^2，泊松比 $\mu=0.3$，密度为 7850 kg/m^3。梁左端被完全固定，右端受到一个冲击力 $P=1500$ N 的集中力作用，冲击力加载时间历程如图 13－2 所示，请分析 1 s 之内悬臂梁的响应。

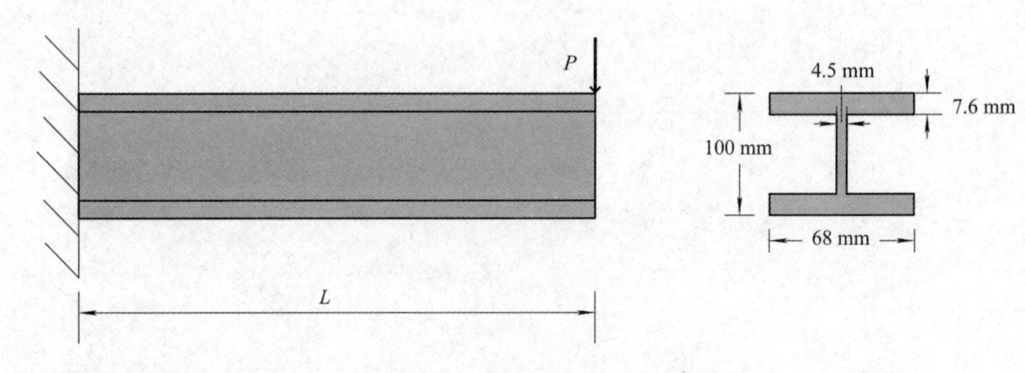

图 13－1　悬臂梁动力学模型

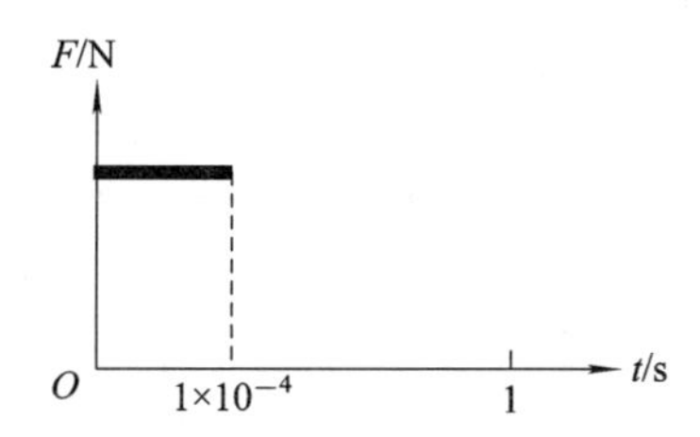

图 13-2　集中力加载时间历程瞬态动力学分析

13.2　瞬态动力学分析

13.2.1　操作步骤

（1）进入 ANSYS 工作目录，命名文件。

单击 File→Change Jobname，打开“Change Jobname”对话框，在“Enter new jobname”对应的文本框中输入文件名“trans_resp_1”，并勾选“New log and error files”选项。

（2）定义单元类型。

单击 Main Menu→Preprocessor→Element Type→Add/Edit/Delete，弹出 Element Types 对话框，单击对话框中的“Add”按钮；在弹出的新对话框左边的滚动框中选择“Beam”，在右边的滚动框中选择“2 node 188”(即 Beam188)单元，再单击“OK”按钮；返回上一级对话框，单击“Options”按钮，弹出对话框如图 13-3 所示，在“Element behavior K3”下拉框中选择“Cubic Form”(截面形函数是三次差值函数)，然后单击“OK”按钮。

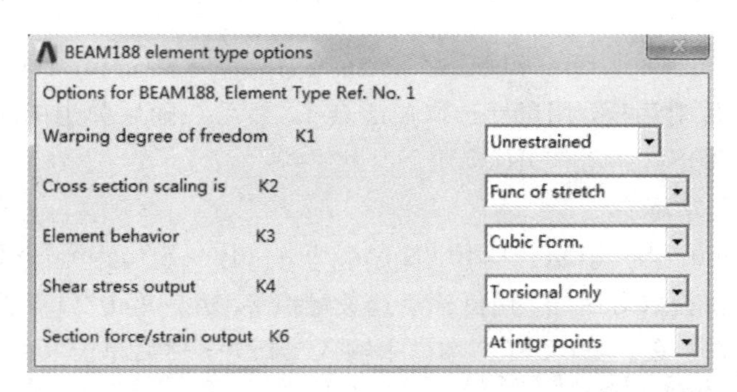

图 13-3　Beam188 单元的参数设置

（3）定义梁的横截面及材料属性。

单击 Main Menu→Preprocessor→Sections→Beam→Common Sections，在弹出的对话框内选择“Sub-Type”为“工”字钢，在 W1、W2、W3、t1、t2、t3 文本框内分别输入 0.068、

0.068、0.1、0.0075、0.0075、0.0045。

单击 Main Menu→Preprocessor→Material Props→Material Models，在弹出的材料模型定义对话框中依次单击 Structural→Linear→Elastic→Isotropic，在 EX 文本框中输入 2E11，在 PRXY 文本框中输入 0.3。再在弹出的材料模型定义对话框中依次单击 Structural→Density，在 DENS 文本框中输入 7850。

（4）创建关键点。

单击 Main Menu→Preprocessor→Modeling→Create→Keypoints→In Active CS，弹出对话框，在“NPT”文本框内输入 1，在“X、Y、Z”文本框内输入“0，0，0”，然后单击“Apply”按钮；再次在“NPT”文本框内输入 2，在“X、Y、Z”文本框内输入“1，0，0”，然后单击“OK”按钮。

（5）创建直线。

单击 Main Menu→Preprocessor→Modeling→Create→Lines→Lines→Straight Line，弹出拾取对话框，用鼠标单击关键点 1、关键点 2，单击“OK”按钮。

（6）划分单元。

单击 Main Menu→Preprocessor→Meshing→MeshTool，在弹出的对话框中单击“Size Control” 中“Lines”后面的“Set”按钮；弹出对话框，拾取直线，单击“OK”按钮；在弹出对话框的“NDIV”文本框中输入 50。单击“MeshTool”对话框中的“Mesh”按钮(拾取直线)，然后单击“OK”按钮。

（7）设置瞬态分析。

单击 Main Menu→Preprocessor→Solution→Analysis Type→New Analysis，弹出对话框，选择“Type of Analysis”为“Transient”，单击“OK”按钮；弹出对话框，采用默认的完全法求解，直接单击“OK”按钮。

（8）施加约束。

单击 Main Menu→Solution→Define Loads→Apply→Structural→Displacement→On Keypoints，弹出拾取对话框，用鼠标选取关键点 1，然后在随后弹出的对话框的“Lab2”列表框内选择“ALL DOF”，单击“OK”按钮。

（9）施加载荷并求解。

单击 Main Menu→Solution→Define Loads→Apply→Structural→Force/ Moment→ON Keypoints，弹出拾取对话框，用鼠标点选关键点 2，然后单击“OK”按钮；弹出对话框，在“Lab”中选择“FY”，在“VALUE”文本框中输入－1500，然后单击“OK”按钮。

（10）设置瞬态分析参数。

单击 Main Menu→Solution→Load Step Opts→Output Ctrls→DB/Results file，弹出对话框如图 13－4 所示，在“FREQ”单选框中选择“Every substep”，即输出每个子步值，然后单击“OK”按钮。

注意：如果看不到“DB/Results File”，可通过单击 Main Menu→Solution→Unabridged

Menu 来显示隐藏菜单(如图 13－5 所示)，再进行操作即可。

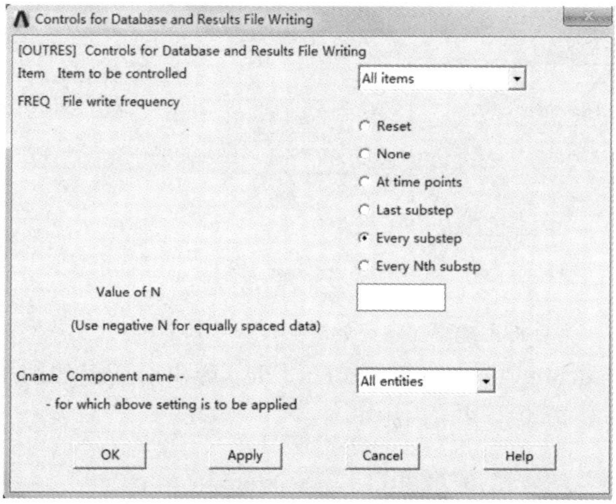

图 13－4　瞬态分析的参数设置

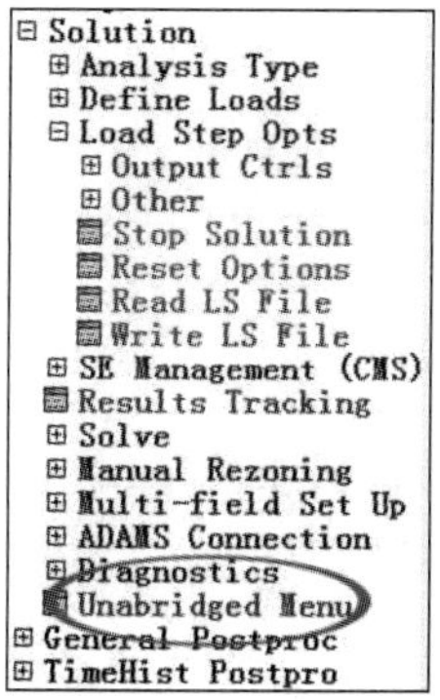

图 13－5　显示隐藏菜单

单击 Main Menu→Solution→Load Step Opts→Time/Frequenc→Time and Substeps，弹出对话框如图 13－6 所示，在“TIME”文本框内输入 1e-4，在“NSUBST”文本框内输入 50，在“KBC”单选框内选择“Stepped”，在“Maximum no. of substeps”文本框内输入“50”，在“Minimum no. of substeps”文本框内输入“50”，再单击“OK”按钮。与上一步骤相同，如果看不到“Time/ Frequenc”，可通过单击 Main Menu→Solution→Unabridged Menu 来显示隐藏菜单，再进行操作。

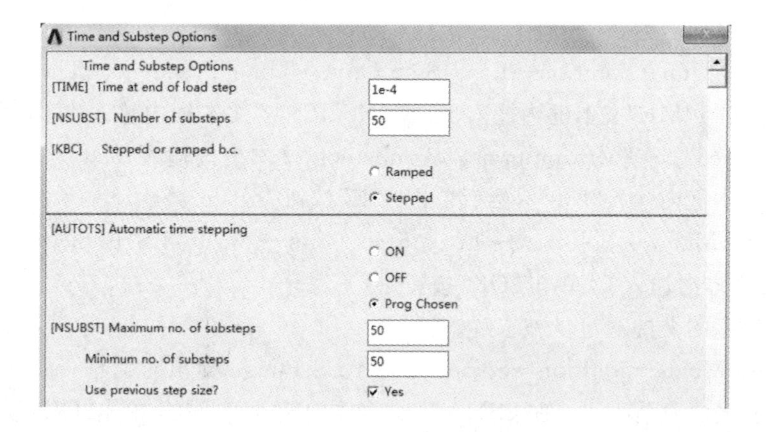

图 13－6　瞬态分析参数设置

单击 Main Menu→Solution→Load Step Opts→Time/Frequenc→Damping，弹出对话框，如图 13－7 所示，在“ALPHAD”文本框内输入 0.001，在“BETAD”文本框内输入

0.00005，然后单击“OK”按钮，为系统添加阻尼效应。

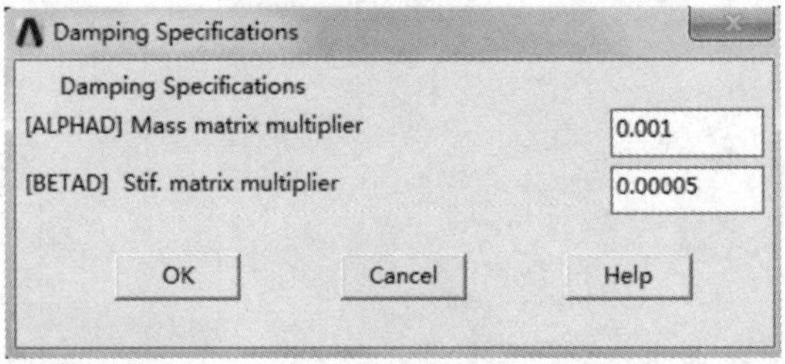

图 13-7　为分析系统添加阻尼效应

单击 Main Menu→Solution→Load Step Opts→Write LS File，弹出对话框如图 13-8 所示，在“LSNUM”文本框内输入 1，然后单击“OK”按钮。

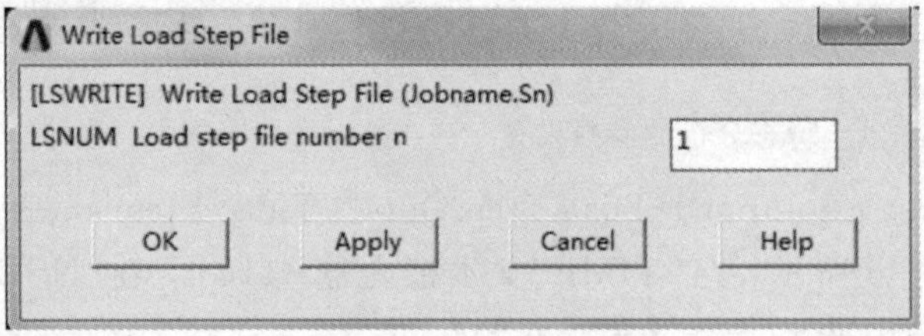

图 13-8　定义载荷步文件

单击 Main Menu→Solution→Define Loads→Delete→Structural→Force/ Moment→ON Keypoints，弹出拾取对话框，拾取关键点 2；在弹出的“Lab”下拉框中选择 FY，单击“OK”按钮，删除冲击力。

单击 Main Menu→Solution→Load Step Opts→Time/Frequenc→Time and Substeps，弹出对话框，在“TIME”文本框内输入 1，在“NSUBST”文本框内输入 250，在“KBC”单选框内选择“Stepped”，在“Maximum no. of substeps”文本框内输入“250”，在“Minimum no. of substeps”文本框内输入“250”，然后单击“OK”按钮。

单击 Main Menu→Solution→Load Step Opts→Write LS File，弹出对话框，在“LSNUM”文本框内输入 2，单击“OK”按钮。

（11）从保存的文件规定步骤求解。

单击 Main Menu→Solution→Solve→From LS Files，弹出对话框，如图 13-9 所示，在“LSMIN”文本框内输入 1，在“LSMAX”文本框内输入 2，然后单击“OK”按钮。

（12）在时间历程后处理中读取计算结果。

单击 Main Menu→TimeHist Postproc，弹出一个窗口，单击“Add Data”按钮；弹出“Add Time-History Variable”列表框，依次选择 Nodal Solution→Y-Component of

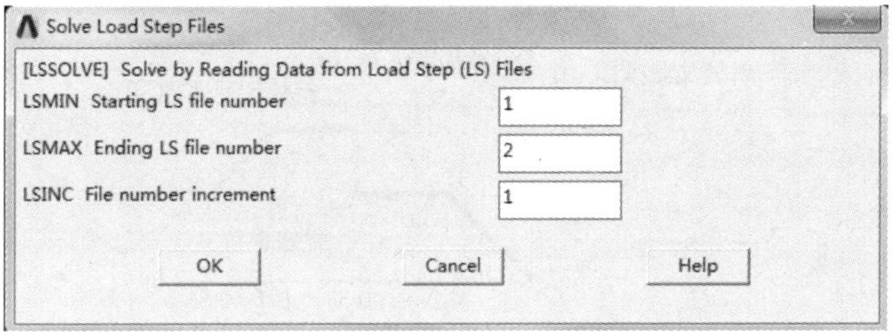

Solve Load Step Files
[LSSOLVE] Solve by Reading Data from Load Step (LS) Files
LSMIN Starting LS file number
1
LSMAX Ending LS file number
2
LSINC File number increment
1
OK
Cancel
Help

图 13－9　读取已定义文件进行求解

displacement，再单击“OK”按钮；弹出一个拾取窗口，拾取最右边的节点(X 坐标最大的节点)，单击“OK”按钮；返回“Time History Variables-file. rst”窗口，窗口中出现一个新变量 UY_2，用鼠标点击选中它，再单击“Graph Data”按钮，可以查看悬臂梁最右端在受到冲击力作用后振幅在 0～1 s 内的变化，如图 13－10 所示。

(×10**−3)
4.8
4
3.2
2.4
1.6
VALU
0.8
0
−0.8
−1.6
−2.4
−3.2
0
0.1
0.2
0.3
0.4
0.5
0.6
0.7
0.8
0.9
1
TIME

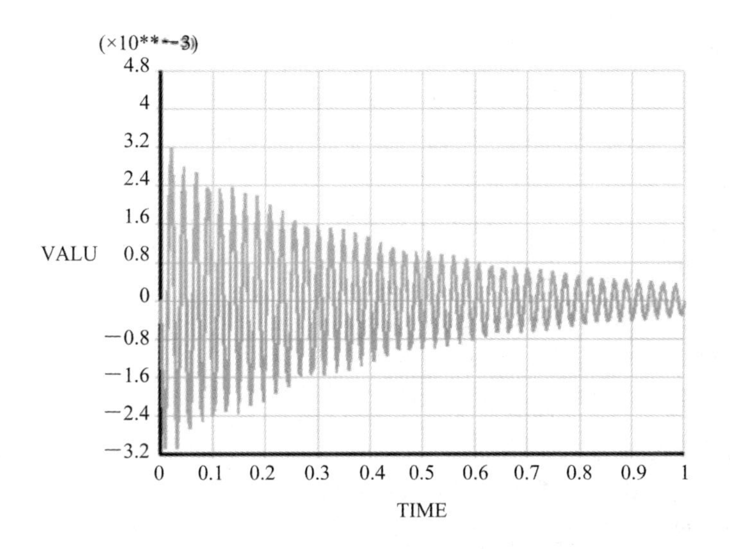

图 13－10　悬臂梁最右端在 1 s 内的横向振幅变化

13.2.2　重要知识点

瞬态动力学分析中施加载荷的方法：

由瞬态动力学定义可知，系统所受载荷是随时间任意变化的。为了方便软件分析，ANSYS 把载荷对时间的关系曲线划分成适当的载荷步。如图 13－11 所示，在图中的时间与载荷曲线上，每一个拐点都应作为一个载荷步。

施加瞬态载荷的第一步通常是建立初始条件，即零时刻的初始位移与初始速度(如果

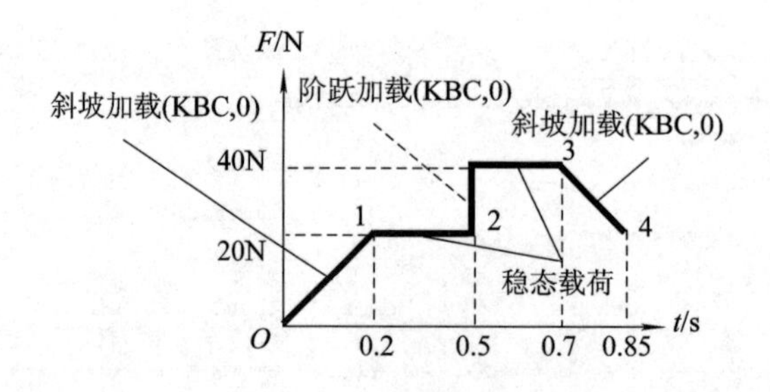

图 13 - 11　载荷步加载图

都没有设置，两者都被认为是 0)，然后指定后续载荷步和载荷步选项。

以图 13 - 11 所示载荷为例，载荷步加载的具体步骤如下：

1. 定义载荷步 1

- 在要求的部位施加约束；
- 在要求的部位上施加载荷 20 N；
- 设置此力终止时间为 0.2 s；
- 设置载荷加载方式为斜坡加载，即 ramped；
- 将此载荷步写入载荷步文件 1 中。

2. 定义载荷步 2

- 设置此力终止时间为 0.5 s(载荷 20 N 持续时间)；
- 保持斜坡加载(ramped)不变；
- 将此载荷步写入载荷步文件 2 中。

3. 定义载荷步 3

- 删除原载荷 20 N，施加新载荷 40 N；
- 设置此力终止时间为 0.7 s；
- 设置载荷加载方式为阶跃加载，即 stepped；
- 将此载荷步写入载荷步文件 3 中。

4. 定义载荷步 4

- 删除原载荷 40 N，施加新载荷 20 N；
- 设置此力终止时间为 0.85 s；
- 设置载荷加载方式为斜坡加载，即 ramped；
- 将此载荷步写入载荷步文件 4 中。

13.2.3　操作命令流

13.2.1 小节的 GUI 操作步骤可用下面的命令流替代：

```
/PREP7
ET, 1, BEAM188
KEYOPT, 1, 3, 3
SECTYPE, 1, BEAM, I,, 3
SECOFFSET, CENT
SECDATA, 0.068, 0.068, 0.1, 0.0075,
0.0075, 0.0045,
MP, EX, 1, 2E11
MP, NUXY, 1, 0.3
MP, DENS, 1, 7850
K, 1, 0, 0, 0
K, 2, 1, 0, 0
LSTR, 1, 2
LESIZE, 1,,, 50
LMESH, 1
FINISH

/SOL
ANTYPE, 4
TRNOPT, FULL
LUMPM, 0
DK, 1, , , , 0, ALL, , , , , ,
FK, 2, FY, -1500
OUTRES, ALL, ALL,
ALPHAD, 0.001,
BETAD, 0.00005,
TIME, 1e-4
AUTOTS, -1
NSUBST, 50, 50, 50, 1
KBC, 1
LSWRITE, 1,

FKDELE, 2, FY
TIME, 1
AUTOTS, -1
NSUBST, 250, 250, 250, 1
KBC, 1
TSRES, ERASE
LSWRITE, 2,

LSSOLVE, 1, 2, 1,
FINISH
```

13.3 课后练习

习题 13-1　题 13-1 图(a)所示的双自由度系统中，已知 $m_1=5$ kg，$m_2=10$ kg，$k_1=1200$ N/m，$k_2=2400$ N/m，$c_1=50$ N·s/m，$c_2=100$ N·s/m，如该系统受到 $F=100$ N 冲击力的作用，时间历程如题 13-1 图(b)所示，请分析该系统中质量块 m_1、m_2 在 0～5 s 内的瞬态响应。

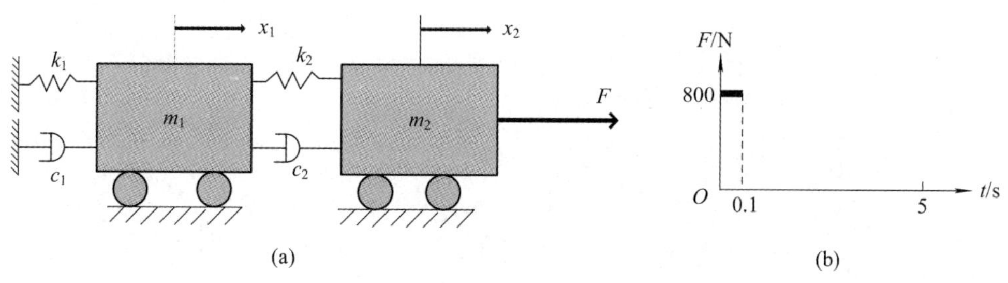

题 13-1 图

习题 13-1 的操作命令流如下，供读者参考。

```
/PREP7
ET, 1, MASS21
ET, 2, COMBIN14
R, 1, 5, , , , , ,
R, 2, 10, , , , , ,
R, 3, 1200, 50, , , , ,
R, 4, 2400, 100, , , , ,
N, ,,,,,,,
N, , 1,,,,,,
N, , 2,,,,,,
TYPE,   2
MAT,
REAL, 3
ESYS, 0
E, 1, 2
TYPE,   2
MAT,
REAL,       4
ESYS,       0
E, 2, 3
TYPE,   1
MAT,
REAL,       1
ESYS,       0
E, 2
TYPE,   1
MAT,
REAL,       2
ESYS,       0
E, 3
EPLOT
FINISH
/SOL
ANTYPE, 4
TRNOPT, FULL
LUMPM, 0
D, 1, , , , , , ALL, , , , ,
F, 3, FX, 100
SAVE
OUTRES, ALL, ALL,
TIME, 0.1
AUTOTS, -1
NSUBST, 100, 100, 100, 1
KBC, 1
TSRES, ERASE
LSWRITE, 1,
FDELE, 3, FX
TIME, 5
AUTOTS, -1
NSUBST, 500, 500, 500, 1
KBC, 1
TSRES, ERASE
LSWRITE, 2,
LSSOLVE, 1, 2, 1,
```

第 14 章　临界转速分析

14.1 问题描述

14.1.1 转子动力学简介

机器中的旋转部件称为转子，转子连同支承轴承和支座统称为转子系统。旋转起来的转子由于受到离心力的作用，会发生弯曲振动，转子动力学就是研究转轴的弯曲振动的科学。目前，转子动力学的主要研究集中在三个方面：临界转速及振型的计算、不平衡稳态响应计算、瞬态响应分析。

转子的不平衡会产生离心惯性力，对转子构成谐波激励，其频率就是转子的转速。当转子的转速与转子系统的固有频率接近或相同时，就会形成共振，此时转子的转速称为临界转速。由于转子系统的固有频率有 n 个，则临界转速通常也有 n 个。但是，临界转速与轴系固有频率绝不是同一个概念。

以一个偏置单盘转子为例来说明临界转速与轴系固有频率的主要区别。忽略重力对转子系统的影响，图 14－1(a)表示转子系统静止时的状态，图 14－1(b)为转子系统工作时的状态。定义 ω 为转轴的自转角速度，定义 Ω 为转轴的公转角速度。当转轴旋转起来后，由于离心力的作用，转轴发生了弯曲，如果圆盘偏置不在中间就会发生倾斜，从而造成 ω、Ω 两个角速度矢量之间产生一个角度 θ，进而会产生一个大小为 $J_p\omega\Omega\theta$ 的陀螺力矩，它会改变轴的弯曲刚度。换句话说，转轴的固有频率是转速的函数。转子动力学把 ω、Ω 旋转方向相同的情形称为正涡动，相反称为反涡动。正涡动时陀螺力矩会增加转轴的弯曲刚度，进而提高轴系的固有频率；反涡动则会降低转轴的弯曲刚度，进而降低轴系的固有频率。

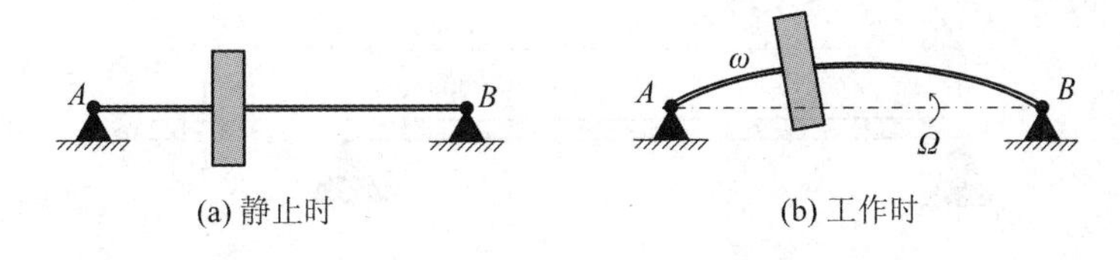

图 14－1　偏置单盘转子系统

实际转子总有不平衡量，故在运行中总能观测到同步正涡动。只有在特殊情况下，例如确实存在反进动转向干扰时，才会发生反涡动。一般来说，转轴的固有频率是指公转 Ω 频率，而临界转速则是指转轴自转 ω 的频率。当 Ω、ω 两者相同才发生共振，此时的 ω 值才定义为临界转速。

以 n 个自由度转子系统为研究对象，其运动微分方程可由式(14－1)表示。

$$\boldsymbol{M}\ddot{\boldsymbol{x}} + (\boldsymbol{C} - \omega \boldsymbol{H}_{\text{gyro}})\dot{\boldsymbol{x}} + \boldsymbol{K}\boldsymbol{x} = \boldsymbol{F}(t) \tag{14-1}$$

其中 $\boldsymbol{H}_{\text{gyro}}$ 是陀螺力矩，方程(14－1)中其他参数的含义与方程(10－1)相同，此处不再赘述。

14.1.2　临界转速分析

在临界转速分析时，常常以方程(14－1)的无阻尼自由振动方程为研究对象，这样方程(14－1)就可以写为

$$\boldsymbol{M}\ddot{\boldsymbol{x}} - \omega \boldsymbol{H}_{\text{gyro}})\dot{\boldsymbol{x}} + \boldsymbol{K}\boldsymbol{x} = 0 \tag{14-2}$$

此时，如果假设方程的解为 $\boldsymbol{x}=\boldsymbol{u}e^{i\Omega_{\text{ni}}t}$，并把它代入方程(14－2)中，可得到

$$(\boldsymbol{K} - i\omega\Omega_{\text{ni}}\boldsymbol{H}_{\text{gyro}} - \Omega_{\text{ni}}^2\boldsymbol{M})\boldsymbol{u}_i = 0 \tag{14-3}$$

方程(14－3)中 Ω_{ni} 代表系统第 i 阶固有频率，它是 ω 的函数；$\boldsymbol{u}_i$ 是第 i 阶主振型，Ω_{ni} 和 $\boldsymbol{u}_i$ 共同构成了系统的第 i 阶模态。在结构动力学中，固有频率通常是一个常数，而在转子动力学中，固有频率是个关于轴系自转角速度 ω 的函数，不便于工程应用。临界转速的定义是系统发生共振且 ω 与 Ω_{ni} 相等时，把转轴自转角速度 ω_i 称为系统的第 i 阶临界转速。由于临界转速是一个常数，工程中常常使用临界转速而不是固有频率来描述转子系统的动力特性。

在转子动力学分析中常绘制系统的坎贝尔(Campbell)图来描述系统的各阶临界转速。该图的横坐标是转轴的自转频率(或转速)，纵坐标是转轴公转角速度，这样每阶固有频率都是一条曲线，图中另有一条 $\omega=\Omega$ 直线，它与每阶固有频率曲线交点的横坐标就是临界转速。

计算实例：如图 14－2 所示，一直径 $D=0.2$ m、长度 $L=8$ m 的转轴，材料为 45 号钢(弹性模量 $E=2\text{e}11$ N/m^2，泊松比 0.3，密度 7800 kg/m^3)，角速度工作范围为 0～30000 rad/s。请画出其 Campbell 图并求出该轴系工作转速范围内的临界转速值。

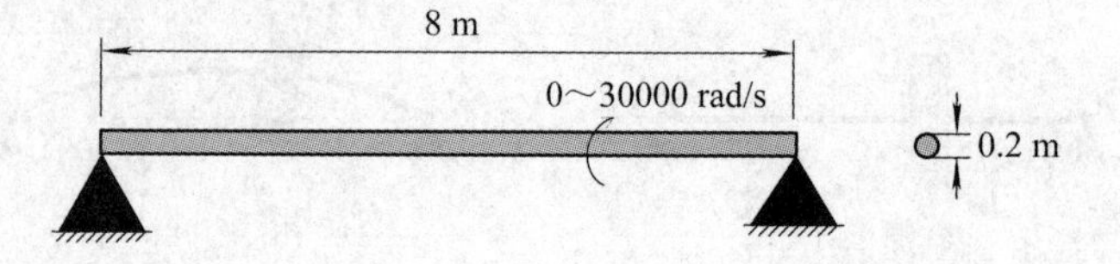

图 14－2　角速度为 0～30000 rad/s 转轴结构简图

14.2　转轴临界转速分析

14.2.1　操作步骤

(1) 进入 ANSYS 工作目录，命名文件。

单击 File→Change Jobname，打开"Change Jobname"对话框，在"Enter new jobname"对应的文本框中输入文件名"crit_speed_1"，并勾选"New log and error files"选项。

(2) 定义参数。

单击 Utility Menu→Parameters→Scalar Parameters，弹出对话框，在"Selection"文本框内输入"lx=8"，然后单击"Accept"按钮；重复操作，再输入"dia=0.2"。

(3) 定义单元类型并设置参数。

单击 Main Menu→Preprocessor→Element Type→Add/Edit/Delete，弹出 Element Types 对话框，单击对话框中的"Add"按钮，在左边列表框内选择"Beam"，在右边列表框中选择"2 node 188"单元，再单击"OK"按钮。返回上一级对话框，单击"Options"按钮，弹出对话框，在"Element behavior K3"下拉框中选择"Cubic Form"(截面形函数是三次差值函数)，然后单击"OK"按钮。

(4) 定义截面参数。

单击 Main Menu→Preprocessor→Sections→Beam→Common Sections，在弹出的对话框内选择"Sub-Type"为实心圆，在 R、N、T 文本框内分别输入 dia/2、10、5，然后单击"OK"按钮。

(5) 定义材料属性。

单击 Main Menu→Preprocessor→Material Props→Material Models，在弹出的材料模型定义对话框中依次单击 Structural→Linear→Elastic→Isotropic，在 EX 文本框中输入 2E11，在 PRXY 文本框中输入 0.3；然后在弹出的材料模型定义对话框中依次单击 Structural→Density，在 DENS 文本框中输入 7800。

(6) 创建节点与单元。

单击 Main Menu→Preprocessor→Modeling→Create→Nodes→In Active CS，弹出对话框，在"NODE"文本框内输入 1，在"X、Y、Z"文本框内输入"0，0，0"，单击 Apply；再次在"NODE"文本框内输入 9，在"X、Y、Z"文本框内输入"lx，0，0"，单击"OK"按钮。

单击 Main Menu→Preprocessor→Modeling→Create→Nodes→Fill between Nds，弹出对话框，用鼠标点选刚创建的节点 1 和节点 9；再次弹出对话框，检查文本框"NODE1，NODE2""NFILL"是否是"1，9""7"，如正确则单击"OK"按钮。这样就在节点 1 和节点 9 之间填充了 7 个均匀分布的节点。

单击 Main Menu→Preprocessor→Modeling→Create→Elements→Auto Numbered→Thru Nodes，弹出拾取对话框，拾取节点 1 和节点 2，创建一个单元。

单击 Main Menu→Preprocessor→Modeling→Copy→Elements→Auto Numbered，弹出对话框，拾取上一步创建的单元；在随后弹出的对话框的“ITIME”文本框内输入 8，在“NINC”文本框内保持默认值 1，单击“OK”按钮。复制 8 个单元。

(7) 显示单元。

单击 Utility Menu→PlotCtrls→Numbering，在“Elem / Attrib numbering”下拉框中选择“Element numbers”，再单击“OK”按钮。

单击 Utility Menu→Plot→Elements。模型共有 8 个单元。

(8) 定义模态分析及其设定分析参数。

单击 Main Menu→Solution→Analysis Type→New Analysis，在弹出的对话框中选择“Type of Analysis”为“Modal”，单击“OK”按钮。

单击 Main Menu→Solution→Analysis Type→Analysis Options，弹出对话框，在“MODOPT”单选框中选择 QR Damped，在“No. of modes to extract”文本框内输入 8，在“No. of modes to expand”文本框内输入 8，单击“OK”按钮。随后弹出的对话框如图 14-3 所示，勾选“Calculate Complex Eigenvectors”为 YES，然后单击“OK”按钮。

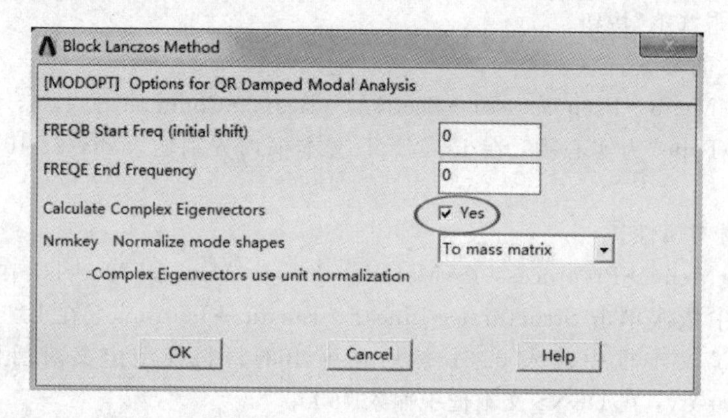

图 14-3 计算复数特征值及向量

(9) 施加约束。

单击 Main Menu→Solution→Define Loads→Apply→Structural→Displacement→On Nodes，弹出拾取对话框，选择节点 1，随后在“Lab2”列表框内选择“UY、UZ”，再单击 Apply 按钮；重复操作，选择节点 9，随后在“Lab2”列表框内选择“UY、UZ”，再单击 Apply 按钮；再次弹出拾取窗口，单击“Pick All”，随后在“Lab2”列表框内选择“UX、ROTX”，再单击“OK”按钮。

(10) 施加固定坐标系下陀螺力矩。

单击 Main Menu→Solution→Define Loads→Apply→Structural→Inertia→Angular Veloc→Coriolis，弹出对话框如图 14-4 所示，“Coriolis effect”选择“On”，即考虑陀螺力矩的影响；在“Reference frame”下拉列表中选择“Stationary”，即选择固定坐标系下考虑陀螺力矩，然后单击“OK”按钮关闭对话框。

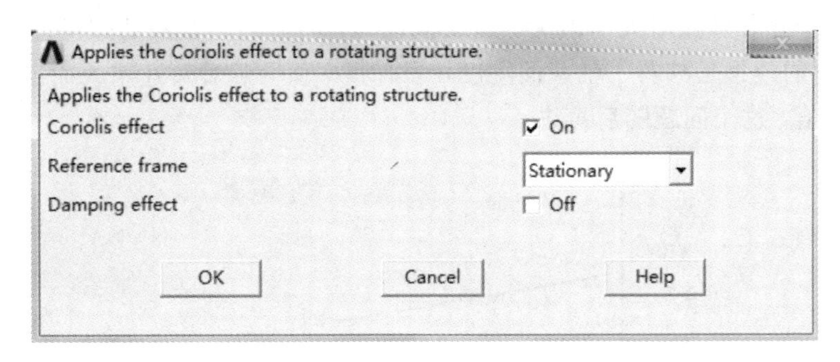

图 14-4　陀螺效应设置

(11) 多次输入转轴自转角速度，并求解。

单击 Main Menu→Solution→Define Loads→Apply→Structural→Inertia→Angular Veloc→Global，弹出对话框如图 14-5 所示，在“OMEGX”文本框内输入 0.1，然后单击“OK”按钮。

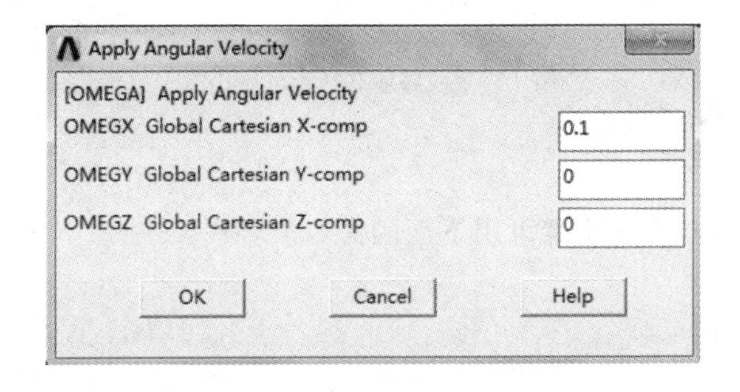

图 14-5　设置转轴系统的自转角速度

单击 Main Menu→Solution→Solve→Current LS，在弹出的对话框中点击“OK”按钮，进行求解。

多次重复该操作，依次在“OMEGX”文本框内输入 5000、10000、15000、20000、25000、30000，每填写一个角速度就求解一次(每次求解之后可以通过单击 Main Menu→General Postproc→Results Summary 查看固有频率计算结果)。

(12) 查看模态分析结果。

单击 Main Menu→General Postproc→Rotor Dynamics→Plot Campbell，图 14-6 即为

求得的 Campbell 图。从图中可以看到：纵坐标轴有 4 个点(代表转轴静止时的固有频率)，每个点分出两条曲线，一条向上(代表正涡动)，一条向下(代表反涡动)。8 条曲线上某一点的物理意义是转轴自转角速度为某一个值(横坐标值)时转轴的固有频率(纵坐标值)。正涡动时，转轴自转、涡动(公转)角速度夹角小于 90°，故产生的效果是增强了轴系的刚度，因此固有频率值会随着转速增大而增大。而反涡动时，转轴自转、涡动(公转)角速度夹角大于 90°，故产生的效果是减弱了轴系的刚度，固有频率值会随着转速增大而减小。图中尚看不到临界转速值，这个问题随后再讲。

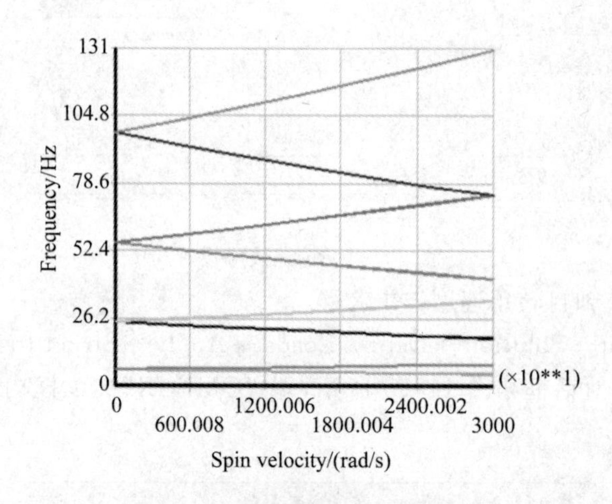

图 14-6　转轴的 Campbell 图

14.2.2　操作命令流

14.2.1 小节的 GUI 操作步骤可用下面的命令流替代：

```
/PREP7
*SET, lx, 8
*SET, dia, 0.2
ET, 1, BEAM188
KEYOPT, 1, 3, 3
SECTYPE,    1, BEAM, CSOLID, , 0
SECOFFSET, CENT
SECDATA, dia/2, 10, 5, 0, 0, 0, 0, 0,
0, 0, 0, 0
MP, EX, 1, 2e11
MP, PRXY, 1, 0.3
MP, DENS, 1, 7800
N, , , , , , , ,
N, 9, lx, , , , ,
FILL, 1, 9, 7, , , 1, 1, 1,
E, 1, 2
EGEN, 8, 1, 1, , , , , , , , , , ,
/PNUM, ELEM, 1
/REPLOT
EPLOT
FINISH

/SOL
ANTYPE, modal
```

```
MODOPT, QRDAMP, 8,,, on
MXPAND, 8, , , yes

D, 1, , , , , , UY, UZ, , , ,
D, 9, , , , , , UY, UZ, , , ,
D, all, , , , , , UX, ROTX, , , ,
CORIOLIS, 1, , , 1, 0
omega, 0.1
solve
omega, 5000
solve
omega, 10000
solve
omega, 15000
solve
omega, 20000
sovle
omega, 25000
solve
omega, 30000
solve

FINISH
/POST1
plcamp
prcamp
```

14.3　利用 APDL 分析计算

14.3.1　APDL 语言介绍

在 14.2.1 小节中，步骤(11)需要多次输入转轴转速值并求解，繁琐且不方便。此时如果使用 APDL 汇编语言编写一段简单程序，则可大大提高效率。命令流如下：

```
Omega, 0.1
solve
*do, I, 1, 10
Omega, i*300
Solve
*enddo
```

命令流中前两句先计算角速度为 0.1 rad/s 时系统的固有频率，其目的是确保软件在计算时收敛。

这段命令流后 4 条语句是一个 DO 循环，第一条语句“*do, I, 1, 10”中 *do 指令后面的变量 I 称为循环变量，它后面的两个数字表示 I 取值从 1 到 10，步长是 1；第二条语句“Omega, i*300”设置转轴角速度值，该值随着 I 值的变化而变化，依次取值 300，600，…，30000；第三条语句“Solve”根据 Omega 每次的取值分别进行分析计算；第四条语句“*enddo”的含义是当 I 依次取值完成后 DO 循环结束。

另外在后处理中，也可以通过输入 APDL 语言让 ANSYS 计算想要的数据值。以本实例为例，可以通过输入如下命令，让软件计算直线 ω(圆轴自转角速度)=Ω(圆轴公转角度)与图 14-6 中的 8 条固有频率曲线的交点的横坐标值(仅取前 5 阶)，即临界转速值。

```
/post1
Prcamp,, 1, rpm
Plcamp,, 1, rpm
*get, cric1, camp, 1, vcri,,,
*get, cric2, camp, 2, vcri,,,
*get, cric3, camp, 3, vcri,,,
*get, cric4, camp, 4, vcri,,,
*get, cric5, camp, 5, vcri,,,
```

"Prcapmp, Option, SLOPE, UNIT"命令表示打印出 Campbell 图，Option 的取值为 1/0，代表标识/不标识正涡动与反涡动，默认值 1 表示标识正反涡动。SLOPE 值取 1 代表比率为 1∶1，即横坐标代表的角速度与纵坐标的角速度比值 1∶1(软件会自动换算成相同单位)；UNIT 有两个选项，rds 横坐标轴的单位代表 rad/s，rpm 代表横坐标轴的单位是 r/min。"Plcamp, Option, SLOPE, UNIT"与 PRCAMP 相似，区别是前者表示画出 Campbell 图。

从数据库中获取信息并给参数赋值，可使用 *GET 命令或通过单击 Utility Menu→Parameters→Get Scalar Data 来选取。

"*get, cric1, camp, 1, vcri,,, "命令中，cric1 是用户取的参数名，用于保存提取信息；camp 代表信息要从 Campbell 图中提取；"1, vcri"代表提取 1 阶临界转速。

14.3.2 操作步骤

(1) 进入 ANSYS 工作目录，命名文件。

单击 File→Change Jobname，打开"Change Jobname"对话框，在"Enter new jobname"对应的文本框中输入文件名"crit_speed_2"，并勾选"New log and error files"选项。

(2) 定义参数。

单击 Utility Menu→Parameters→Scalar Parameters，弹出对话框，在"Selection"文本框内输入"lx=8"，然后单击"Accept"按钮；重复操作，再输入"dia=0.2"。

(3) 定义单元类型并设置参数。

单击 Main Menu→Preprocessor→Element Type→Add/Edit/Delete，弹出 Element Types 对话框，单击对话框中的"Add"按钮，在左边列表框内选择"Beam"，在右边列表框中选择"2 node 188"单元，再单击"OK"按钮。返回上一级对话框，单击"Options"按钮；弹出对话框，在"Element behavior K3"下拉框中选择"Cubic Form"(截面形函数是三次差值函数)，然后单击"OK"按钮。

(4) 定义截面参数。

单击 Main Menu→Preprocessor→Sections→Beam→Common Sections，在弹出的对话框内选择“Sub-Type”为实心圆，在 R、N、T 文本框内分别输入 dia/2、10、5，然后单击“OK”按钮。

(5) 定义材料属性。

单击 Main Menu→Preprocessor→Material Props→Material Models，在弹出的材料模型定义对话框中依次单击 Structural→Linear→Elastic→Isotropic，在 EX 文本框中输入 2E11，在 PRXY 文本框中输入 0.3；然后在弹出的材料模型定义对话框中依次单击 Structural→Density，在 DENS 文本框中输入 7800。

(6) 创建节点与单元。

单击 Main Menu→Preprocessor→Modeling→Create→Nodes→In Active CS，弹出对话框，在“NODE”文本框内输入 1，在“X、Y、Z”文本框内输入“0，0，0”，单击 Apply；再次在“NODE”文本框内输入 9，在“X、Y、Z”文本框内输入“lx，0，0”，单击“OK”按钮。

单击 Main Menu→Preprocessor→Modeling→Create→Nodes→Fill between Nds，弹出对话框，用鼠标点选刚创建的节点 1 和节点 9；再次弹出对话框，检查文本框“NODE1，NODE2”“NFILL”是否是“1，9”“7”，如正确则单击“OK”按钮。这样就在节点 1 和 9 之间填充了 7 个均匀分布的节点。

单击 Main Menu→Preprocessor→Modeling→Create→Elements→Auto Numbered→Thru Nodes，弹出拾取对话框，拾取节点 1 和节点 2，创建一个单元。

单击 Main Menu→Preprocessor→Modeling→Copy→Elements→Auto Numbered，弹出对话框，拾取上一步创建的单元；随后弹出的对话框中，在“ITIME”文本框内输入 8，在“NINC”文本框内保持默认值 1，单击“OK”按钮。复制 8 个单元。

(7) 显示单元。

单击 Utility Menu→PlotCtrls→Numbering，在“Elem / Attrib numbering”下拉框中选择“Element numbers”，然后单击“OK”按钮。

单击 Utility Menu→Plot→Elements。模型共有 8 个单元。

(8) 定义模态分析及其设定分析参数。

单击 Main Menu→Solution→Analysis Type→New Analysis，弹出对话框，选择“Type of Analysis”为“Modal”，单击“OK”按钮。

单击 Main Menu→Solution→Analysis Type→Analysis Options，弹出对话框，在“MODOPT”单选框中选择 QR Damped，在“No. of modes to extract”文本框内输入 8，在“No. of modes to expand”文本框内输入 8，再单击“OK”按钮。在随后弹出的对话框中勾选“Calculate Complex Eigenvectors”为 YES，再单击“OK”按钮。

(9) 施加约束。

单击 Main Menu→Solution→Define Loads→Apply→Structural→Displacement→On Nodes，弹出拾取对话框，选择节点 1，随后在“Lab2”文本框内选择“UY、UZ”，单击 Apply 按钮；重复操作，选择节点 9；随后在“Lab2”文本框内选择“UY、UZ”，单击 Apply 按钮；再次弹出拾取窗口，单击“Pick All”，随后在“Lab2”文本框内选择“UX、ROTX”，单击“OK”按钮。

(10) 施加固定坐标系下陀螺力矩。

单击 Main Menu→Solution→Define Loads→Apply→Structural→Inertia→Angular Veloc→Coriolis，弹出对话框，在“Coriolis effect”选择“On”，即考虑陀螺力矩的影响；在“Reference frame”下拉列表中选择“Stationary”，即选择固定坐标系下考虑陀螺力矩，单击“OK”按钮关闭对话框。

(11) 复制如下 APDL 语句并粘贴在命令窗口内，回车执行就可以得到图 14-7 所示的 Campbell 图。

```
Omega, 0.1
solve
*do, I, 1, 10
Omega, i*300
Solve
*enddo
/post1
Prcamp,, 1, rpm
Plcamp,, 1, rpm
*get, cric1, camp, 1, vcri,,,
*get, cric2, camp, 2, vcri,,,
*get, cric3, camp, 3, vcri,,,
*get, cric4, camp, 4, vcri,,,
*get, cric5, camp, 5, vcri,,,
```

图 14-7 与图 14-6 图的区别是横坐标由 rad/s 变为了 r/min，且多了一条原点引出的

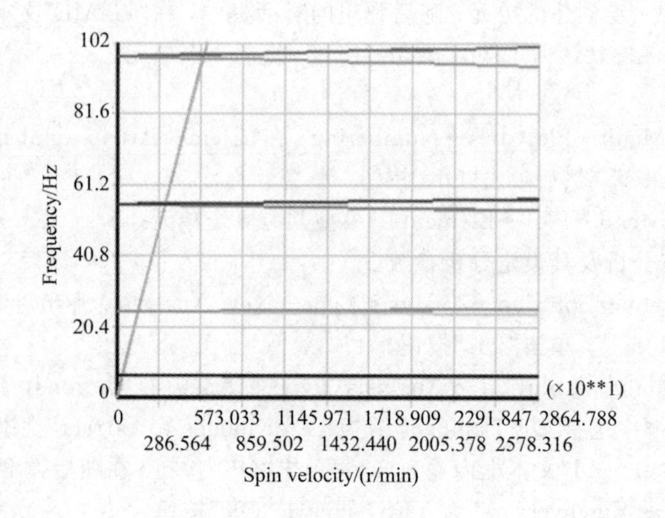

图 14-7　转轴的 Campbell 图

直线，它上面每一点均表示横坐标与纵坐标相同(在相同单位制情况下)，因此它与 8 条曲线交点的横坐标值代表转轴的临界转速。各阶临界转速的数值可以通过以下路径查看：单击 Utility Menu→Parameters→Scalar Parameters，在弹出的对话框中可以看到 CRIC1＝372.3、CRIC2 ＝372.6、CRIC3＝1 484.1、CRIC4＝1 488.7、CRIC5＝3 320.7。

14.3.3 操作命令流

14.3.1 小节的 GUI 操作步骤可用下面的命令流替代：

```
/PREP7
*SET, lx, 8
*SET, dia, 0.2
ET, 1, BEAM188
KEYOPT, 1, 3, 3
SECTYPE,    1, BEAM, CSOLID, , 0
SECOFFSET, CENT
SECDATA, dia/2, 10, 5, 0, 0, 0, 0, 0,
0, 0, 0, 0
MP, EX, 1, 2e11
MP, PRXY, 1, 0.3
MP, DENS, 1, 7800
N, ,,,,,,,
N, 9, lx,,,,,,
FILL, 1, 9, 7, , , 1, 1, 1,
E, 1, 2
EGEN, 8, 1, 1, , , , , , , , , , ,
/PNUM, ELEM, 1
/REPLOT
EPLOT
FINISH

/SOL
ANTYPE, modal
MODOPT, QRDAMP, 8,,, on
MXPAND, 8, , , yes

D, 1, , , , , , , UY, UZ, , , ,
D, 9, , , , , , , UY, UZ, , , ,
D, all, , , , , , UX, ROTX, , , ,
CORIOLIS, 1, , , 1, 0
Omega, 0.1
solve
*do, I, 1, 10
Omega, i*300
Solve
*enddo
/post1
Prcamp,, 1, rpm
Plcamp,, 1, rpm
*get, cric1, camp, 1, vcri,,,
*get, cric2, camp, 2, vcri,,,
*get, cric3, camp, 3, vcri,,,
*get, cric4, camp, 4, vcri,,,
*get, cric5, camp, 5, vcri,,,
```

14.4 课后练习

习题 14－1 设有一转盘如题 14－1 图所示，内径为 0.02 m，外径为 0.1 m，厚度为 0.0065 m，该盘的材料参数如下：弹性模量为 2×11 N/m^2，泊松比 0.3，密度 7850 kg/m^3，工作转速范围为 0～30 000 r/min，请画出其 Campbell 图并求出该轴系工作转速范围内的临界转速值。

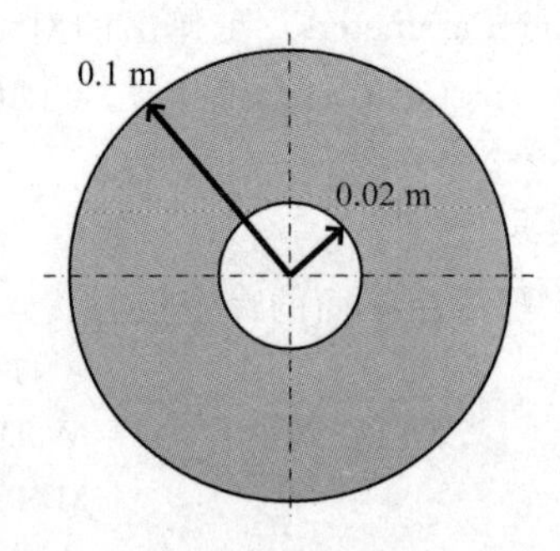

题 14-1 图

习题 14-2　有一悬臂盘直径为 0.6 m，宽度为 0.2 m，装在一根直径为 0.03 m，长度为 1 m 的轴上，轴左端固定，如题 14-2 图所示。如果轴与盘的材料属性相同，弹性模量为 2×11 N/m^2，泊松比为 0.3，密度为 7850 kg/m^3，请画出其 Campbell 图并求出该轴系工作转速范围内(0～800 r/min)的临界转速值。

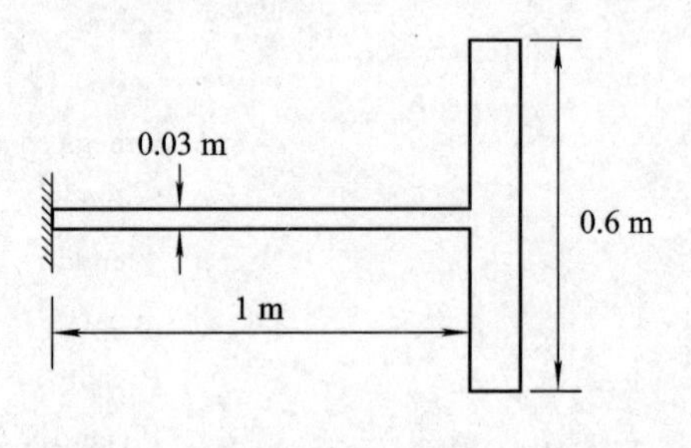

题 14-2 图

第 15 章　不平衡响应分析

15.1　问 题 描 述

仍以 n 个自由度转子系统及其运动微分方程为研究对象，由于转子的不平衡会产生离心惯性力，对转子构成谐波激励，所以 n 个自由度转子系统的振动形式是简谐振动。转子系统的不平衡响应研究的是转子系统同步正涡动时轴系的振动响应，即转轴的自转角速度 ω 与轴系涡动角速度 Ω 同向且相等，故其微分运动方程可以表示为

$$\boldsymbol{M}\ddot{\boldsymbol{x}} + (\boldsymbol{C} - \omega \boldsymbol{H}_{\text{gyro}})\dot{\boldsymbol{x}} + \boldsymbol{K}\boldsymbol{x} = \boldsymbol{F}\mathrm{e}^{\mathrm{j}\omega t} \tag{15-1}$$

设方程的解为 $\boldsymbol{x}=\boldsymbol{u}\mathrm{e}^{\mathrm{j}\omega t}$，把它们代入方程(15－1)之中，整理后得到：

$$\boldsymbol{u} = (\boldsymbol{K} + \mathrm{j}\omega \boldsymbol{C} - \mathrm{j}\omega^2 \boldsymbol{H}_{\text{gyro}} - \omega^2 \boldsymbol{M})^{-1} \boldsymbol{F} \tag{15-2}$$

由公式(15－2)可知，转子系统的不平衡响应是在频域内研究转子-轴承-阻尼系统的振动特性的一种分析，方程(15－2)的解 $\boldsymbol{u}$ 就是不平衡响应。不平衡响应分析的目标是计算机械结构在各种激励频率下的响应值(通常是振幅或相位角)曲线，动力学中振幅曲线称为“幅频特性曲线”，相位角曲线称为“相频特性曲线”。

计算实例：图 15－1 所示为一轴承-转子系统，轴左、右两端在 0.1 m 处各有一个轴承支承，已知转盘的直径为 0.2 m，厚度为 0.03 m。左边支承轴承的刚度、阻尼系数分别为 $k_x=6\times10^7$ N/m，$k_y=6\times10^7$ N/m，$c_x=50$ N·s/m，$c_y=50$ N·s/m；右边轴承的刚度、阻尼分别为 $k_x=5\times10^7$ N/m，$k_y=5\times10^7$ N/m，$c_x=80$ N·s/m，$c_y=80$ N·s/m；转盘的不平衡量$M=0.4$ kg·m。如果转轴与盘的材料属性相同，即弹性模量 $E=2\times10^{11}$ N/m^2，泊松比$\mu=0.3$，密度 7800 kg/m^3，请分析该转子-轴承系统转速在 300 Hz 内的不平衡响应。

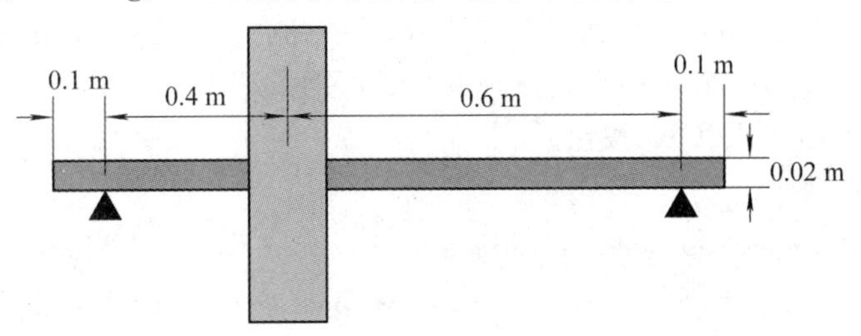

图 15－1　转子-轴承系统结构简图

15.2 采用 Beam188 与 Mass21 单元建模

15.2.1 操作步骤

(1) 进入 ANSYS 工作目录，命名文件。

单击 File→Change Jobname，打开“Change Jobname”对话框，在“Enter new jobname”对应的文本框中输入文件名“rotor_bearing_1”，并勾选“New log and error files”选项。

(2) 定义参数。

单击 Utility Menu→Parameters→Scalar Parameters，弹出对话框，在“Selection”文本框内输入“l1＝0.1”，再单击“Accept”按钮；重复操作，分别输入 l2＝0.4、l3＝0.6、l4＝0.1、d1＝0.02、d2＝0.2、h＝0.03、kx1＝6e7、Ky1＝6e7、Cx1＝50、Cy1＝50、Kx2＝5e7、Ky2＝5e7、Cx2＝80、Cy2＝80、Pi＝acos(－1)、F1＝0.4、M1＝7800 * PI * D2 * D2 * H/4、JZ＝0.5 * M1 * D2 * D2/4、JD＝0.5 * JZ。共定义 20 个参数。

(3) 定义单元类型。

单击 Main Menu→Preprocessor→Element Type→Add/Edit/Delete，弹出 Element Types 对话框，单击对话框中的“Add”按钮，左边列表框内选择“Structural Mass”，右边列表框中选择“3D mass 21”，单击“Apply”按钮；再次在左边列表框内选择“Beam”，右边列表框中选择“2 node 188”单元，单击“Apply”按钮。再次在左边列表框内选择“Combination”，右边列表框中选择“2D Bearing 214”单元，单击“OK”按钮。

(4) 定义实常数。

单击 Main Menu→Preprocessor→Real Constants→Add/Edit/Delete，在弹出的对话框内单击“Add”按钮，在弹出的列表框内选择“Type 1 MASS21”，单击“OK”按钮；又弹出一个对话框，在“MASSX”“MASSY”“MASSZ”“IXX”“IYY”“IZZ”文本框内分别输入 M1、M1、M1、JD、JD、JZ，再单击“OK”按钮；单击“Add”按钮，在弹出的列表框内选择“Type 3 COMBIN214”；又弹出一个对话框，分别在“K11”“K22”“C11”“C22”文本框内输入 kx1、ky1、cx1、cy1，再单击“OK”按钮；单击“Add”按钮，在弹出的列表框内选择“Type 3 COMBIN214”，又弹出一个对话框，分别在“K11”“K22”“C11”“C22”文本框内输入 kx2、ky2、cx2、cy2，然后单击“OK”按钮。

(5) 定义材料属性。

单击 Main Menu→Preprocessor→Material Props→Material Models，在弹出的材料模型定义对话框中依次单击 Structural→Linear→Elastic→Isotropic，在 EX 文本框中输入 2.1E11，在 PRXY 文本框中输入 0.3；然后在弹出的材料模型定义对话框中依次单击 Structural→Density，在 DENS 文本框中输入 7800。

(6) 定义 Beam188 截面参数。

单击 Main Menu→Preprocessor→Sections→Beam→Common Sections，在弹出的对话框内选择“Sub-Type”为实心圆，然后在 R、N、T 文本框内输入 d1/2、10、5，单击“OK”按钮。

(7) 创建关键点与直线。

单击 Main Menu→Preprocessor→Modeling→Create→Keypoints→In Active CS，弹出对话框，在“NPT”文本框内输入 1，在“X、Y、Z”文本框内输入“0，0，0”，然后单击“Apply”按钮；重复操作，依次输入关键点 2(坐标(0，0，l1))、关键点 3(坐标(0，0，l1＋l2))、关键点 4(坐标(0，0，l1＋l2＋l3))、关键点 5(坐标(0，0，l1＋l2＋l3＋l4))。

单击 Main Menu→Preprocessor→Modeling→Create→Lines→Lines→Straight Line，弹出拾取对话框，分别连接关键点 1 和 2、2 和 3、3 和 4、4 和 5，形成 4 条直线，然后单击“OK”按钮。

(8) Beam188 单元划分网格。

单击 Main Menu→Preprocessor→Meshing→MeshTool，弹出对话框，在“Element Attribute”区域单击“Global”后面的“Set”按钮；弹出对话框，在“TYPE”下拉框中选择“2 BEAM188”，然后单击“OK”按钮；单击“Size Control”区域中的“Global”后面的“Set”按钮，弹出对话框，在“SIZE”文本框中输入 0.02，再单击“OK”按钮。返回上一级对话框，在“Mesh”区域中单击“Mesh”按钮，在弹出的拾取对话框中单击“PIck All”按钮，关闭网格划分窗口。

(9) 创建转盘有限元模型。

在命令窗口中输入“nodep＝node(0，0，l1＋l2)”，找到圆盘所在节点位置。注意，不是创建一个节点，仅是寻找一个已经存在的节点并取名，便于后期操作时指定该节点。

单击 Main Menu→Preprocessor→Modeling→Create→Elements→Elem Attributes，弹出对话框，在“TYPE”“MAT”“REAL”下拉框内分别选择“1 MASS21”“1”“1”，然后单击“OK”按钮确定。

单击 Main Menu→Preprocessor→Modeling→Create→Elements→Auto Numbered→Thru Nodes，弹出拾取对话框，在文本框内输入 nodep，在节点(0，0，l1＋l2)处创建一个圆盘。

(10) 显示单元。

单击 Utility Menu→Plot→Elements，就可看到“ * ”显示的圆盘模型。

(11) 命名、创建节点。

在命令窗口中分两次输入“nodeb1＝node(0，0，l1)”和“nodeb2＝node(0，0，l1＋l2＋l3)”，找到轴承所在节点位置并取名，便于后面的拾取操作。

单击 Main Menu→Preprocessor→Modeling→Create→Nodes→In Active CS，弹出对话

框，在“NODE”文本框内输入 500，在“X、Y、Z”文本框内输入“0，0.1，l1”，单击“Apply”按钮；再次在“NODE”文本框内输入 501，在“X、Y、Z”文本框内输入“0，0.1，l1＋l2＋l3”，然后单击“OK”按钮。

（12）创建左侧弹簧阻尼有限元模型。

单击 Main Menu→Preprocessor→Modeling→Create→Elements→Elem Attributes，弹出对话框如图 15－2 所示，在“TYPE”“MAT”“REAL”下拉框内分别选择了“3 COMBI214”“1”“2”，然后单击“OK”按钮确定。

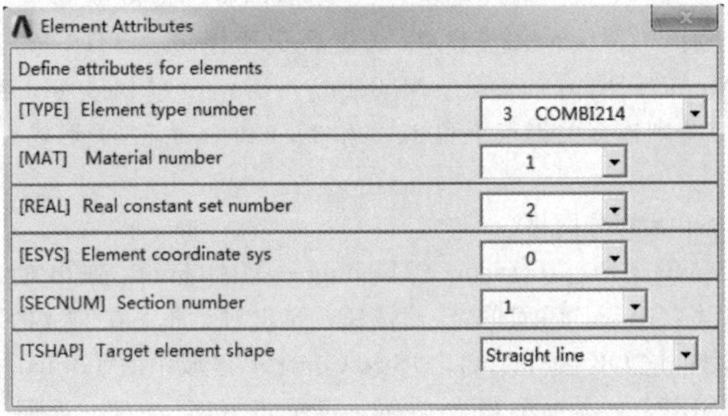

Element Attributes
Define attributes for elements
[TYPE] Element type number　3 COMBI214
[MAT] Material number　1
[REAL] Real constant set number　2
[ESYS] Element coordinate sys　0
[SECNUM] Section number　1
[TSHAP] Target element shape　Straight line

图 15－2　设置弹簧阻尼的结构参数

单击 Main Menu→Preprocessor→Modeling→Create→Elements→Auto Numbered→Thru Nodes，弹出拾取对话框，在文本框内输入“nodeb1，500”，然后单击“OK”按钮。

（13）创建右侧弹簧阻尼有限元模型。

单击 Main Menu→Preprocessor→Modeling→Create→Elements→Elem Attributes，弹出对话框，在“TYPE”“MAT”“REAL”下拉框内分别选择了“3 COMBI214”“1”“3”，然后单击“OK”按钮确定。

单击 Main Menu→Preprocessor→Modeling→Create→Elements→Auto Numbered→Thru Nodes，弹出拾取对话框，在文本框内输入“nodeb2，501”，然后单击“OK”按钮。

（14）创建一个旋转组件。

单击 Utility Menu→Select→Entities，打开对话框，在上端的两个下拉框中分别选择“Elements”“By Attribute”，在单选框内选择“Elem type num”，在“Min，Max，Inc”文本框中输入“1，2”，然后单击“OK”按钮。选择单元类型为 1、2(Mass21、Beam188)的所有单元。

单击 Utility Menu→Plot→Elements，目前选中的单元对应的几何模型只有轴与圆盘。

单击 Utility Menu→Select→Comp/Assembly→Create Component，弹出对话框，如图 15－3 所示，在“Cname”文本框中输入 rotor，在“Entity”下拉列表中选择 Elements，然后单

击“OK”按钮。

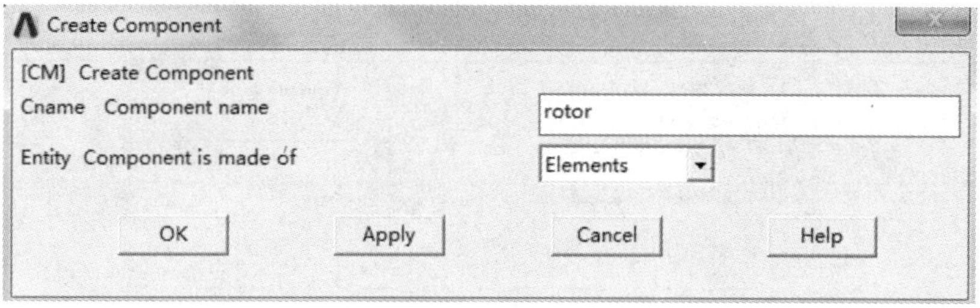

图 15－3　创建旋转组件

单击 Utility Menu→Select→Everything，选择所有实体。

（15）定义谐响应分析。

单击 Main Menu→Preprocessor→Solution→Analysis Type→New Analysis，弹出对话框，选择“Type of Analysis”单选框中的“Harmonic”，然后单击“OK”按钮。

（16）施加约束及载荷。

单击 Main Menu→Solution→Define Loads→Apply→Structural→Displacement→On Nodes，弹出拾取对话框，选择节点 500，随后在“Lab2”列表框内选择“ALL DOF”，再单击“Apply”按钮；重复操作，选择节点 501，随后在“Lab2”列表框内选择“ALL DOF”，再单击“Apply”按钮；再次弹出拾取窗口，单击“Pick All”，随后在“Lab2”列表框内选择“UZ、ROTZ”，再单击“OK”按钮。

单击 Main Menu→Solution→Define Loads→Apply→Structural→Force/ Moment→On Nodes，弹出对话框，在文本框内输入 nodep，然后单击“OK”按钮。弹出对话框，如图 15－4 所示，在“VALUE Real part of force/mom”文本框中输入“f1”，再单击“OK”按钮；重复操作，如图 15－5 所示，在“Lab”下拉框中选择 FY，在“VALUE Real part of force/mom”文本框中输入 0，在“VALUE2 Imag part of force/mom”中输入“-f1”，然后单击“OK”按钮。

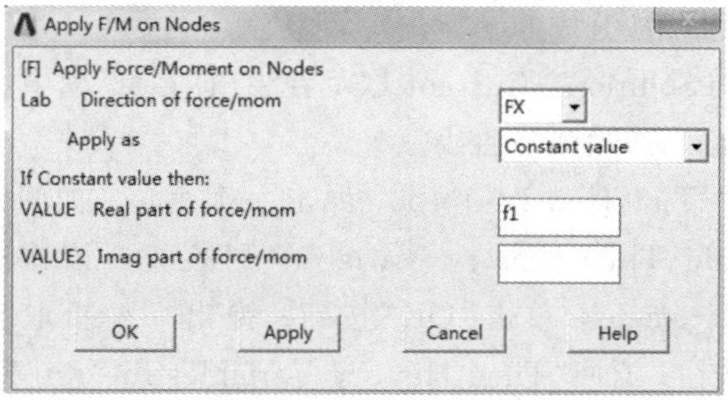

图 15－4　加载实部力

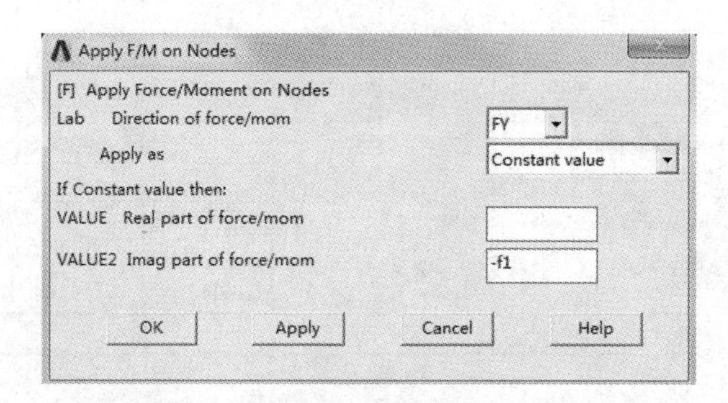

图 15-5　加载虚部力

(17) 设置组件 rotor 的角速度及打开陀螺效应。

单击 Main Menu→Preprocessor→Loads→Define Loads→Apply→Structural→Inertia→Angular Veloc→On Components→By origin，弹出对话框，在“OMEGZ”文本框中输入 300 * 2 * pi，然后单击“OK”按钮。

单击 Main Menu→Solution→Define Loads→Apply→Structural→Inertia→Angular Veloc→Coriolis，弹出对话框，“Coriolis effect”选择“On”，即考虑陀螺力矩的影响；在“Reference frame”下拉列表中选择“Stationary”，即选择固定坐标系下考虑陀螺力矩，然后单击“OK”按钮关闭对话框。

(18) 设定谐响应分析参数并求解。

单击 Main Menu→Solution→Loads→Load Step Opts→Output Ctrls→DB/Results File，弹出对话框，在“FREQ”单选框中选择“Every substep”，即输出每个子步值，然后单击“OK”按钮。

单击 Main Menu→Solution→Load Step Opts→Time/Frequenc→Freq and Substeps，弹出对话框，在“HARFRQ”两个文本框中从左到右分别输入 0、300，在“NSUBST”文本框中输入 600，在“KBC”单选框中选择 Stepped，然后单击“OK”按钮。求解范围为 0～300 Hz，步长 0.5 Hz(300 Hz 被分成 600 等分)。

单击 Main Menu→Solution→Current LS，在弹出的对话框中点击“OK”按钮。

(19) 查看圆盘处幅(相)频特性曲线。

单击 Main Menu→TimeHist Postproc，弹出一个窗口，如图 15-6 所示，单击“Add Data”按钮；弹出“Add Time-History Variable”列表框，依次选择 Nodal Solution→X-Component of displacement，单击“OK”按钮；弹出一个拾取窗口，在文本框内输入 nodep，再单击“OK”按钮；返回“Time History Variables-file.rst”窗口，窗口变量列表中会多出一个变量 UX_3，选中它后单击“Graph Data”按钮就可以看到 0～300 Hz 范围内圆盘的幅频特性曲线，如图 15-7 所示，从图中可以看到共有 2 个临界转速。此时如果在“Time

History Variables- file. rst"窗口右上角的下拉列表单选框中选择"Phase Angle"，再单击"Graph Data"按钮，就可以看到 0～300 Hz 范围内圆盘的相频特性曲线，如图 15-8 所示。

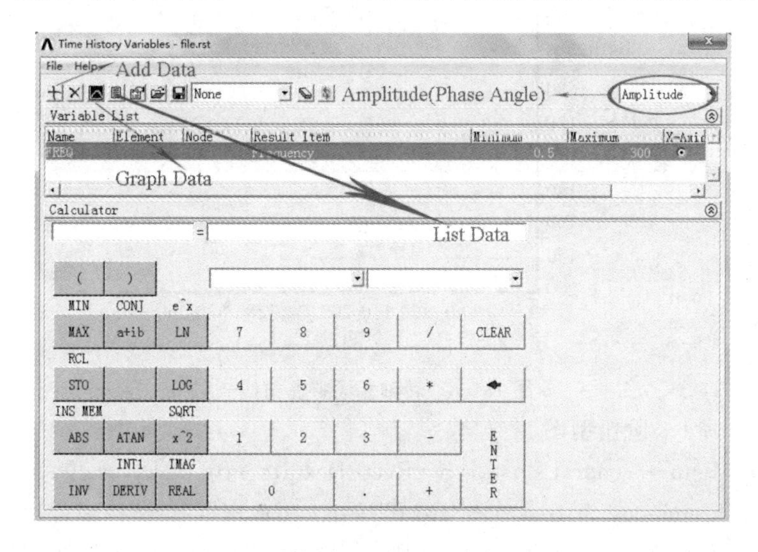

图 15-6 时间历程后处理参数变量

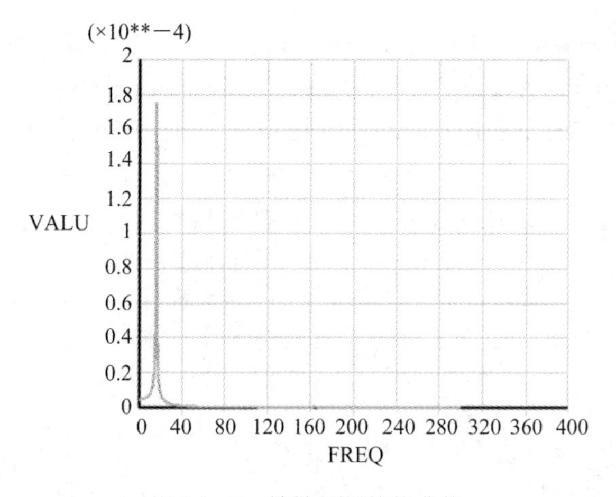

图 15-7 转轴幅频特性曲线

在"Time History Variables- file. rst"窗口右上角的下拉列表单选框中选择"Amplitude"，然后单击"List Data"按钮就可以看到列表形式的频率与振幅，从中可以查到系统前 2 阶临界转速值分别为 930 r/min、9810 r/min(16Hz、163.5Hz)。

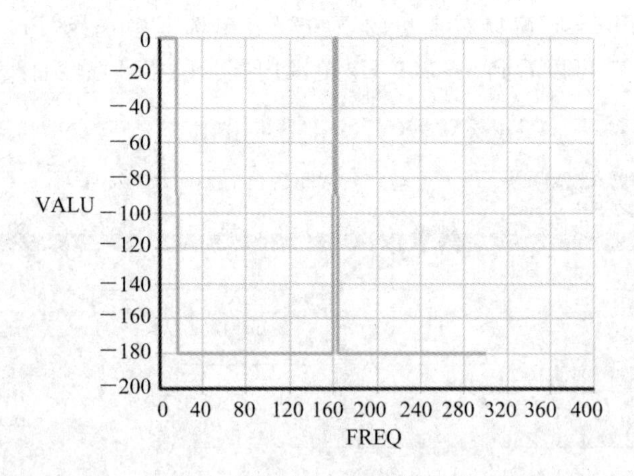

图 15-8　转轴相频特性曲线

(20) 查看 1 阶、3 阶振型图。

单击 Main Menu→General Postproc→Read Results→By pick，弹出一个窗口，在其中选择 Set 63，设 Frequency 为 16，单击“Read”按钮，再单击“Close”按钮，关闭窗口。

单击 Main Menu→General Postproc→Rotor Dynamics→Plot orbit 或直接在命令窗口中输入 Plorb，就可看到第 1 阶临界转速对应的振型图，如图 15-9 所示。从图中可知，1 阶振型中圆盘处振幅最大。

单击 Main Menu→General Postproc→Read Results→By pick，弹出一个窗口，在其中选择 set653，设 Frequency 为 163.5，单击“Read”按钮，再单击“Close”按钮，关闭窗口。

单击 Main Menu→General Postproc→Rotor Dynamics→Plot orbit，或直接在命令窗口中输入 Plorb，就可看到第 2 阶临界转速对应的振型图，如图 15-10 所示。从图中可知，2 阶振型中圆盘振幅很小，可以认为基本不动；圆盘右边轴段振幅也很小；振动较大的地方是圆盘左边轴段。

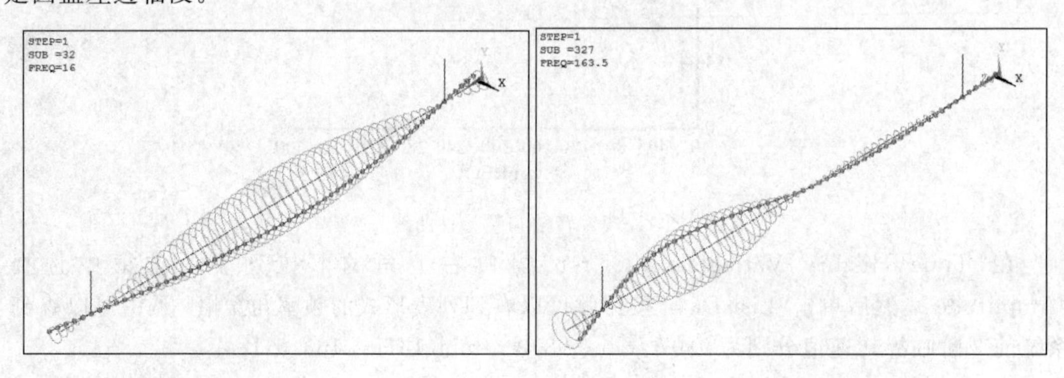

图 15-9　转轴第 1 阶主振型　　　　图 15-10　转轴第 2 阶主振型

15.2.2　重要知识点

谐响应分析时如何施加旋转力：

在不平衡响应分析中，由转子的不平衡所产生离心惯性力是不停旋转的，ANSYS 软件通过使用复数来实现力的旋转。以 XOY 平面内施加旋转力 F 为例，设离心力方向为逆时针。坐标原点位于转轴形心，e 为形心与质心之间的距离，即偏心距，如图 15-11 所示。

那么 $F=me\omega^2$ 的 X 轴、Y 轴分量分别可以表示为

$$F_X = F\cos\omega t = Fe^{j\omega t} = me(\omega^2 e^{j\omega t}), \quad F_Y = F\sin\omega t = -jFe^{j\omega t} = -jme(\omega^2 e^{j\omega t}) \tag{15-3}$$

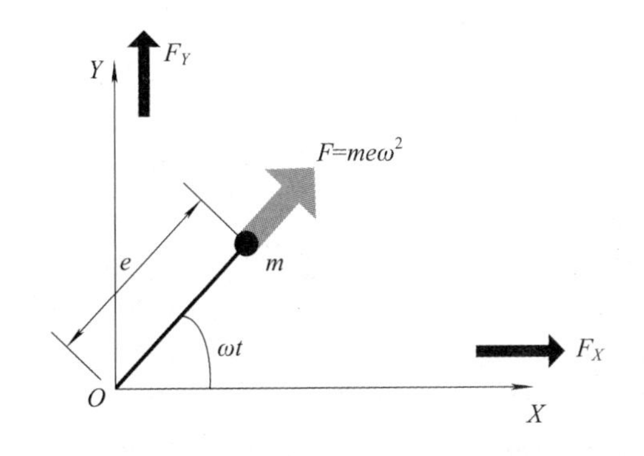

图 15-11　不平衡引起的离心旋转力

ANSYS 软件规定，在转子不平衡响应加载旋转离心力时，只加载公式(15-3)括号前面的值，至于括号内的值，软件会自动运算。举例说明，如果转轴自转轴与 Z 轴重合，则其离心力将位于 XOY 平面内。施加载荷力时需要分两步进行：① 在转子形心处(图 15-11 中的原点 O 处)X 轴方向施加实部力 me；② 重新操作，在转子形心处 Y 轴方向施加虚部力 $-me$。其加载命令流如下：

```
/prep7
…
F, node fx, me
F, node, fy,, －me
```

15.2.3　操作命令流

15.2.1 小节的 GUI 操作步骤可用下面的命令流替代：

```
/prep7
L1＝0.1
L2＝0.4
L3＝0.6
L4＝0.1
D1＝0.02
```

```
D2=0.2
H=0.03
Kx1=6e7
Ky1=6e7
Cx1=50
Cy1=50
Kx2=5e7
Ky2=5e7
Cx2=80
Cy2=80
Pi=acos(-1)
F1=0.4
M1=7800*PI*D2*D2*H/4
JZ=0.5*M1*D2*D2/4
JD=0.5*JZ
ET, 1, MASS21
ET, 2, BEAM188
ET, 3, COMBI214
R, 1, M1, M1, M1, JD, JD, JZ,
R, 2, kx1, ky1, , , cx1, cy1,
R, 3, kx2, ky2, , , cx2, cy2,
MP, EX, 1, 2.1E11
MP, PRXY, 1, 0.3
MP, DENS, 1, 7800
SECTYPE,    1, BEAM, CSOLID, , 0
SECOFFSET, CENT
SECDATA, d1/2, 10, 5, 0, 0, 0, 0, 0,
0, 0, 0, 0
K, ,,,,
K, ,,, l1,
K, ,,, l1+l2,
K, ,,, l1+l2+l3,
K, ,,, l1+l2+l3+l4,
LSTR, 1, 2
LSTR, 2, 3
LSTR, 3, 4
LSTR, 4, 5
ESIZE, 0.02, 0,
TYPE,    2
MAT,       1
LMESH, all
*SET, nodep, node(,, l1+l2)
TYPE,    1
MAT,        1
REAL,        1
SECNUM,    1
TSHAP, LINE
E, nodep
EPLOT
nodeb1=node(0, 0, l1)
nodeb2=node(,, l1+l2+l3)
N, 500,, 0.1, l1,,,,
N, 501,, 0.1, l1+l2+l3,,,,
TYPE,    3
MAT,        1
REAL,        2
SECNUM,    1
E, 500, nodeb1
TYPE, 3
MAT, 1
REAL, 3
E, 501, nodeb2

ESEL, S, TYPE,, 1, 2
EPLOT
CM, rotor, ELEM
ALLSEL, ALL


/SOL
ANTYPE, 3
D, all, , , , , , UZ, ROTZ, , , ,
D, 500, , , , , , ALL, , , , ,
D, 501, , , , , , ALL, , , , ,
CMOMEGA, ROTOR, 0, 0, 600*pi,,,,
```

```
CORIOLIS, 1, , , 1, 0
f, nodep, fx, f1, 0
f, nodep, fy, 0, -f1
OUTRES, ALL, ALL,
HARFRQ, 0, 300,
NSUBST, 600,
KBC, 1
solve
```

15.3　采用 Solid186 与 Mesh200 单元建模

15.3.1　操作步骤

（1）进入 ANSYS 工作目录，命名文件。

单击 File→Change Jobname，打开“Change Jobname”对话框，在“Enter new jobname”对应的文本框中输入文件名“rotor_bearing_2”，并勾选“New log and error files”选项。

（2）定义单元类型并设置参数。

单击 Main Menu→Preprocessor→Element Type→Add/Edit/Delete，弹出 Element Types 对话框，单击对话框中的“Add”按钮，在左边列表框内选择“Not Solved”，在右边列表框中选择“Mesh Facet 200”，然后单击“OK”按钮，返回上一级窗口，单击“Options”按钮；弹出对话框，在“K1”下拉单选框内选择“QUAD 8-NODE”，再单击“OK”按钮；再次单击“Add”按钮，在左边列表框内选择“Solid”，在右边列表框中选择“20 node 186”单元，然后单击“Apply”按钮。再次单击“Add”按钮，在左边列表框内选择“Combination”，在右边列表框中选择“2D Bearing 214”单元，然后单击“OK”按钮；返回上级一对话框，选中“COMB214”单元，然后单击 Options 按钮；弹出对话框，如图 15-12 所示，在 K2 下拉框中选择“Parallel to YZ plane”（该平面应与轴承-转子系统的轴向方向垂直），再单击“OK”按钮。

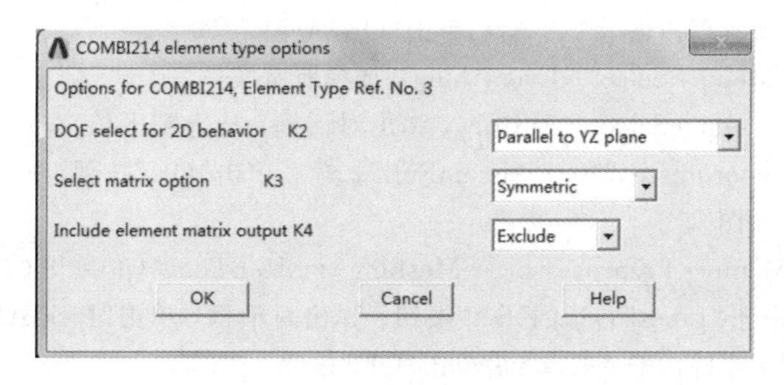

图 15-12　弹簧单元参数设置

(3) 定义材料属性。

单击 Main Menu→Preprocessor→Material Props→Material Models，在弹出的材料模型定义对话框中依次单击 Structural→Linear→Elastic→Isotropic，在 EX 文本框中输入 2E11，在 PRXY 文本框中输入 0.3；然后在弹出的材料模型定义对话框中依次单击 Structural→Density，在 DENS 文本框中输入 7800。

(4) 定义实常数。

单击 Main Menu→Preprocessor→Real Constants，在弹出的对话框内单击"Add"按钮，在弹出的列表框内选择"Type 2 COMBIN14"；又弹出一个对话框，分别在"K11""K22""C11""C22"文本框内输入 6e7、6e7、50、50，然后单击"OK"按钮；单击"Add"按钮，在弹出的列表框内选择"Type 2 COMBIN14"；又弹出一个对话框，分别在"K11""K22""C11""C22"文本框内输入 5e7、5e7、80、80，单击"OK"按钮。

(5) 创建 2 个平面并合并。

单击 Main Menu→Preprocessor→Modeling→Create→Areas→Rectangle→By 2 Corners，弹出对话框，依次在"Width""Height"文本框内输入 1.2、0.01，然后单击"Apply"按钮；再在"WP X""WP Y""Width""Height"文本框内依次输入 0.485、0.01、0.03、0.09，然后单击"OK"按钮。

单击 Main Menu→Preprocessor→Modeling→Operate→Booleans→Add→Areas，弹出拾取对话框，单击"Pick All"按钮，将两个矩形合并成为一个平面。

(6) 设置各个线段网格尺寸。

单击 Utility Menu→Select→Entities，弹出对话框，从上到下依次选择或填写"Lines""By Location""Y coordinates""0""From Full"，然后单击"OK"按钮。通过坐标位置选取位于 X 轴上的直线。

单击 Main Menu→Preprocessor→Meshing→MeshTool，在弹出的对话框的"Size Controls"区域内单击"Lines"右边的"Set"按钮；弹出对话框，单击"Pick All"按钮；弹出对话框，在"NDIV"文本框内输入 24，然后单击"OK"按钮。

单击 Utility Menu→Select→Everything，选择所有实体。

单击 Utility Menu→Select→Entities，弹出对话框，从上到下依次选择或填写"Lines""By Location""Y coordinates""0.1""FromFull"，然后单击"OK"按钮。通过坐标位置选取圆盘上端直线(截面图)。

单击 Main Menu→Preprocessor→Meshing→MeshTool，在弹出的对话框的"Size Controls"区域内单击"Lines"右边的"Set"按钮；弹出对话框，单击"Pick All"按钮；弹出对话框，在"NDIV"文本框内输入 2，然后单击"OK"按钮。

单击 Utility Menu→Select→Everything，选择所有实体。

单击 Utility Menu→Select→Entities，弹出对话框，从上到下依次选择或填写"Lines"

“By Location”“Y coordinates”“0.01”“FromFull”，然后单击“OK”按钮。通过坐标位置选取转轴上端直线(截面图)。

单击 Main Menu→Preprocessor→Meshing→MeshTool，在弹出的对话框的“Size Controls”区域内单击“Lines”右边的“Set”按钮；弹出的对话框，单击“Pick All”；弹出对话框，在“SIZE”文本框内输入 0.05，单击“OK”按钮。

单击 Utility Menu→Select→Everything，选择所有实体。

单击 Utility Menu→Select→Entities，弹出对话框，从上到下依次选择或填写“Lines”“By Location”“X coordinates”“0.485”“FromFull”，然后单击“OK”按钮。通过坐标位置选取圆盘左端垂线(截面图)。

单击 Main Menu→Preprocessor→Meshing→MeshTool，在弹出的对话框的“Size Controls”区域内单击“Lines”右边的“Set”按钮；弹出的对话框，单击“Pick All”；弹出的对话框，在“NDIV”文本框内输入 5，然后单击“OK”按钮。

单击 Utility Menu→Select→Everything，选择所有实体。

单击 Utility Menu→Select→Entities，弹出对话框，从上到下依次选择或填写“Lines”“By Location”“X coordinates”“0.515”“FromFull”，然后单击“OK”按钮。通过坐标位置选取圆盘右端垂线(截面图)。

单击 Main Menu→Preprocessor→Meshing→MeshTool，在弹出的对话框的“Size Controls”区域内单击“Lines”右边的“Set”按钮；弹出的对话框，单击“Pick All”；弹出的对话框，在“NDIV”文本框内输入 5，然后单击“OK”按钮。

(7) 划分网格。

单击 Utility Menu→Select→Everything，选择所有实体。

单击 Main Menu→Preprocessor→Meshing→MeshTool，在弹出的对话框的“Mesh”区域中选择“Areas”“Quad”“Free”后，单击“Mesh”按钮；在弹出的拾取对话框总单击“Pick All”按钮，关闭网格划分窗口。

(8) 创建弹簧阻尼有限元模型。

在命令窗口中分两次输入“nodeb1=node(0.1，0，0)”和“nodeb2=node(1.1，0，0)”，找到轴承所在节点位置并取名，便于后面拾取操作。

单击 Main Menu→Preprocessor→Modeling→Create→Nodes→In Active CS，弹出对话框，在“NODE”文本框内输入 500，在“X、Y、Z”文本框内输入“0.1，0.1，0”，单击“Apply”按钮；重复操作，再次在“NODE”文本框内输入 501，在“X、Y、Z”文本框内输入“1.1，0.1，0”。

单击 Main Menu→Preprocessor→Modeling→Create→Elements→Elem Attributes，弹出对话框，在“TYPE”“REAL”下拉框内分别选择“3 COMBI214”“1”，然后单击“OK”按钮确定。

单击 Main Menu→Preprocessor→Modeling→Create→Elements→Auto Numbered→Thru Nodes，弹出拾取对话框，在文本框内输入"nodeb1，500"，然后单击"OK"按钮。

单击 Main Menu→Preprocessor→Modeling→Create→Elements→Elem Attributes，弹出对话框，在"TYPE""REAL"下拉框内分别选择"3 COMBI214""2"，然后单击"OK"按钮确定。

单击 Main Menu→Preprocessor→Modeling→Create→Elements→Auto Numbered→Thru Nodes，弹出拾取对话框，在文本框内输入"nodeb2，501"，然后单击"OK"按钮。

(9) 将面旋转成体单元。

单击 Main Menu→Preprocessor→Modeling→Operate→Extrude→Elem Ext Opts，弹出对话框，在"TYPE"下拉框中选择"2 SOLID186"，在"VAL1"文本框中输入3，在"ACLEAR"后选择YES，然后单击"OK"按钮。

单击 Main Menu→Preprocessor→Modeling→Operate→Extrude→Areas→About Axis，弹出拾取对话框，用鼠标拾取截面；再随机选取位于X轴上的两个关键点作为旋转轴，然后单击"OK"按钮。

单击 Main Menu→Preprocessor→Meshing→Clear→Areas，弹出拾取窗口，单击"Pick All"按钮，再单击"OK"按钮，清除平面网格，以免影响以后的计算。

(10) 选择type2创建一个组件。

单击 Utility Menu→Select→Entities，打开对话框，在上端的两个下拉框中分别选择"Elements""By Attribute"，在单选框内选择"Elem type num"，在"Min，Max，Inc"文本框中输入2，然后单击"OK"按钮。

单击 Utility Menu→Plot→Elements，目前选中的模型只有轴与圆盘。

单击 Utility Menu→Select→Comp/Assembly→Create Component，弹出对话框，在"Cname"文本框中输入rotor，在"Entity"下拉列表中选择Elements，然后单击"OK"按钮。

单击 Utility Menu→Select→Everything，选择所有实体。

(11) 施加约束及载荷。

单击 Utility Menu→Select→Entities，打开对话框，在上端的两个下拉框中分别选择"Nodes""By Location"，在单选框内选择"Y coordinates"，在"Min，Max"文本框中输入0，再单击"Apply"按钮；在单选框内选择"Z coordinates"，在"Min，Max"文本框中输入0，然后在下面的单选框内选择"Reselect"，再单击"OK"按钮。选择了Y、Z坐标值均为0的节点，即位于X轴上的节点。

单击 Main Menu→Solution→Define Loads→Apply→Structural→Displacement→On Nodes，弹出拾取对话框，单击"Pick All"按钮，随后在"Lab2"列表框内选择"UX"，然后单击"OK"按钮。

单击 Utility Menu→Select→Everything，选择所有实体。

单击 Main Menu→Solution→Define Loads→Apply→Structural→Displacement→On Nodes，弹出拾取对话框，选择节点 500，随后在“Lab2”列表框内选择“ALL DOF”，然后单击 Apply 按钮；重复操作，选择节点 501，随后在“Lab2”列表框内选择“ALL DOF”，然后单击“OK”按钮。

(12) 定义谐响应分析并设定分析参数。

单击 Main Menu→Solution→Analysis Type→New Analysis，弹出对话框，选择“Type of Analysis” 单选框中的“Harmonic”，然后单击“OK”按钮。

(13) 施加载荷。

在命令窗口输入“nodep＝node(0.5，0，0)”。

单击 Main Menu→Solution→Define Loads→Apply→Structural→Force/ Moment→On Nodes，弹出对话框，在文本框内输入 nodep，然后单击“OK”按钮。弹出对话框，在“Lab”下拉框中选择 FY，在“VALUE Real part of force/mom”文本框中输入 0.4，然后单击“OK”按钮；重复操作，在“Lab”下拉框中选择 FZ，在“VALUE Real part of force/mom”文本框中输入 0，在“VALUE2 Imag part of force/mom”中填写－0.4，然后单击“OK”按钮。

(14) 设置组件 rotor 角速度及打开陀螺效应。

单击 Main Menu→Solution→Define Loads→Apply→Structural→Inertia→Angular Veloc→On Components→By origin，弹出对话框，在“OMEGX”文本框中输入 300 * 2 * 3.14，然后单击“OK”按钮。

Main Menu→Solution→Define Loads→Apply→Structural→Inertia→Angular Veloc→Coriolis，弹出对话框，“Coriolis effect”选择“On”，即考虑陀螺力矩的影响；在“Reference frame”下拉列表中选择“Stationary”，即选择固定坐标系下考虑陀螺力矩，然后单击“OK”按钮关闭对话框。

(15) 设定谐响应分析参数并求解。

单击 Main Menu→Preprocessor→Loads→Load Step Opts→Output Ctrls→DB/Results File，弹出对话框，在“FREQ”单选框中选择“Every substep”，即输出每个子步值，然后单击“OK”按钮。

单击 Main Menu→Solution→Load Step Opts→Time/Frequenc→Freq and Substeps，弹出对话框，在“HARFRQ”两个文本框中从左到右分别输入 0、300，在“NSUBST”文本框中输入 600，在“KBC”单选框中选择 Stepped，然后单击“OK”按钮。

单击 Main Menu→ Solution→Solve→Current LS，在弹出的对话框中点击“OK”按钮。

(16) 查看幅(相)频特性曲线。

单击 Main Menu→TimeHist Postproc，弹出一个窗口，单击“Add Data”按钮，弹出“Add Time-History Variable”列表框，依次选择 Nodal Solution→Y-Component of displacement，然后单击“OK”按钮；弹出一个拾取窗口，文本框内输入 nodep，再单击

"OK"按钮；返回"Time History Variables- file. rst"窗口，窗口变量列表中会多出一个变量UY_2，选中它后单击"Graph Data"按钮，就可以看到 0～300 Hz 范围内圆盘的幅频特性曲线，如图 15-13 所示，从图中可以看到共有 2 个临界转速。此时如果在"Time History Variables-file. rst"窗口右上角的下拉列表单选框中选择"Phase Angle"，再单击"Graph Data"按钮，就可以看到 0～300 Hz 范围内圆盘的相频特性曲线，如图 15-14 所示，从图中查得转轴 1 阶、2 阶临界转速分别为 990 r/min、9960 r/min(16.5 Hz、166Hz)。

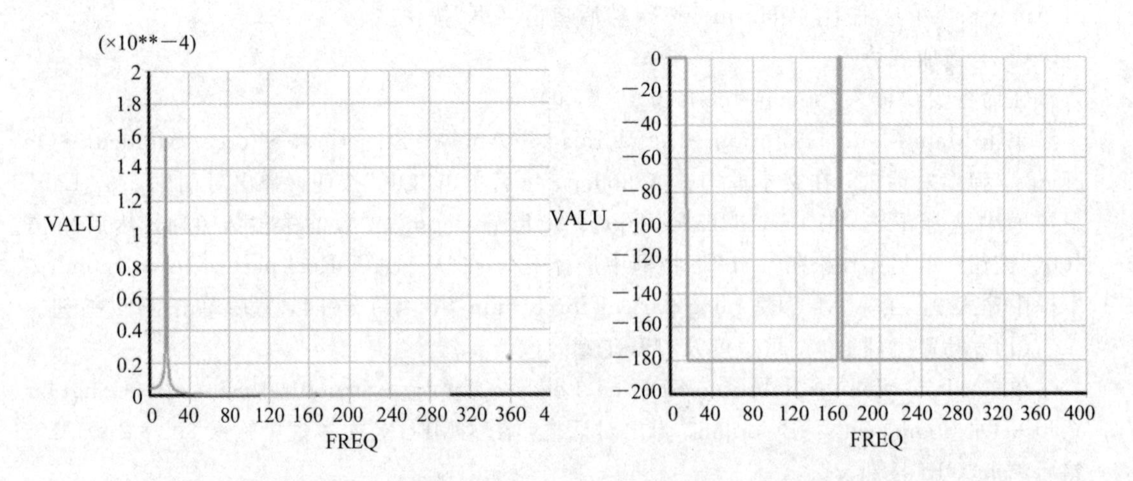

图 15-13　转轴圆盘处幅频特性曲线　　图 15-14　转轴圆盘处相频特性曲线

15.3.2　操作命令流

15.3.1 小节的 GUI 操作步骤可用下面的命令流替代：

```
/COM,   Structural
/PREP7
ET, 1, MESH200
ET, 2, SOLID186
ET, 3, COMBI214
KEYOPT, 1, 1, 7
KEYOPT, 1, 2, 0
KEYOPT, 3, 2, 1
MP, EX, 1, 2e11
MP, PRXY, 1, 0.3
MP, DENS, 1, 7800
R, 1, 6e7, 6e7, , , 50, 50,
R, 2, 5e7, 5e7, , , 80, 80,
BLC4, , , 1.2, 0.01
BLC4, 0.485, 0.01, 0.03, 0.09
AADD, all
LSEL, , loc, y, 0
LESIZE, all, , , 24, , , , , 1
allsel
LSEL, , loc, y, 0.1
LESIZE, all, , , 2, , , , , 1
allsel
lsel,, loc, y, 0.01
LESIZE, all, 0.05, , , , , , , , 1
allsel
lsel, s, loc, x, 0.485
```

```
lesize, all,,, 5,,,,, 1
allsel
lsel, s, loc, x, 0.515
lesize, all,,, 5,,,,, 1
allsel
AMESH, all
nodeb1=node(0.1, 0, 0)
nodeb2=node(1.1, 0, 0)
N, 500, 0.1, 0.1,,,,,
N, 501, 1.1, 0.1,,,,,
TYPE, 3
MAT, 1
REAL, 1
E, nodeb1, 500
TYPE, 3
MAT, 1
REAL, 2
ESYS, 0
E, nodeb2, 501
TYPE,   2
EXTOPT, ESIZE, 3, 0,
EXTOPT, ACLEAR, 1
EXTOPT, ATTR, 1, 1, 2
MAT, 1
REAL, 2
ESYS, 0
VROTAT, all, , , , , , 1, 2 , 360, ,
ACLEAR, all
ESEL, S, TYPE,, 2
EPLOT
CM, rotor, ELEM
/SOL
ANTYPE, 3
NSEL, S, LOC, Y,
NSEL, R, LOC, Z,
D, all, , , , , , UX, , , , ,
ALLSEL, ALL
D, 500, , , , , , ALL, , , , ,
D, 501, , , , , , ALL, , , , ,
nodep=node(0.5, 0, 0)
F, nodep, FY, 0.4,
F, nodep, FZ, 0, -0.4
CORIOLIS, 1, , , 1, 0
CMOMEGA, ROTOR, 600 * 3.14, 0,
0,,,,
OUTRES, ALL, ALL,
HARFRQ, 0, 300,
NSUBST, 600,
KBC, 1
solve
```

15.4　采用 Solid273 单元建模

15.4.1　操作步骤

(1) 进入 ANSYS 工作目录，命名文件。

单击 File→Change Jobname，打开“Change Jobname”对话框，在“Enter new jobname”对应的文本框中输入文件名“rotor_bearing_3”，并勾选“New log and error files”选项。

(2) 定义单元类型并设置参数。

单击 Main Menu→Preprocessor→Element Type→Add/Edit/Delete，弹出 Element

Types 对话框，再单击对话框中的“Add”按钮，在左边列表框内选择“Solid”，在右边列表框中选择“Axisym 8node 273”单元，单击“OK”按钮；返回上级一对话框，单击“Options”按钮，在 K2 下拉框中选择“3-General 3-D Def”，然后单击“OK”按钮。再次单击“Add”按钮，在左边列表框内选择“Combination”，在右边列表框中选择“2D Bearing 214”单元，然后单击“OK”按钮；返回上级一对话框，选中“COMB214”单元，单击 Options 按钮，在 K2 下拉框中选择“Parallel to YZ plane”，再单击“OK”按钮。

(3) 定义实常数。

单击 Main Menu→Preprocessor→Material Props→Real Constants，在弹出的对话框内单击“Add”按钮，在列表框内选择“Type 2 COMBIN14”；又弹出一个对话框，分别在“K11”“K22”“C11”“C22”文本框内输入 6e7、6e7、50、50，单击“OK”按钮；单击“Add”按钮，在列表框内选择“Type 2 COMBIN14”；又弹出一个对话框，分别在“K11”“K22”“C11”“C22”文本框内输入 5e7、5e7、80、80，然后单击“OK”按钮。

(4) 定义材料属性。

单击 Main Menu→Preprocessor→Material Props→Material Models，在弹出的材料模型定义对话框中依次双击 Structural→Linear→Elastic→Isotropic，在 EX 文本框中输入2.1E11，在 PRXY 文本框中输入 0.3；然后在弹出的材料模型定义对话框中依次双击 Structural→Density，在 DENS 文本框中输入 7800。

(5) 创建 16 个关键点。

单击 Main Menu→Preprocessor→Modeling→Create→Keypoints→In Active CS，依次创建 16 个关键点，其编号及坐标值如下：关键点 1(0，0，0)、关键点 2(0.1，0，0)、关键点 3(0.1，0.01，0)、关键点 4(0，0.01，0)、关键点 5(0.485，0，0)、关键点 6(0.485，0.01，0)、关键点 7(0.485，0.1，0)、关键点 8(0.5，0.1，0)、关键点 9(0.5，0，0)、关键点 10(0.515，0，0)、关键点 11(0.515，0.01，0)、关键点 12(0.515，0.1，0)、关键点 13(1.1，0，0)、关键点 14(1.1，0.01，0)、关键点 15(1.2，0，0)、关键点 16(1.2，0.01，0)。

(6) 通过关键点创建 6 个平面。

单击 Main Menu→Preprocessor→Modeling→Create→Areas→Arbitrary→Through KPs，弹出拾取窗口，依次选择关键点 1、2、3、4，单击“Apply”按钮；选择关键点 2、3、5、6，单击“Apply”按钮；选择关键点 5、6、7、8、9，单击“Apply”按钮；选择关键点 9、8、12、11、10，单击“Apply”按钮；选择关键点 10、11、14、13，单击“Apply”按钮；选择关键点 13、14、16、15，然后单击“OK”按钮。

(7) 打开线的编号并显示线。

单击 Utility Menu→PlotCtrls→Numbering，弹出对话框，勾选“LINE”为 ON，然后单击 “OK”按钮。

单击 Utility Menu→Plot→Lines，显示线段。

(8) 划分网格。

单击 Main Menu→Preprocessor→Meshing→Concatenate→Lines，弹出拾取对话框，拾取图形的线段 6 和线段 8，单击“Apply”按钮把它们连成一条线段；再次拾取图形中线段 14 和 13，然后单击“OK”按钮。

单击 Main Menu→Preprocessor→Meshing→MeshTool，在弹出的对话框中单击“Size Control”区域中的“Global”后面的“Set”按钮，在“Size”文本框内输入 0.005，然后单击“OK”按钮。返回上一级对话框，在“Shape”区域中选择单元形状为“Quad”，划分单元的方式是“Mapped”，然后单击“Mesh”按钮，再单击“Pick All”按钮。

(9) 沿对称轴创建 3 个均匀分布的节点平面。

依次在命令窗口输入以下 3 句命令：

```
sect, 1, axis
secd, 1, 0, 0, 0, 1, 0, 0  ! 定义通过两个关键点(0, 0, 0)、(1, 0, 0)的直线作为旋转轴
naxi
```

即可得到图 15-15 所示的关于对称轴对称的 3 个节点平面。

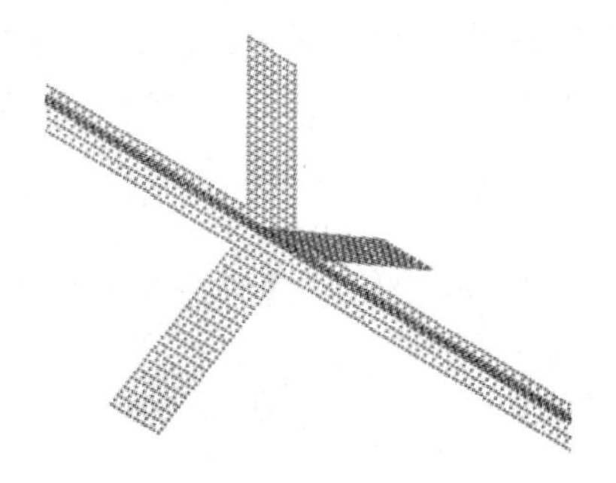

图 15-15　沿对称轴创建 3 个均匀分布的节点平面

(10) 定义一个旋转组件。

单击 Utility Menu→Select→Comp/Assembly→Create Component，弹出对话框，在“Cname”文本框中输入 rotor，在“Entity”下拉列表中选择 Elements，然后单击“OK”按钮。

(11) 创建弹簧阻尼有限元模型。

在命令窗口中分两次输入“nodeb1=node(0.1, 0, 0)”和“nodeb2=node(1.1, 0, 0)”，找到轴承所在节点位置并取名，便于后面拾取操作。

单击 Main Menu→Preprocessor→Modeling→Create→Nodes→In Active CS，弹出对话框，在“NODE”文本框内输入 10000，在“X、Y、Z”文本框内输入“0.1, 0.1, 0”，单击“Apply”；再次在“NODE”文本框内输入 10001，在“X、Y、Z”文本框内输入“1.1, 0.1, 0”。

单击 Main Menu→Preprocessor→Modeling→Create→Elements→Elem Attributes，弹出对话框，在“TYPE”“REAL”下拉框内分别选择“2 COMBI214”“1”，然后单击“OK”按钮

确定。

单击 Main Menu→Preprocessor→Modeling→Create→Elements→Auto Numbered→Thru Nodes，弹出拾取对话框，在文本框内输入“nodeb1，10000”，然后单击“OK”按钮。

单击 Main Menu→Preprocessor→Modeling→Create→Elements→Elem Attributes，弹出对话框，在“TYPE”“REAL”下拉框内分别选择“2 COMBI214”“2”，然后单击“OK”按钮确定。

单击 Main Menu→Preprocessor→Modeling→Create→Elements→Auto Numbered→Thru Nodes，弹出拾取对话框，在文本框内输入“nodeb2，10001”，然后单击“OK”按钮。

(12) 施加约束及载荷。

单击 Main Menu→Solution→Define Loads→Apply→Structural→Displacement→On Nodes，弹出拾取对话框，选择节点 10000，随后在“Lab2”列表框内选择“ALL DOF”，然后单击“Apply”按钮；重复操作，选择节点 10001，随后在“Lab2”列表框内选择“ALL DOF”，然后单击“OK”按钮。

单击 Utility Menu→Select→Entities，打开对话框，在上端的两个下拉框中分别选择“Nodes”“By Location”，在单选框内选择“Y coordinates”，在“Min，Max”文本框中输入 0，单击“Apply”；在单选框内选择“Z coordinates”，在“Min，Max”文本框中输入 0，在下面的单选框内选择“Reselect”，然后单击“OK”按钮。

单击 Main Menu→Solution→Define Loads→Apply→Structural→Displacement→On Nodes，弹出拾取对话框，单击“Pick All”，随后在“Lab2”列表框内选择“UX”，再单击“OK”按钮。

单击 Utility Menu→Select→Everything，选择所有节点。

(13) 定义谐响应分析。

单击 Main Menu→Preprocessor→Solution→Analysis Type→New Analysis，弹出对话框，选择“Type of Analysis”单选框中的“Harmonic”，然后单击“OK”按钮。

(14) 施加载荷。

在命令窗口输入“nodep＝node(0.5，0，0)”。

单击 Main Menu→Solution→Define Loads→Apply→Structural→Force/ Moment→On Nodes，弹出对话框，在文本框内输入 nodep，然后单击“OK”按钮。弹出对话框，在“Lab”下拉框中选择 FY，在“VALUE Real part of force/mom”文本框中输入 0.4，单击“OK”按钮；重复操作，在“Lab”下拉框中选择 FZ，在“VALUE Real part of force/mom”文本框中输入 0，在“VALUE2 Imag part of force/mom”中输入－0.4，再单击“OK”按钮。

(15) 设置组件 rotor 角速度及定义陀螺效应。

单击 Main Menu→Preprocessor→Loads→Define Loads→Apply→Structural→Inertia→Angular Veloc→On Components→By origin，弹出对话框，在“OMEGX”文本框中输入

300 * 2 * 3.14，然后单击“OK”按钮。

单击 Main Menu→Solution→Define Loads→Apply→Structural→Inertia→Angular Veloc→Coriolis，弹出对话框，“Coriolis effect”选择“On”，即考虑陀螺力矩的影响；在“Reference frame”下拉列表中选择“Stationary”，即选择固定坐标系下考虑陀螺力矩，然后单击“OK”按钮关闭对话框。

(16) 设定谐响应分析参数并求解。

单击 Main Menu→Preprocessor→Loads→Load Step Opts→Output Ctrls→DB/Results File，弹出对话框，在“FREQ”单选框中选择“Every substep”，即输出每个子步值，然后单击“OK”按钮。

单击 Main Menu→Solution→Load Step Opts→Time/Frequenc→Freq and Substeps，弹出对话框，在“HARFRQ”两个文本框中从左到右分别填入 0、300，在“NSUBST”文本框中输入 600，在“KBC”单选框中选择 Stepped，然后单击“OK”按钮。

单击 Main Menu→Solution→Solve→Current LS，在弹出的对话框中点击“OK”按钮。

(17) 查看幅(相)频特性曲线。

单击 Main Menu→TimeHist Postproc，弹出一个窗口，单击“Add Data”按钮；弹出“Add Time-History Variable”列表框，依次选择 Nodal Solution→Y-Component of displacement，然后单击“OK”按钮；弹出一个拾取窗口，在文本框内输入 nodep，再单击“OK”按钮；返回“Time History Variables- file.rst”窗口，窗口变量列表中会多出一个变量 UY_2，选中它后单击“Graph Data”按钮，就可以看到 0～300 Hz 范围内圆盘的幅频特性曲线，如图 15-16 所示，从图中可以看到共有 2 个临界转速。此时如果在“Time History Variables- file.rst”窗口右上角的下拉列表单选框中选择“Phase Angle”，再单击“Graph Data”按钮，就可以看到 0～300 Hz 范围内圆盘的相频特性曲线，如图 15-17 所示。从图中查得转轴第 1 阶、2 阶临界转速分别为 990 r/min、10050 r/min(16.5 Hz、167.5 Hz)。

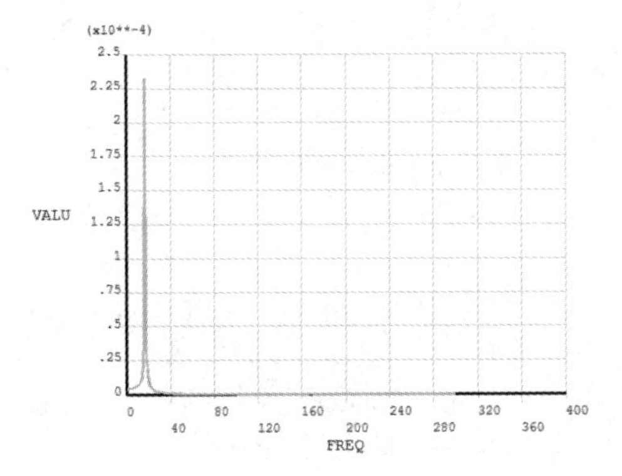

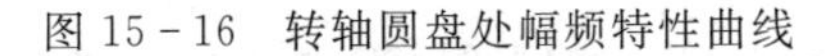
图 15-16　转轴圆盘处幅频特性曲线

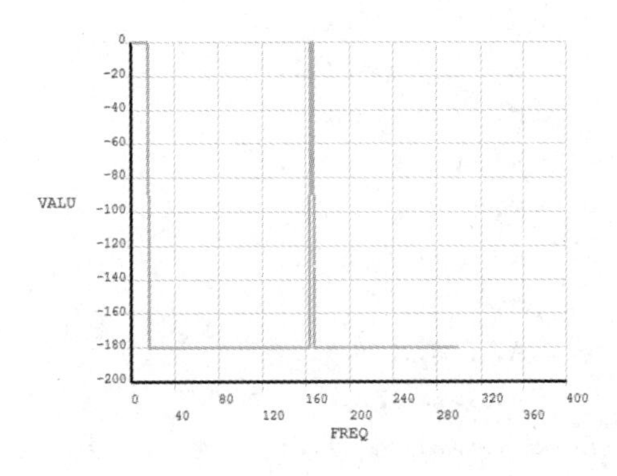

图 15-17　转轴圆盘处相频特性曲线

15.4.2 操作命令流

15.4.1 小节的 GUI 操作步骤可用下面的命令流替代：

```
/PREP7
ET, 1, SOLID273,, 3
ET, 2, COMBI214
KEYOPT, 2, 2, 1
R, 1, 6e7, 6e7, , , 50, 50,
R, 2, 5e7, 5e7, , , 80, 80,

MP, EX, 1, 211E9
MP, DENS, 1, 7800
MP, PRXY, 1, 0.3

SAVE
K, 1,,,
K, 2, 0.1,,
K, 3, 0.1, 0.01,,
K, 4, 0, 0.01,,
K, 5, 0.485, 0,,
K, 6, 0.485, 0.01,,
K, 7, 0.485, 0.1,,
K, 8, 0.5, 0.1,,
K, 9, 0.5, 0,,
K, 10, 0.515, 0,,
K, 11, 0.515, 0.01,,
K, 12, 0.515, 0.1,,
K, 13, 1.1, 0,,
K, 14, 1.1, 0.01,,
K, 15, 1.2, 0,,
K, 16, 1.2, 0.01,,
A, 1, 2, 3, 4
A, 2, 3, 6, 5
A, 5, 6, 7, 8, 9
A, 9, 8, 12, 11, 10
A, 10, 11, 14, 13
A, 13, 14, 16, 15
/PNUM, LINE, 1
LPLOT
lccat, 6, 8
lccat, 14, 13

ESIZE, 0.005, 0,
AMESH, all

sect, 1, axis
secd, 1, 0, 0, 0, 1, 0, 0
naxi

CM, rotor, ELEM
N, 10000, 0.1, 0.1,,,,
N, 10001, 1.1, 0.1,,,,
nodeb1=node(0.1, 0, 0)
nodeb2=node(1.1, 0, 0)
TYPE,    2
MAT,       1
REAL,       1
E, nodeb1, 10000
TYPE,    2
MAT,       1
REAL,       2
E, nodeb2, 10001
FINISH
/SOL
D, 10000, , , , , , ALL, , , , ,
D, 10001, , , , , , ALL, , , , ,
NSEL, S, LOC, Y,
NSEL, R, LOC, Z,
D, all, , , , , , UX, , , , ,
ALLSEL, ALL
```

```
ANTYPE, 3
nodep=node(0.5, 0, 0)
F, nodep, FY, 0.4,
F, nodep, FZ, 0, -0.4
OUTRES, ALL, ALL,
CORIOLIS, 1, , , 1, 0
CMOMEGA, ROTOR, 600 * 3.14, 0, 0,,,,
HARFRQ, 0, 300,
NSUBST, 600,
KBC, 1
solve
```

15.5　重要知识点

1. 本章三种建模方法的比较

15.2 节采用 Beam188 线单元来模拟轴段，使用 Mass21 来模拟圆盘，对转子-轴承系统的不平衡响应进行了分析。其优点是结构简单、分析计算效率高、可以查看转子-轴承系统的振型图。缺点是不便于分析轴段截面形状复杂的转子-轴承系统。该方法分析的结论是，在 300 Hz 以内转轴共有两个临界转速，分别是 930 r/min、9810 r/min(16Hz、163.5Hz)。

15.3 节采用 Mesh200 和 Solid186 单元对转子-轴承系统进行了不平衡响应分析。Mesh200 单元可以和其他 ANSYS 单元相连接，不需要该单元时可以删除或留在模型中，而不影响计算结果。本节采用 Mesh200 单元建立了转子-轴承系统截面图形，并划分了网格，以该截面(单元)为基础，旋转形成体模型(体单元)。该方法的优点是适用于截面形状复杂的转子-轴承系统，缺点是必须将截面合并成一个平面，很难使用映射网格；很难准确设置轴承位置；计算效率低。该方法分析的结论是，在 300 Hz 以内转轴共有两个临界转速，分别是 990 r/min、9990 r/min(16.5 Hz、166.5Hz)。

15.4 节采用 Solid273 单元创建模型截面，再使用 naxi 命令将截面图形沿轴向复制相隔 120°的三个节点平面来替代体单元。其优点是适用于截面形状复杂的转子-轴承系统；可以将截面分成若干区域，使用映射网格划分；可以准确设置轴承位置；计算效率高。ANSYS 软件 Help 文件中也使用此方法，所以推荐用户使用这种方法建模。该方法分析的结论是，在 300 Hz 以内转轴共有两个临界转速，分别是 990 r/min、10050 r/min (16.5 Hz、167.5 Hz)。

从计算精度上评价三种方法，Solid273 单元建模分析法、Mesh200 和 Solid186 单元建模分析法的精度较高，Beam188 与 Mass21 单元建模分析法稍差；从计算效率上评价三种方法，Beam188 与 Mass21 单元建模分析法的计算效率最高，Solid273 单元建模分析法次之，Mesh200 和 Solid186 单元建模分析法建模法最差；从适用模型复杂程度上评价三种方法，Solid273 单元建模分析法最优，Mesh200 和 Solid186 单元建模分析法次之，Beam188 与 Mass21 单元建模分析法最差。

2. COMBIN214 单元使用注意事项

COMBIN214 单元在使用过程中，一定要注意其参数的设定，尤其是“K2”约束自由度的选项，一般选择原则是：如果转子-轴承的轴向与 Z 轴重合，则“K2”应选择“Parallel to XY plane”；同理，如果转子-轴承的轴向与 X 轴重合，则“K2”应选择“Parallel to YZ plane”。

另外，COMBIN214 单元的建立是通过连接转轴外独立节点与转轴上某位置节点来实现的，要求线单元一定要与“K2”中设置的平面平行，不然软件会报错，计算将无法进行。15.3 节操作步骤(6)中，花费大量精力设置网格尺寸，其目的就是为了正确设置轴承位置，防止因轴承单元与 YOZ 平面不平行而造成无法分析计算。

15.6 课后练习

习题 15-1　题 15-1 图所示为一两圆盘-转子-轴承系统，已知轴半径 $R=25$ mm，圆盘半径 $R=350$ mm，圆盘厚度 $h=30$ mm，左、右边支承轴承的刚度、阻尼系数相同分别为 $k_x= k_y=8\times10^7$ N/m，$c_x=c_y=50$ N·s/m，右端转盘的不平衡量 $M=0.4$ kg·m，弹性模量 $E=2\times10^{11}$ N/m^2，泊松比 $\mu=0.3$，密度为 7800 kg/m^3，请分析该转子-轴承系统在转速位于 0～500 Hz 内的不平衡响应。

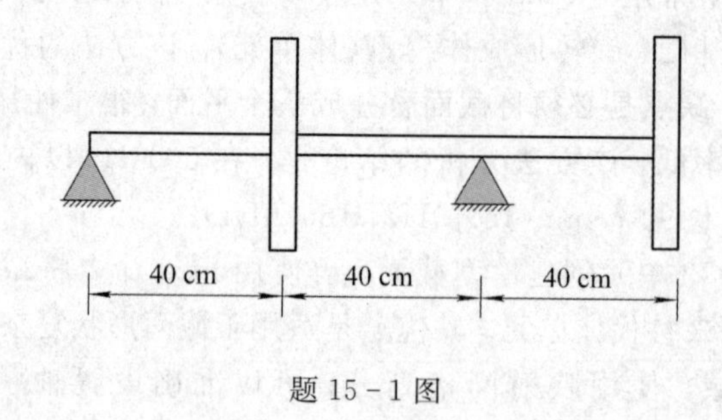

题 15-1 图

第 16 章　等加速瞬态动力学分析

16.1 问 题 描 述

为了设计出工作时振幅、轴承载荷小并对不平衡不甚敏感的转子-轴承系统，除应较准确地预计转子系统的稳态不平衡响应外，还应预计其瞬态响应。

转子系统工作中的加减速过程、基础或相邻结构对转子系统的突然冲击，以及转子突然产生裂纹、碎块等，均属瞬态过程。瞬态响应的问题在数学上归类为求初值的问题，整个系统的位移和速度必须由初始瞬时值来确定。由此初始值开始，取适当时间步长在时域内积分，如果系统动力稳定，瞬态过程消失，则系统在周期激振力作用下产生周期运动的稳态响应；如果系统是不稳定的，则瞬态响应不会消失，而会继续随时间增长，所以瞬态响应分析是判断转子系统稳定性的一个重要方法。

在工程实际中，由于在临界转速附近转子的振动幅度要比在其他转速范围时大得多，为了避免飞轮在临界转速附近发生大的振动，总是使转子加速冲过这个区域。为了简化分析，本章着重研究转子以等加速度的方式越过临界转速的瞬态动力响应。

计算实例：图 16 - 1 为一等直径轴，两端固定，在轴长度的 1/3 处安装一刚性圆盘，在轴长度 2/3 处安装一个轴承。已知，轴的长度为 $L=0.4$ m，半径 0.01 m，圆盘的质量 $M=16.47$ kg，圆盘的不平衡量 1.5×10^{-5} kg · m，极转动惯量 $J_p=0.1861$ kg · m^2，直径转动惯量 $J_d=9.427\times10^{-2}$ kg · m^2，弹性模量 $E=2\times10^{11}$ N/m^2，泊松比 $\mu=0.3$，密度 $\rho=7800$ kg/m^3。设支承轴承在 x 与 y 轴方向的刚度系数分别为 $k_x=2\times10^5$ N/m，$k_y=5\times10^5$ N/m，在 x 与 y 轴方向的阻尼系数分别为 $c_x=40$ N · s/m，$c_y=100$ N · s/m。试分析该转子系统以等加速度的形式从初始速度为 0，4 s 之后达到 5000 r/min 的瞬态响应。

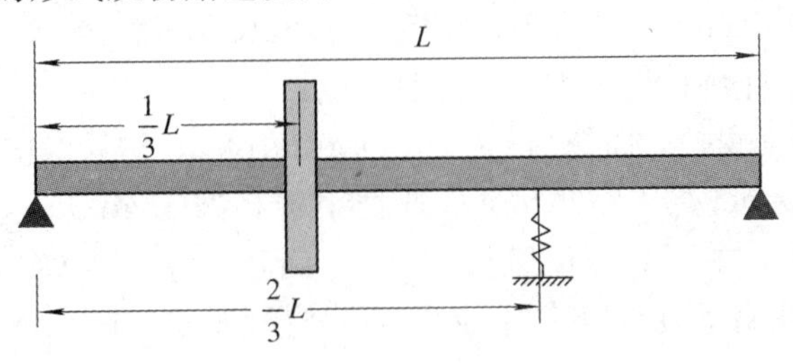

图 16 - 1　转子-轴承系统结构简图

16.2 建模分析

16.2.1 操作步骤

(1) 进入 ANSYS 工作目录，命名文件。

单击 File→Change Jobname，打开“Change Jobname”对话框，在“Enter new jobname”对应的文本框中输入文件名“rotor_trans_1”，并勾选“New log and error files”选项。

(2) 定义 16 个参数。

单击 Utility Menu→Parameters→Scalar Parameters，在弹出对话框的“Selection”文本框内填写“ length＝0.4”，然后单击“Accept”按钮；重复操作，分别输入 ro_shaft＝0.01、md＝16.47、Jp＝0.1861、Jd＝9.427e-2、kxx＝2e5、cxx＝40、kyy＝5e5、cyy＝100、pi＝acos(－1)、spin＝5000 * pi/30、tinc＝5e-4、tend＝4、spindot＝spin/tend、f0＝1.5e-5，共 16 个标量参数。

(3) 定义材料属性。

单击 Main Menu→Preprocessor→Material Props→Material Models，在弹出的材料模型定义对话框中依次单击 Structural→Linear→Elastic→Isotropic，在“EX”文本框中输入 2E11，在“PRXY” 文本框中输入 0.3；在弹出的材料模型定义对话框中依次单击 Structural→Density，在“DENS”文本框中输入 7800。

(4) 定义单元类型并设置参数。

单击 Main Menu→Preprocessor→Element Type→Add/Edit/Delete，弹出 Element Types 对话框，单击对话框中的“Add”按钮，在左边列表框内选择“Beam”，在右边列表框中选择“2 node 188”单元，然后单击“OK”按钮；再次单击“Add”按钮，在左边列表框内选择“Structural Mass”，在右边列表框中选择“3D mass 21”，再单击“OK”按钮；再次单击“Add”按钮，在左边列表框内选择“Combination”，在右边列表框中选择“Spring-damper14”单元，单击“OK”按钮。再次单击“Add”按钮，在左边列表框内选择“Combination”，在右边列表框中选择“Spring-damper14”单元，然后单击“OK”按钮。定义了两个弹簧单元，即 Combin14，分别为 X 方向和 Y 方向提供刚性支撑。

在“Element Types”窗口，选择“Type 3 COMBIN14”，然后单击“Options”按钮，弹出对话框，如图 16－2 所示，在“K2”下拉单选框中选择“Longitude UX DOF”，然后单击“OK”按钮；重复操作，在“Element Types”窗口旋转“Type 4 COMBIN14”，然后单击“Options”按钮；在弹出对话框的“K2”下拉列表中选择“Longitude UY DOF”，再单击“OK”按钮。

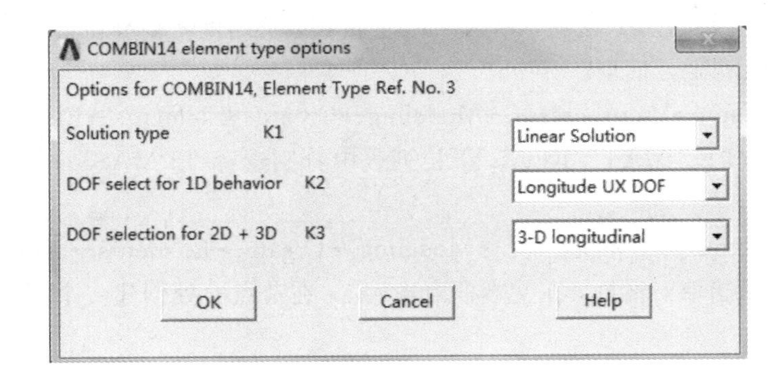

图 16-2 弹簧单元 COMBIN14 的参数设置

(5) 定义实常数。

单击 Main Menu→Preprocessor→Material Props→Real Constants，在弹出的对话框内单击“Add”按钮，在弹出的列表框内选择“Type 2 MASS21”；在弹出对话框的“MASSX”“MASSY”“MASSZ”“IXX”“IYY”“IZZ”文本框内输入 Md、Md、Md、JD、JD、JP，单击“OK”按钮，单击“Add”按钮，在弹出的列表框内选择“Type 3 COMBIN14”；在弹出对话框的“K”“CV1”文本框内分别输入 kxx、cxx，单击“OK”按钮，再单击“Add”按钮，在弹出的列表框内选择“Type 4 COMBIN14”；在弹出对话框的“K” “CV1”文本框内分别输入 kyy、cyy，然后单击“OK”按钮。

(6) 定义 Beam188 截面参数。

单击 Main Menu→Preprocessor→Sections→Beam→Common Sections，在弹出的对话框内选择“Sub-Type”为实心圆，在“R”“N”“T”文本框内分别输入 ro_shaft、20、0，然后单击“OK”按钮。

(7) 创建关键点与直线。

单击 Main Menu→Preprocessor→Modeling→Create→Keypoints→In Active CS，在弹出对话框的“NPT”文本框内输入 1，在“X、Y、Z”文本框内输入“0，0，0”，单击“Apply”按钮；重复操作，依次输入关键点 2，坐标为(0，0，length)，然后单击“OK”按钮。

单击 Main Menu→Preprocessor→Modeling→Create→Lines→Lines→Straight Line，弹出拾取对话框，依次连接关键点 1、2 形成直线，然后单击“OK”按钮。

(8) Beam188 单元划分网格。

单击 Main Menu→Preprocessor→Meshing→MeshTool，在弹出的对话框中，在“Element Attribute”区域单击“Global”后面的“Set”按钮，在弹出的对话框的“TYPE”下拉列表中选择“1 BEAM188”，单击“Size Control”区域中的“Lines”后面的“Set”按钮；弹出一个拾取对话框，选择刚创建的直线，单击“OK”按钮；再次弹出对话框，在“NDIV”文本框中输入 9，单击“OK”按钮。返回上一级对话框，在“Mesh”区域中单击“Mesh”按钮，在弹出的拾取对话框中单击“Pick All”按钮，单击“Close”按钮，关闭网格划分窗口。

(9) 创建转盘有限元模型。

单击 Main Menu→Preprocessor→Modeling→Create→Elements→Elem Attributes，在弹出对话框的“TYPE”“MAT”“REAL”下拉列表中分别选择 “2 MASS21”“1”“1”，然后单击“OK”按钮确定。

单击 Main Menu→Preprocessor→Modeling→Create→Elements→Auto Numbered→Thru Nodes，弹出拾取对话框，在文本框内输入 5，在节点 5 处创建一个圆盘(节点 5 正好位于轴段长度的 1/3 处)。

(10) 显示单元。

单击 Utility Menu→Plot→Elements，就可看到“ * ”显示的圆盘模型。

(11) 创建弹簧阻尼有限元模型。

单击 Main Menu→Preprocessor→Modeling→Create→Nodes→In Active CS，在弹出对话框的“NODE”文本框内输入 21，在“X、Y、Z”文本框内输入“－0.05，0，2 * length/3”，然后单击“OK”按钮。

单击 Main Menu→Preprocessor→Modeling→Create→Elements→Elem Attributes，在弹出对话框的“TYPE”“MAT”“REAL”下拉列表中分别选择“3 COMBI214”“1”“2”，然后单击“OK”按钮确定。

单击 Main Menu→Preprocessor→Modeling→Create→Elements→Auto Numbered→Thru Nodes，弹出拾取对话框，用鼠标点击连接节点 21 与节点 8，然后单击“OK”按钮。

单击 Main Menu→Preprocessor→Modeling→Create→Elements→Elem Attributes，在弹出对话框的“TYPE”“MAT”“REAL”下拉列表中分别选择“4 COMBI214”“1”“3”，然后单击“OK”按钮确定。

单击 Main Menu→Preprocessor→Modeling→Create→Elements→Auto Numbered→Thru Nodes，弹出拾取对话框，用鼠标点击连接节点 21 与节点 8，然后单击“OK”按钮。

(12) 施加约束。

单击 Main Menu→Solution→Define Loads→Apply→Structural→Displacement→On Keypoints，弹出拾取对话框，选择关键点 1，随后在“Lab2”文本框内选择“UX、UY”，再单击“Apply”按钮；重复操作，选择关键点 2，随后在“Lab2”文本框内选择“UX、UY”，然后单击“OK”按钮。

单击 Main Menu→Solution→Define Loads→Apply→Structural→Displacement→On Nodes，弹出拾取对话框，单击“Pick All”按钮，随后在“Lab2”文本框内选择“UZ、ROTZ”，单击“Apply”按钮；再次弹出拾取对话框，选取节点 21，随后在“Lab2”文本框内选择“ALL DOF”，然后单击“OK”按钮。

(13) 创建一个旋转组件。

单击 Utility Menu→Select→Entities，在打开对话框的上端两个下拉列表中分别选择“EleMents”“By Attribute”，在单选框内选择“Elem type num”，在“Min，Max，Inc”文本框中输入“1，2”，然后单击“OK”按钮。选择单元类型为 1、2(Beam188、Mass21)的所有单元。

单击 Utility Menu→Plot→Elements，目前选中的单元对应的几何模型只有轴与圆盘。

单击 Utility Menu→Select→Comp/Assembly→Create Component，在弹出对话框的“Cname”文本框中输入 rotor，在“Entity”下拉列表中选择 Elements，然后单击“OK”按钮。

单击 Utility Menu→Select→Everything，选择所有实体。

(14) 定义函数。

单击 Utility Menu→Parameters→Functions→Define/Edit，弹出对话框如图 16 - 3 所示，在“Result”文本框中输入“f0 * ((spindot * {TIME})^2 * cos(spindot * {TIME} * {TIME}/2)＋ spindot * sin(spindot * {TIME} * {TIME}/2))”。在应用菜单中单击 File→Save，然后在弹出对话框中，为公式取一个名字“xx”，单击“保存”按钮。注：“{TIME}”的输入，需要通过点选图 16 - 3 中的下拉列表中的“TIME”实现。

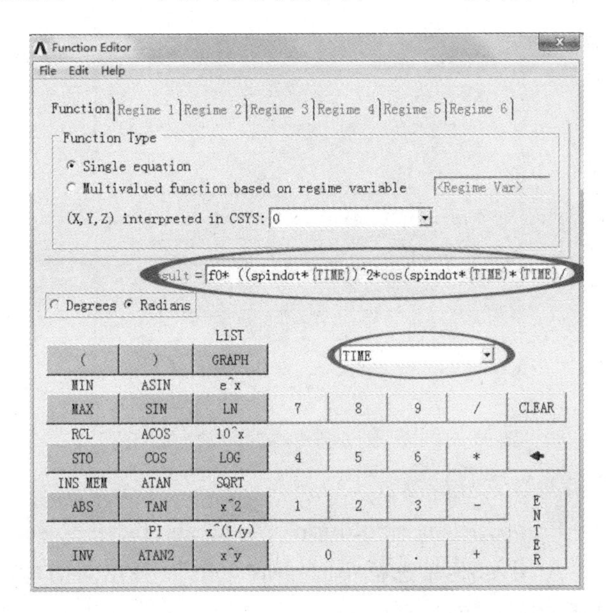

图 16 - 3　定义 X 轴轴向力函数

重复以上操作，单击 Utility Menu→Parameters→Functions→Define/Edit，在弹出对话框的“Result”文本框中输入“f0 * ((spindot * {TIME})^2 * sin(spindot * {TIME} * {TIME}/2) - spindot * cos (spindot * {TIME} * {TIME}/2))”；在应用菜单中，单击 File→Save，然后在弹出对话框中，为公式取一个名字“yy”，单击“保存”按钮。

（15）读取函数。

单击 Utility Menu→Parameters→Functions→Read From File，在弹出对话框中选择 xx. func 文件，单击“打开”按钮；弹出对话框，如图 16－4 所示，在“Table parameters name”文本框中输入本次计算调用函数的名字“FxTab”（需要填写，可以与 xx 不同也可以相同，但必须填写），在“f0”“spindot”文本框中分别输入 f0、spindot，单击“OK”按钮。重复操作，单击 Utility Menu→Parameters→Functions→Read From File，在弹出对话框中选择 yy. func 文件，单击“打开”按钮；在弹出对话框的“Table parameters name”文本框中输入本次计算调用函数的名字“FyTab”，在“f0”“spindot”文本框中分别输入 f0、spindot，然后单击“OK”按钮。

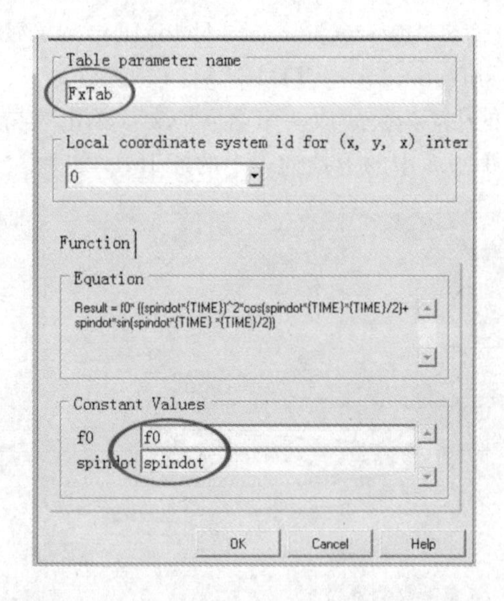

图 16－4　读取已定义的 X 轴轴向力函数

（16）选取瞬态分析并设定分析参数。

单击 Main Menu→Preprocessor→Solution→Analysis Type→New Analysis，在弹出的对话框中选择“Type of Analysis” 单选框中的“transient”，弹出对话框，单击“OK”按钮。

（17）设定瞬态分析参数并求解。

单击 Main Menu→Solution→Load Step Opts→Time/Frequenc→Time-Time Step，弹出对话框，如图 16－5 所示，在“TIME”文本框中输入 tend，在“DELTIM”文本框中输入 tinc，在“KBC”单选框中选择 Ramped，在“Minimum time step size”文本框中输入 tinc/10，在“Maximum time step size”文本框中输入 tinc * 10，然后单击“OK”按钮。

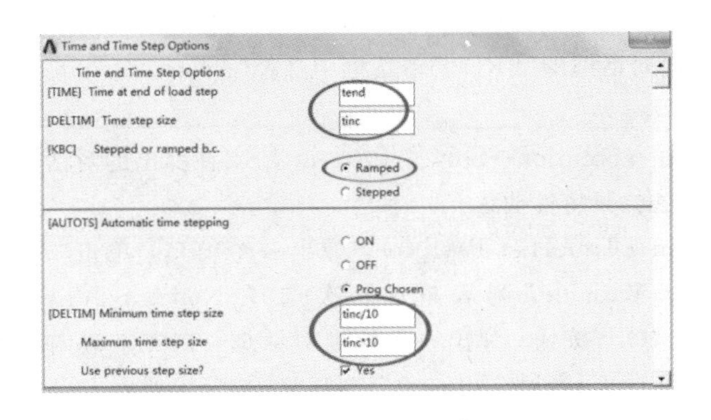

图 16-5　瞬态分析参数设置

（18）设置角速度及打开陀螺效应。

单击 Main Menu→Solution→Define Loads→Apply→Structural→Inertia→Angular Veloc→Coriolis，在弹出对话框的“Coriolis effect”中选择“On”，即考虑陀螺力矩的影响；在“Reference frame”下拉列表中选择“Stationary”，即选择固定坐标系时考虑陀螺力矩，然后单击“OK”按钮关闭对话框。

单击 Main Menu→Preprocessor→Loads→Define Loads→Apply→Structural→Inertia→Angular Veloc→On Components→By origin，在弹出对话框的“OMEGZ”文本框中输入 spin，然后单击“OK”按钮。

（19）载荷并求解。

单击 Main Menu→Solution→Define Loads→Apply→Structural→Force/ Moment→On Nodes，在弹出对话框的文本框内输入 5，单击“OK”按钮。弹出对话框，如图 16-6 所示，在“Lab”下拉列表中选择 FX，在“Apply as”下拉列表中选择“Existing table”，然后单击“OK”按钮；弹出对话框，如图 16-7 所示，在“Existing table”列表框中选择 FXTAB；重复操作，在“Lab”下拉列表中选择 FY，在“Apply as”下拉列表中选择“Existing table”，然后单击“OK”按钮；弹出对话框，在“Existing table”列表框中选择 FYTAB，再单击“OK”按钮。

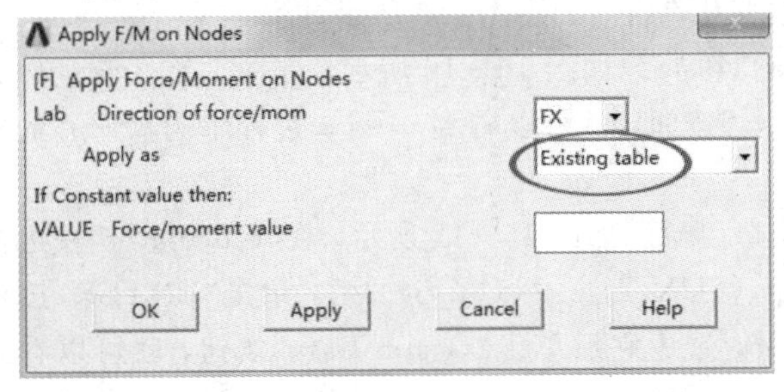

图 16-6　在节点加载已定义的函数力

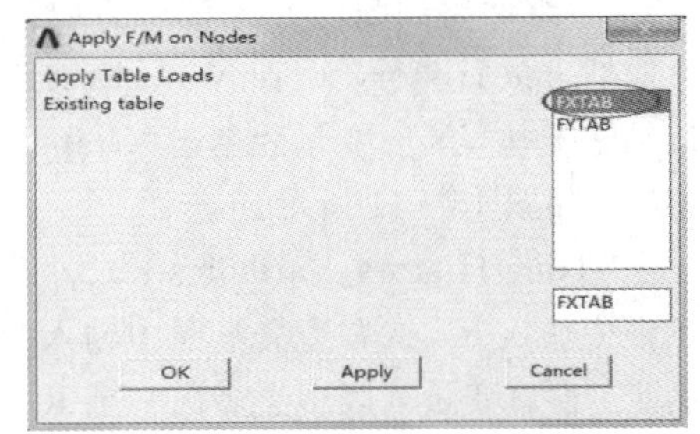

图 16-7　读取已定义的函数力

单击 Main Menu→Preprocessor→Loads→Load Step Opts→Output Ctrls→DB/Results File，在弹出对话框的“FREQ”单选框中选择“Every substep”，即输出每个子步值，单击“OK”按钮。

单击 Main Menu→Solution→Solve→Current LS，在弹出的对话框中单击“OK”按钮。

（20）查看圆盘处幅频特性曲线。

单击 Main Menu→TimeHist Postproc，弹出一个窗口，单击“Add Data”按钮，弹出“Add Time-History Variable”列表框，依次选择 Nodal Solution→X-Component of disaplacement，单击“OK”按钮；弹出一个拾取对话框，在文本框内输入 5，单击“OK”按钮；返回“Time History Variables file. rst”窗口，窗口变量列表中会多出一个变量 UX_2，选中它后单击“Graph Data”按钮，就可以看到 0～4 s 过程中圆盘在 X 轴方向的振幅变化情况，如图 16-8 所示。

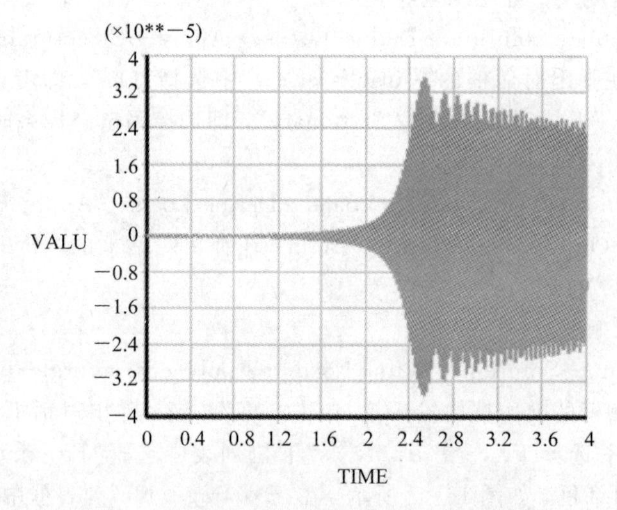

图 16-8 圆盘在 X 轴方向振幅随时间变化规律

重复操作，选择节点 5 处的 Nodal Solution→Y-Component of displacement，得到变量 UY_3，继而得到圆盘处在 Y 轴方向振幅变化情况，如图 16-9 所示。

“Time History Variables file. rst”窗口(局部)如图 16-10 所示，选择 UX_2 变量作为 X 轴，选中 UY_3 变量后单击“Graph Data”按钮，就可以看到 0～4 s 过程中圆盘形心的轨迹图，如图 16-11 所示。

“Time History Variables file. rst”窗口(局部)如图 16-12 所示，在“Calculator”左边文本框中输入 R，在右边文本框中输入“sqrt({UX_2}^2+{UY_3}^2)”，单击“ENTER”按钮确定。窗口变量列表中会多出一个 R 变量，选中它后单击“Graph Data”按钮，就可以看到 0～4 s 过程中圆盘在作圆涡动时，其半径值(振幅)随时间的变化规律，如图 16-13 所示。注：“{UX_2}”与“{UY_3}”的输入，需要通过点选图 16-12 中的下拉列表中的“UX_2”和

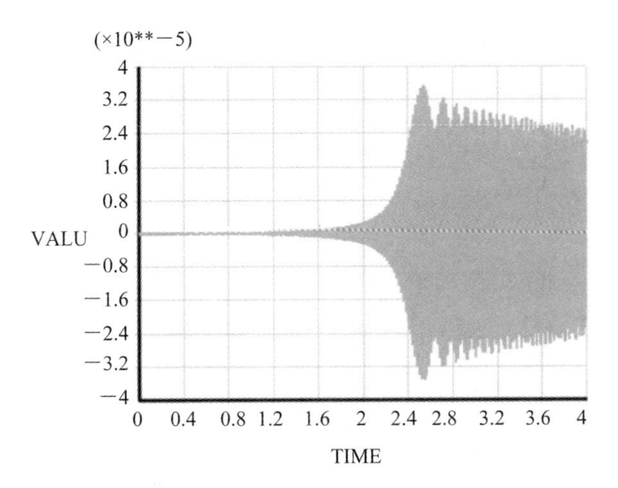

图 16-9　圆盘在 Y 轴方向振幅随时间变化规律

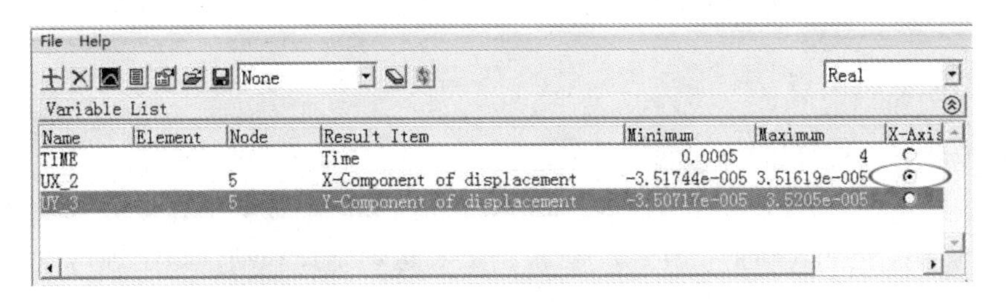

图 16-10　绘图参数选择

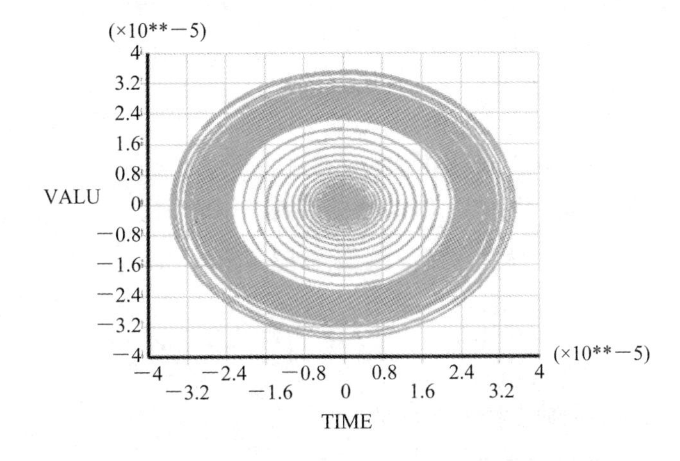

图 16-11　圆盘形心轨迹变化规律

“UY_2”实现；“sqrt()”与“^2”最好通过图 16-12 中“Calculator”相应的按钮来输入。

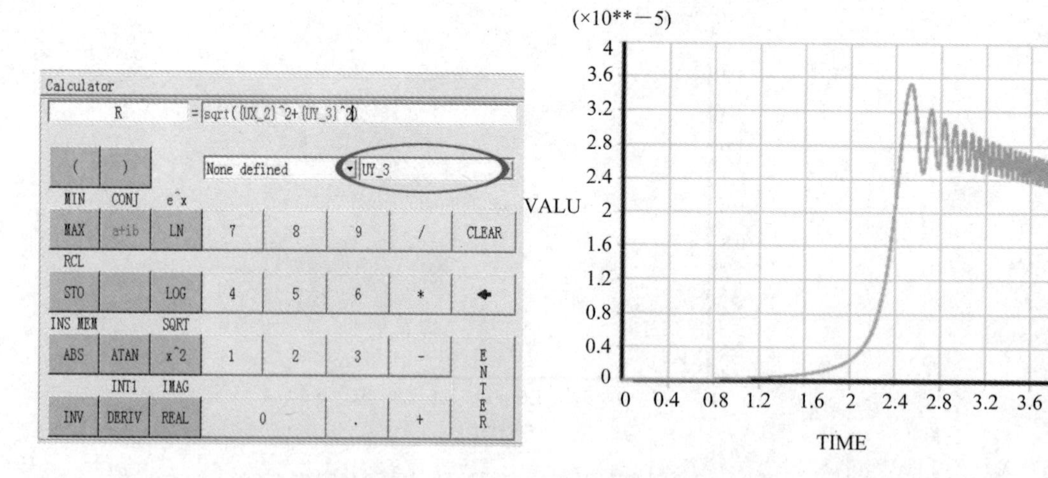

图 16-12 自定义绘图变量参数　　　图 16-13 圆盘涡动半径随时间变化规律

16.2.2 重要知识点

等加速瞬态分析时如何施加载荷：

设转子轴系(一轴段，两端用轴承支承，中间有一圆盘)以等加速度方式越过临界转速(不受重力影响，比如转轴垂直放置)，则根据质心运动定理和动量矩定理可以建立盘质心横向运动 X 和 Y 轴方向的运动微分方程。

设圆盘运动中的瞬时位置与受力分析如图 16-14 所示，图中 ψ 为转轴逆时针公转(涡动)转过的角度，φ 为转轴逆时针自转转过的角度，O_1 为圆盘转动后的形心所在位置，O 是转轴处于静平衡位置时形心所在位置，e 为偏心距，θ 为不平衡量(质量与偏心距的乘积)初始角(如果初始时，偏心距位于 X 轴上，则 $\theta=0$)，则质心 O_c 的坐标与圆盘形心 O_1 的坐标之间有如方程(16-1)所示的关系。

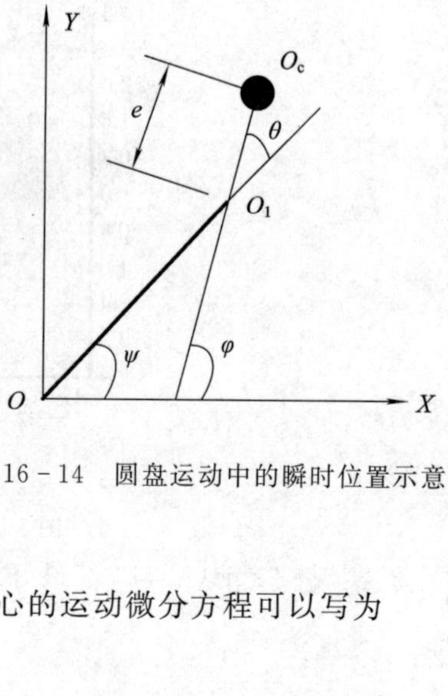

$$\begin{cases} x_c = x + e\cos\varphi \\ y_c = y + e\sin\varphi \end{cases} \tag{16-1}$$

图 16-14 圆盘运动中的瞬时位置示意图

把方程(16-1)两边对时间取 2 阶导数可得

$$\begin{cases} \ddot{x}_c = \ddot{x} - e\ddot{\varphi}\sin\varphi - e\dot{\varphi}^2\cos\varphi \\ \ddot{y}_c = \ddot{y} + e\ddot{\varphi}\cos\varphi - e\dot{\varphi}^2\sin\varphi \end{cases} \tag{16-2}$$

如果考虑圆盘质量、轴承支承刚度以及阻尼，则质心的运动微分方程可以写为

$$\begin{cases} m\ddot{x} + c(\dot{x} - e\dot{\varphi}\sin\varphi) = me\dot{\varphi}^2\cos\varphi + me\ddot{\varphi}\sin\varphi \\ m\ddot{y} + c(\dot{y} + e\dot{\varphi}\cos\varphi) = me\dot{\varphi}^2\sin\varphi - me\ddot{\varphi}\cos\varphi \end{cases} \tag{16-3}$$

故等加速度工况下，圆盘在 X 轴方向受到的力 F_x 与在 Y 轴方向受到的力 F_y 分别为

$$\begin{cases} F_x = me\dot{\varphi}^2\cos\varphi + me\ddot{\varphi}\sin\varphi \\ F_y = me\dot{\varphi}^2\sin\varphi - me\ddot{\varphi}\cos\varphi \end{cases} \tag{16-4}$$

本计算实例中，设不平衡量 f0=1.5×10^{-5} kg·m，spin=5000×2×π/60 rad/s，tend=4 s，可以推出：

- 加速度 spindot=spin/tend，它是一个常数；
- 角速度等于 spindot×t；
- 角度 φ 等于 spindot×t^2/2。

如果使用 ANSYS 软件中实时时间{TIME}替代 t，则方程(16-4)可以表示为

Fx=f0*((spindot*{TIME})^2*cos(spindot*{TIME}*{TIME}/2+spindot*sin(spindot*{TIME}*{TIME}/2))

Fy=f0*((spindot*{TIME})^2*sin(spindot*{TIME}*{TIME}/2−spindot*cos(spindot*{TIME}*{TIME}/2))

以上两式就是等加速度情形下，圆盘在 X 轴方向受到的 F_x 与在 Y 轴方向受到的 F_y 的计算公式。

16.2.3　操作命令流

16.2.1 小节的 GUI 操作步骤可用下面的命令流替代：

```
/prep7
! parameters
*SET, length , 0.4
*SET, ro_shaft , 0.01
*SET, ro_disk , 0.15
*SET, md , 16.47
*SET, Jp , 0.1861
*SET, Jd , 9.427e-2
*SET, kxx , 2.0e+5
*SET, cxx, 40
*SET, kyy , 5.0e+5
*SET, cyy, 100
*SET, pi , acos(-1)
*SET, spin , 5000*pi/30
*SET, tinc , 0.5e-3
*SET, tend , 4
*SET, spindot , spin/tend
*SET, f0 , 1.5e-5
mp, ex, 1, 2.0e+11
mp, nuxy, 1, .3
mp, dens, 1, 7800

! ** elements types
et, 1, 188
et, 2, 21
et, 3, 14,, 1
et, 4, 14,, 2
r, 1, md, md, md, Jd, Jd, Jp
r, 2, kxx, cxx
r, 3, kyy, cyy
```

```
sect，1，beam，csolid
secdata，ro_shaft，20

! shaft
k，1
k，2，，，length
l，1，2
lesize，1，，，9
lmesh，all

! * * disk
type，2
real，1
e，5
! * * bearing
n，21，－0.05，，2 * length/3
type，3
real，2
e，8，21
type，4
real，3
e，8，21
FINISH

/SOL
dk，1，ux，，，，uy
dk，2，ux，，，，uy
d，all，uz
d，all，rotz
d，21，all

ESEL，S，TYPE，，1，2
EPLOT
CM，rotor，ELEM
*DEL，_FNCNAME
*DEL，_FNCMTID
*DEL，_FNC_C1
*DEL，_FNC_C2
*DEL，_FNCCSYS
*SET，_FNCNAME，'fxtab'
*DIM，_FNC_C1，，1
*DIM，_FNC_C2，，1
*SET，_FNC_C1(1)，f0
*SET，_FNC_C2(1)，spindot
*SET，_FNCCSYS，0
! /INPUT，xx.func，，，1
*DIM，%_FNCNAME%，TABLE，6，18，1，，，，%_FNCCSYS%
! Begin of equation：f0 * ((spindot * {TIME}) ^ 2 * cos (spindot * {TIME} * {TIME}/2)＋
! spindot * sin (spindot * {TIME} * {TIME}/2))
*SET，%_FNCNAME%(0，0，1)，0.0，－999
*SET，%_FNCNAME%(2，0，1)，0.0
*SET，%_FNCNAME%(3，0，1)，%_FNC_C1(1)%
*SET，%_FNCNAME%(4，0，1)，%_FNC_C2(1)%
*SET，%_FNCNAME%(5，0，1)，0.0
*SET，%_FNCNAME%(6，0，1)，0.0
*SET，%_FNCNAME%(0，1，1)，1.0，－1，0，1，18，3，1
*SET，%_FNCNAME%(0，2，1)，0.0，－2，0，2，0，0，－1
*SET，%_FNCNAME%(0，3，1)，   0，－3，0，1，－1，17，－2
*SET，%_FNCNAME%(0，4，1)，0.0，－1，0，1，18，3，1
*SET，%_FNCNAME%(0，5，1)，0.0，－2，0，1，－1，3，1
*SET，%_FNCNAME%(0，6，1)，0.0，－1，0，2，0，0，－2
```

```
*SET, %_FNCNAME%(0, 7, 1), 0.0, -4, 0, 1, -2, 4, -1
*SET, %_FNCNAME%(0, 8, 1), 0.0, -1, 10, 1, -4, 0, 0
*SET, %_FNCNAME%(0, 9, 1), 0.0, -2, 0, 1, -3, 3, -1
*SET, %_FNCNAME%(0, 10, 1), 0.0, -1, 0, 1, 18, 3, 1
*SET, %_FNCNAME%(0, 11, 1), 0.0, -3, 0, 1, -1, 3, 1
*SET, %_FNCNAME%(0, 12, 1), 0.0, -1, 0, 2, 0, 0, -3
*SET, %_FNCNAME%(0, 13, 1), 0.0, -4, 0, 1, -3, 4, -1
*SET, %_FNCNAME%(0, 14, 1), 0.0, -1, 9, 1, -4, 0, 0
*SET, %_FNCNAME%(0, 15, 1), 0.0, -3, 0, 1, 18, 3, -1
*SET, %_FNCNAME%(0, 16, 1), 0.0, -1, 0, 1, -2, 1, -3
*SET, %_FNCNAME%(0, 17, 1), 0.0, -2, 0, 1, 17, 3, -1
*SET, %_FNCNAME%(0, 18, 1), 0.0, 99, 0, 1, -2, 0, 0
! End of equation: f0 * ((spindot * {TIME}) ^ 2 * cos (spindot * {TIME} * {TIME}/2)+
! spindot * sin (spindot * {TIME} * {TIME}/2))
! -->
*DEL, _FNCNAME
*DEL, _FNCMTID
*DEL, _FNC_C1
*DEL, _FNC_C2
*DEL, _FNCCSYS
*SET, _FNCNAME, 'fytab'
*DIM, _FNC_C1,, 1
*DIM, _FNC_C2,, 1
*SET, _FNC_C1(1), f0
*SET, _FNC_C2(1), spindot
*SET, _FNCCSYS, 0
! /INPUT, yy.func,,, 1
*DIM, %_FNCNAME%, TABLE, 6, 18, 1,,,, %_FNCCSYS%
!
! Begin of equation: f0 * ((spindot * {TIME}) ^ 2 * sin (spindot * {TIME} * {TIME}/2)-
! spindot * cos (spindot * {TIME} * {TIME}/2))
*SET, %_FNCNAME%(0, 0, 1), 0.0, -999
*SET, %_FNCNAME%(2, 0, 1), 0.0
*SET, %_FNCNAME%(3, 0, 1), %_FNC_C1(1)%
*SET, %_FNCNAME%(4, 0, 1), %_FNC_C2(1)%
*SET, %_FNCNAME%(5, 0, 1), 0.0
*SET, %_FNCNAME%(6, 0, 1), 0.0
*SET, %_FNCNAME%(0, 1, 1), 1.0, -1, 0, 1, 18, 3, 1
*SET, %_FNCNAME%(0, 2, 1), 0.0, -2, 0, 2, 0, 0, -1
*SET, %_FNCNAME%(0, 3, 1),    0, -3, 0, 1, -1, 17, -2
*SET, %_FNCNAME%(0, 4, 1), 0.0, -1, 0, 1, 18, 3, 1
*SET, %_FNCNAME%(0, 5, 1), 0.0, -2, 0, 1, -1, 3, 1
*SET, %_FNCNAME%(0, 6, 1), 0.0, -1, 0, 2, 0, 0, -2
*SET, %_FNCNAME%(0, 7, 1), 0.0, -4, 0, 1, -2, 4, -1
*SET, %_FNCNAME%(0, 8, 1), 0.0,
```

```
-1, 9, 1, -4, 0, 0
    *SET, %_FNCNAME%(0, 9, 1), 0.0, -2, 0, 1, -3, 3, -1
    *SET, %_FNCNAME%(0, 10, 1), 0.0, -1, 0, 1, 18, 3, 1
    *SET, %_FNCNAME%(0, 11, 1), 0.0, -3, 0, 1, -1, 3, 1
    *SET, %_FNCNAME%(0, 12, 1), 0.0, -1, 0, 2, 0, 0, -3
    *SET, %_FNCNAME%(0, 13, 1), 0.0, -4, 0, 1, -3, 4, -1
    *SET, %_FNCNAME%(0, 14, 1), 0.0, -1, 10, 1, -4, 0, 0
    *SET, %_FNCNAME%(0, 15, 1), 0.0, -3, 0, 1, 18, 3, -1
    *SET, %_FNCNAME%(0, 16, 1), 0.0, -1, 0, 1, -2, 2, -3
    *SET, %_FNCNAME%(0, 17, 1), 0.0, -2, 0, 1, 17, 3, -1
    *SET, %_FNCNAME%(0, 18, 1), 0.0, 99, 0, 1, -2, 0, 0
    ! End of equation: f0 * ((spindot * {TIME}) ^ 2 * sin (spindot * {TIME} * {TIME}/2)-
    ! spindot * cos (spindot * {TIME} * {TIME}/2))
    ! * * transient analysis
    /solu
    antype, transient

    time, tend
    deltim, tinc, tinc/10, tinc*10, 1
    kbc, 0
    coriolis, on,,, on
    CMOMEGA, ROTOR, 0, 0, spin,,,,
    f, 5, fx, %fxTab%
    f, 5, fy, %fyTab%
    outres, all, all
    solve
    fini
```

16.3 课后练习

习题 16-1 如题 16-1 图(a)所示一轴承-转子系统，左、右两端在 0.1 m 处各有一个轴承支承。已知转盘的直径为 0.2 m，厚度为 0.03 m，左边支承轴承的刚度、阻尼系数分别为 $k_x=6\times10^7$ N/m，$k_y=6\times10^7$ N/m，$c_x=50$ N·s/m，$c_y=50$ N·s/m；右边支承轴承的刚度、阻尼系数分别为 $k_x=5\times10^7$ N/m，$k_y=5\times10^7$ N/m，$c_x=80$ N·s/m，$c_y=80$ N·s/m。转轴与盘的材料属性相同，即弹性模量 $E=2\times10^{11}$ N/m²，泊松比 $\mu=0.3$，密度为 7800 kg/m³。如果转子-轴承系统在转速为 18000 r/min 稳定运转过程中突然在圆盘处受到一个沿 X 轴方向的冲击载荷，如题 16-1 图(b)所示，载荷幅值为 50 N，载荷作用时间为 0.001 s，计算时间取为 0.5 s，请分析圆盘从受到冲击载荷开始到 0.5 s 后的瞬态动力响应。

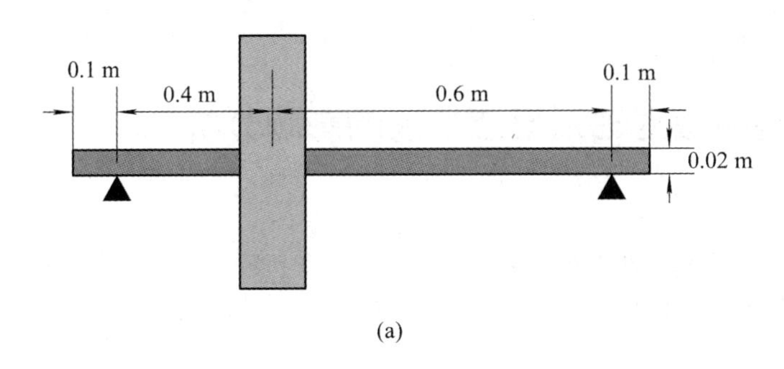

(a)

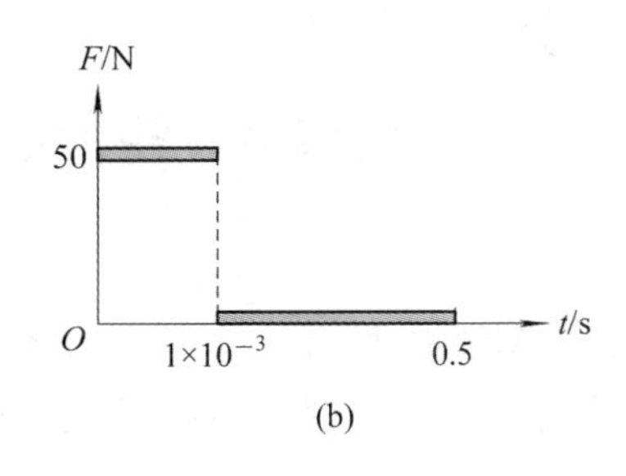

(b)

题 16 - 1 图

附录A 各种结构参数对轴系模态性能的影响分析

问题描述：有一轴系如附图 1-1 所示，轴直径为 d，长度为 L，其中部有一圆盘，圆盘的直径为 D，宽度为 H，两端采用滚动轴承支承，设轴承的支承刚度为 k。

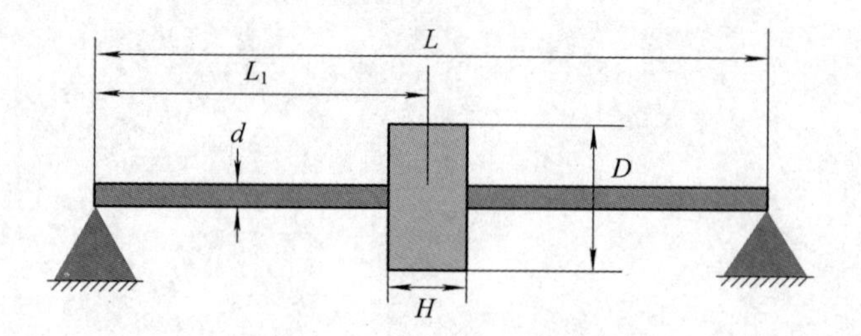

附图 1-1 支承梁结构图

请班级学生分成 6 组，分别针对如下几个结构参数的改变对该轴系模态性能的影响进行计算分析：

(1) 轴长度 L；

(2) 轴直径 d；

(3) 支承轴承的刚度 k；

(4) 圆盘安装位置 L_1；

(5) 圆盘直径 D；

(6) 圆盘宽度 H。

具体要求：

(1) 采用参数化建模，分析结构参数变化对支承梁前 6 阶模态特性的影响；

(2) 综合 6 个小组的分析结果，编写分析报告，包括各种参数对模态影响的描述及现象解释，最后精简本小组的操作命令流并打印。

附录 B　各种结构参数对轴承-转子系统不平衡响应的影响分析

问题描述：如附图 1－2 所示为一轴承-转子系统，左、右两端在 L_1 处各有一个滚动轴承支承，已知转盘的直径为 d_2，厚度为 h，左边支承轴承的刚度、阻尼系数分别为 k_{x1}、k_{y1}、c_{x1}、c_{y1}，右边轴承的刚度、阻尼系数分别为 k_{x2}、k_{y2}、c_{x2}、c_{y2}，转盘的不平衡量为 f_1。如果转轴与盘的材料属性相同，即弹性模量 $E=2\times10^{11}$ N/m^2，泊松比 $\mu=0.3$，密度为 7800 kg/m^3。

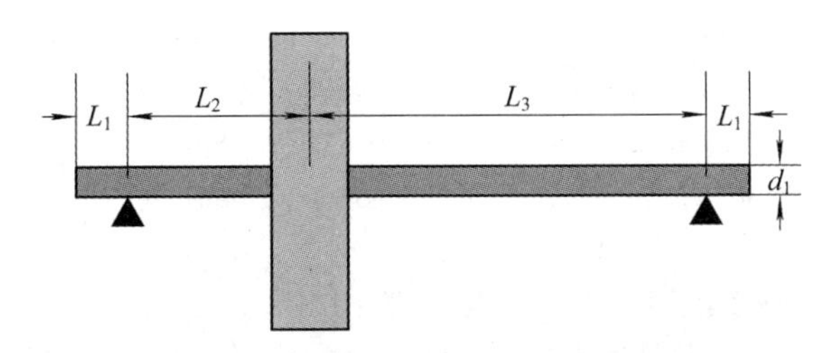

附图 1－2　轴承-转子系统的结构图

请班级学生分成 6 组，分别针对如下几个结构参数的改变对轴承-转子系统转速在 300 Hz 内的不平衡响应的影响进行分析计算：

(1) 轴的长度 L_2，L_3；

(2) 轴的直径 d_1；

(3) 圆盘的直径 d_2；

(4) 支承轴承刚度；

(5) 不平衡量 f_1；

(6) 圆盘的厚度 h。

具体要求：

(1) 采用参数化建模，分析结构参数变化对轴承-转子系统不平衡响应的影响(主要是临界转速和振幅)；

(2) 综合 6 个小组的分析结果，编写分析报告，包括各种参数对轴承-转子系统不平衡响应影响的描述及现象解释，最后精简本小组的命令流并打印。

参考文献

[1] 高耀东，刘学杰，何建霞. ANSYS 机械工程应用精华 50 例[M]. 北京：电子工业出版社，2011.

[2] 郝文化. ANSYS7.0 实例分析与应用[M]. 北京：清华大学出版社，2005.

[3] 王新敏. ANSYS 工程结构数值分析[M]. 北京：人民交通出版社，2007.

[4] 张洪才. ANSYS14.0 理论解析与工程应用实例[M]. 北京：机械工业出版社，2013.

[5] 顾家柳，丁奎元，刘启洲，等. 转子动力学[M]. 北京：国防工业出版社，1985.

[6] 晏砺堂，朱梓根，宋兆泓，等. 结构系统动力特性分析[M]. 北京：北京航空航天大学出版社，1989.

[7] 晏砺堂. 航空燃气轮机振动与减振[M]. 北京：国防工业出版社，1991.

[8] WANG H C，DU Z M. Dynamic analysis for the energy storage flywheel system [J]. Journal of Mechanical Science and Technology 30(11)，2016：4825 - 4831.

[9] GENTA G. Dynamics of rotating systems [M]. New York，Springer-Verlag，2004.

[10] SAMUELSSON J. Rotor dynamic analysis of 3D-modeled gasturbine rotor in Ansys[D]，Linköping's University，Sweden，2009.

[11] 陈心爽，袁耀良. 材料力学[M]. 上海：同济大学出版社，1996.

[12] 闻邦椿，刘树英，张纯宇. 机械振动学[M]. 北京：冶金工业出版社，2014.

[13] 张策. 机械动力学[M]. 北京：高等教育出版社，2000.

[14] RAO S S. 机械振动[M]. 4 版. 李欣业，张明路，译. 北京：清华大学出版社，2009.

[15] 张雄，王天舒. 计算动力学[M]. 北京：清华大学出版社，2007.